零基础C++编程
抢先起跑一路通

江士方　方欲晓　著

中国原子能出版社

图书在版编目（CIP）数据

零基础 C++ 编程抢先起跑一路通 / 江士方，方欲晓著
. -- 北京：中国原子能出版社，2023.4
ISBN 978-7-5221-2681-4

Ⅰ.①零… Ⅱ.①江… ②方… Ⅲ.① C++ 语言 – 程序
设计 Ⅳ.① TP312.8

中国国家版本馆 CIP 数据核字 (2023) 第 072367 号

零基础 C++ 编程抢先起跑一路通

出版发行	中国原子能出版社（北京市海淀区阜成路 43 号　100048）	
责任编辑	白皎玮	
责任印制	赵　明	
印　　刷	北京天恒嘉业印刷有限公司	
经　　销	全国新华书店	
开　　本	787 mm×1092 mm　1/16	
印　　张	24.5	
字　　数	557 千字	
版　　次	2023 年 4 月第 1 版　　2023 年 4 月第 1 次印刷	
书　　号	ISBN 978-7-5221-2681-4　　定　价　　98.00 元	

前　言

　　语言是人类的一大发明，成为表达思想的工具，思维对客观事物的反映总是借助语言进行。语言是思维的表达，没有语言就难以表达思维，人们在计算机上输入的语言文字，是人思维形象化的表现。思维是一种人类特有的高级心理活动。人类与动物的本质区别在于人有思维意识和进化完善的思维系统。思维打开了人类文明的窗口，没有思维就没有人类现今的一切。人的一生可以通过学习获取知识，思维训练从来不是一件简单、容易的事，而思维训练最有效的方式就是学会高效的思考方法。活跃开放的思维标志着人的成熟。

　　笛卡尔曾说："我思故我在。"只有拥有杰出的思维方式，你才能从茫茫人海中脱颖而出。思维，在人类成长的过程中扮演了一个重要的角色，是人类在精神生产过程中认识客观世界、构想未来理想世界、应变现实环境的秩序化意识行为。思维是人脑对客观事物本质属性与规律的概括和间接的反映。人类在长期的发展中形成了多样化的思维方式，拥有了令人类自豪的智慧。思维训练有多种方式，训练科目可以是平面或立体的、黑白或彩色的、手工制作或电脑制作，甚至可以是拍摄短片、摄影，制作一个小雕塑。在思维训练过程中，要鼓励学生尝试各种方法、手段，只要创作思路正确、表现手法新颖到位，就能达到训练目的。人类进入了网络时代，空间被无限扩大，在这个日新月异的时代，思维设计无声地嵌入程序设计方式。

　　通过 C++ 语言编程训练手段实现思维训练启蒙是一种新的观念。本书的意图就是从计算机 C++ 语言编写程序角度切入思维训练的启蒙，力求扩展思维训练的方法，使每一种训练手段都能充分调动学习者的想象力，每一种思维方式都能创造独特的思路，使学习者形成高效的思维设计理念。C++ 语言编程训练可以更好的让你理解想象力的作用，看到嵌套、递归、面向对象等思想的光芒。

　　本书零基础启蒙，适合思维训练初学者，尤其适合外国留学生、青少年编程爱好者，也可供青少年教育工作者参阅。由于作者水平有限，书中难免存在不当之处，恳请广大读者批评指正。

编　者

2021 年 10 月

本书特色

5G 时代和人工智能技术的发展改变着人们的思维境界，活跃开放的思维标志着人类的成熟。思维训练有多种方式，在日新月异的时代，思维设计无声地嵌入了程序设计方式。

与传统编程语言图书不同，本书从思维训练的角度解析 C++ 语言编程的基本方法，同时强调 C++ 语言编程的思维拓展。

本书绝大部分实例是编程语言中的经典案例，有些实例更加注重调试的过程，让人感受到原来思维训练过程可以这么有趣！

本书从思维训练的角度领悟程序设计的内涵和精髓，不需要人人变成 IT 人才，但许多人可以通过学习编程知律而变，明世间之"道"，遇见更大的世界，看透事物发展的本质。

本书以一种独特的眼光审视国内计算机程序设计教育的局限性，运用东方哲学思想进行深层次的思考和理解。各章节不是拼凑而成的杂烩，而是一个完整的有机体，充分体现了现代教育思想传播过程中所具有的思想魅力。

目　录

第 3 篇 C++ 编程启蒙拓展

第1篇　C++编程启蒙前奏

　　思维，是人类最活跃、最无羁无绊的部分。思维训练启蒙可以张开思维的翅膀，将自己的想象力发挥到极致。思绪是思想的线索，也称为头绪，一个人常常会思绪飞腾、不能自已。思绪有时像大海的波涛，汹涌却无目标；思绪有时像夏日的黄昏，美丽而朦胧；思绪有时像大雾的早晨，清幽却又迷茫。思绪是一个人成长的风铃，永远伴随在你的身旁。思维训练启蒙创新途径以启发创造性思维、培养创造性思维为导向，以提升空间思维能力为培养目标，全面扩展个体能力，激发个体创造力。思维训练的过程也是思想的旅程，在旅程中我们将跨越思想的障碍，欣赏一路的思想风暴，在旅途中经受精神的洗礼。

第1章　思维训练启蒙基础知识

思维可以设计吗？思维可以训练吗？回答是肯定的。

想要进行思维训练，首先需要了解思维的相关知识。

1.1　思维的相关知识

人类对情感信息的处理过程称为思维。如同主机、键盘、鼠标、内存条、中央处理器、硬盘和显示器等是电脑的硬件，程序、文档等是电脑的软件一样；人的感觉器官（包括眼睛、耳朵、鼻子、舌头等）、皮肤、内脏、大脑、小脑和四肢等是人的"硬件"，外在的信号以及感觉信号所携带的信息内容就是人的"软件"。人类对自身"软件"的加工（信息内容的处理过程）称为思维。

1.1.1　基本概念

思维是主体对信息进行的能动操作，如采集、传递、存储、提取、删除、对比、筛选、判别、排列、分类、变相、转形、整合、表达等。自然界的动物如狗、猫等，也具备思维能力，但还不够高级；人工智能产品如机器人、电脑等，无论多么完善，都是人脑的产物，不具备思维能力。

1.1.2　思维细胞

概念是思维的细胞。概念是事物的本质属性在人脑中的反映。所谓事物的本质属性，就是为同一类事物所共有，并使该类事物区别于他类事物的固有属性。比如"玩具"这个概念，它反映了皮球、娃娃、木枪、小汽车等许多供游戏用的物品所共有的本质属性，而不涉及他们彼此不同的具体特征（如娃娃是女孩，皮球是圆的，小汽车会走等）。思维的内容就是无数概念的输入、连接、拆分、输出等。没有概念，或者没有语言、言语或图画等多种形式所表达的概念，思维将如无源之水，难以运转。

1.1.3　思维方式

思维有广义和狭义之分。广义的思维是人脑对客观现实概括的和间接的反映，它反映的是事物的本质和事物间规律性的联系，包括逻辑思维和形象思维。而狭义的、心理学

3

意义上的思维专指逻辑思维。思维方式是人们的理性认识方式，是人的各种思维要素及其综合，按一定的方法和程序表现出来的、相对稳定的定型化的思维样式，即认识的发动、运行和转换的内在机制与过程。通俗地说，就是人们观察、分析、解决问题的模式化、程式化的"心理结构"。思维方式是人们大脑活动的内在程式，它对人们的言行起决定性作用。思维方式表面上兼具非物质性和物质性。这种非物质性和物质性的交相影响——"无生有，有生无"，就能够构成思维方式演进发展的矛盾运动。

那么，人的思维方式有哪些呢？下面简单归纳一下。

（1）形象思维。通过形象来进行思维的方法。它具有的形象性、感情性是区别于抽象思维的重要标志。

（2）演绎思维。它是从普遍到特殊的思维方法，具体形式有三段论、联言推理、假言推理、选言推理等。

（3）归纳思维。它是根据一般寓于特殊之中的原理而进行推理的一种思维形式。

（4）联想思维。包括相似联想、接近联想、对比联想、因果联想。

（5）逆向思维。它是目标思维的对应面，从目标点反推出条件、原因的思维方法。它也是一种有效的创新方法。

（6）移植思维。是指把某一领域的科学技术成果运用到其他领域的一种创造性思维方法，仿生学是典型的事例。

（7）聚合思维。又称求同思维。是指从不同来源、不同材料、不同方向探求一个正确答案的思维过程和方法。

（8）目标思维。确立目标后，逐步去实现其目标的思维方法。其思维过程具有指向性、层次性。

（9）发散思维。它是根据已有的某一点信息，运用已知的知识、经验，通过推测、想象，沿着不同的方向去思考，重组记忆中的信息和眼前的信息，产生新的信息。它具有流畅性、变通性、独创性3个特点。

1.1.4 思维种类

思维的种类主要有动作思维、形象思维、无声思维、指导性思维、创造性思维、发散思维、聚合思维、联想思维、创新思维、系统化思维等。

思维具有阶梯性，下面简单讲述几种。

（1）物质思维。是基于自然和人类社会表面现象而进行人生价值判断并进而做出自己行动的思维方式，这种思维方式完全忽略了事物、现象之间的因果关系，不追究表面现象产生的深层原因，所以这种思维也可以称为表象思维、直观思维、线性思维、单面思维、本能思维、"1+1=2"思维。

（2）形象思维。能把物质世界的表象或者有形实体上升为一种图案、符号、旋律、语言文字、姿势姿态、表情或声音的思维方式。例如，写生、绘画、摄影、复制、拓仿、雕塑是把实物通过图案的方式表达出来，这种思维活动就是形象思维。又如制图，不论是地图，还是晶体管线路图、建筑施工图、工艺流程图、机械构造图、装配示意图、人体经络图、简谱、五线谱等，都是把实体上升为一种符号，这种思维就是形象思维。

（3）联想思维。能抓住自然界的某一个现象，然后透过其现象，举一反三，触类旁通，把与其相关连的其他因素串联起来的思维方式。联想思维最典型的例子就是"牛顿—苹果—万有引力"，牛顿从自然界最常见的一个自然现象——苹果落地联想到引力，又从引力联系到质量、速度、空间距离等因素，进而推导出力学三大定律，这就是联想思维。从洗澡池放水时经常出现的旋涡现象能联想到地球磁场磁力线的方向，从豆角蔓的盘旋上升能联想到天体的运行方向，从水面上木头浮、铁块沉这个自然现象联想到浮力，从偶然看到的事物的不连续性联想到量子，从运动、质量、引力联想到时空弯曲，从意识的作用联想到宇宙全息，等等，都属于联想思维。

（4）心像思维。就是用意识创造现实，大千世界的现象五花八门、千奇百怪，令人眼花缭乱、目不暇接，如果深入现象之中，就会处于迷惘之中，永远走不出现象构成的迷魂阵，我们必须从这个迷魂阵中跳出来，站在更高的地方来俯视这些现象。

（5）无相思维。顾名思义，就是离开了一切"相"后对宇宙本源、万象运作原理、生命本质的认识和思考方式。凡眼睛看得到、耳朵听得到、鼻子嗅得到、舌头尝得到、身体感触得到的都是相；凡人类发现并总结出来的自然界的规律和法则也是相，叫法相；佛教理论中所谓"空"和"无"也是相，叫非法相。无相思维是抛开一切色、声、香、味、触、法、非法而直指宇宙本源和事物的本质和本性，是"透过现象看本质"的思维方式，它超越物质和物质世界而进入反物质和反物质世界来认识和观察世界。

有的人看书喜欢从头到尾，一字一句地细看；有的人看书不按顺序，一开始总是粗略地浏览，然而收获最大、效率最高的往往是后者。有的人考虑很多，却一事无成；有的人无忧无虑，却事事顺利。人们的生活中需要逻辑，但逻辑不能主宰一切，过多的逻辑会使人失去创造性和想象力，埋没人的潜能，现在所提倡的素质教育实质上就是要人们走出绝对逻辑思维的误区。在过去的课堂上，老师是至高无上的，而学生要规规矩矩，只要有一点纷乱，就会受到严厉的惩罚。再加之填鸭式的教育，使学生脑子里面装了很多的规矩和程序，做什么事都要循规蹈矩，考虑各种约束条件。无忧无虑而事事顺利的人并不是真的什么都不考虑，只是他们有一种自信，相信自己在任何情况下都有处理任何问题的能力，或者他们有一种信念——船到桥头自然直。在他们的脑海里经常浮现的是积极的成功景象，从而产生积极的情感，积极的情感又活跃了他们的思维，使他们充满勇往直前的动力。

1.1.5　思维过程

思维过程指人们在头脑中运用存储在长时记忆中的知识、经验，对外界输入的信息进行分析、综合、比较、抽象和概括的过程。思维过程还可以用阶段来划分：一个是初级阶段——普通逻辑思维阶段，遵循同义律、排中律和矛盾律3个法则；另一个是高级阶段——辩证逻辑思维阶段，遵循对立统一、量变质变、否定之否定的思维规律。

3

思维或思想是人脑对现实事物间接的、概括的加工形式，以内隐或外隐的语言或动作表现出来。思维是由复杂的脑机制所赋予的。思维对客观的关系、联系进行着多层加工，揭露事物内在的、本质的特征，是认识的高级形式。思维由生命进化而产生，物质的化学反应构建生命，生命在生存过程中进化出意识、思维。思维的本质是对语言文字的运用，物为实，思为虚，思命物以虚名，为思所用，人才能思考，或者说有名方能思；无名，则实无所指，思无所用，也就无法转换成言语来表述。思维是高级的心理活动形式，人脑对信息的处理包括分析、抽象、综合、概括、对比系统的和具体的过程。这些是思维最基本的过程。

1.1.6　思维与思考

想与思考就是思维，想与思考的过程就是思维活动的过程。思考是对思考对象的扩大了解、找出问题、分析矛盾、思考解决办法的不断螺旋上升过程。思考可根据其产生的不同效果而表现出不同的色彩，比如批判思考、系统思考、创意思考、逻辑思考、水平思考、垂直思考、图像思考、逆向思考、正面思考、负面思考等。

1.1.7　思维的哲学韵味

思考多了必有想法，想法多了就有思想，思想多了就有了各种各样的思绪，思绪是思想的头绪。每个人思绪各异，有的人常常会思绪飞腾，不能自已。思绪有时像大海的波涛，汹涌却无目标；思绪有时像夏日的黄昏，美丽而朦胧；思绪有时像大雾的早晨，清幽却又迷茫。思绪是一个人成长的风铃，永远伴随在你的身旁。让我们张开思绪的翅膀，领略大自然的神奇和力量。

天涯远不远？

不远！

咫尺有多近？

很远！

……

这是思维的哲学韵味。

1.2　思维训练的益处

中国有句古话："授之以鱼，不如授之以渔。"给思维训练启蒙者现成的知识和技能，不如让他们学会自己获取这些的能力。思维训练就是要教给思维训练启蒙者正确的思维方法，发展他们的思维能力。借助适合思维训练启蒙者年龄特点的一些材料，进行适当的思维训练，可以帮助他们学会如何思考、如何学习，例如，如何进行分析、分类，如何进行比较、判断，如何解决问题，等等。掌握了正确的思维方法，就如插上了一双翅膀，思维训练启蒙者可努力发展和提高抽象思维能力，从而大大提高自身的知识水平和智力水平。

科学研究表明，后天的环境能显著影响人类大脑神经元细胞的相互联系，从而影响人类的智力发育。经过思维训练，思维训练启蒙者的思维能力会有显著提升。思维训练的重点是"全面"和"均衡"。只有精心设计的系统化的专门思维训练课程方可达到这个效果。 思维能力直接关系到思维训练启蒙者的学习能力，直接影响他们在学校的表现。因此，为提高思维能力而进行的投资具有很高的回报率。思维能力是一个人的核心能力，思维训练启蒙者的思维是后天形成的，水平不断提高。思维训练启蒙者的思维处于从直观行动思维向具体形象思维发展的过程中，抽象逻辑思维已经开始萌芽，具备了进行思维训练的基础。

1.3　思维训练的范例集萃

毋庸置疑，良好、正确、先进的教育形式和手段可以从任何类型的学生身上发掘其固有的优点，并启发其想象力和独创性。而富有想象力和创造力的学生走入社会之后，才能适应新时代的要求并有所建树。思维训练启蒙新观念的创意必须建立在基础训练上，因材施教。思维训练启蒙有它的系统性，万事开头难，良好的开端是成事的关键。那我们就从思维训练这一命题展开吧！

瞧！一个小姑娘正在放风筝，顺着她手中的绳子向上看，那风筝却是一条游动的五彩的鱼；几块钱币经过独特的排序，可以概括几千年时间的延续；几把钥匙经过不同的重叠组合，可以展示人的一生；鸡蛋里生出幼苗；圣诞树长在月亮上；一张白纸可以隐含着虚无缥缈的无限空间；一张黑纸也能让人展开无穷无尽的奇妙幻想。张冠李戴、偷梁换柱、颠倒黑白、异想天开……这就是思维训练课堂上思绪展开的开端。

启蒙范例 1：思维训练启蒙（线性联想训练）——蜻蜓（图 1-1）。

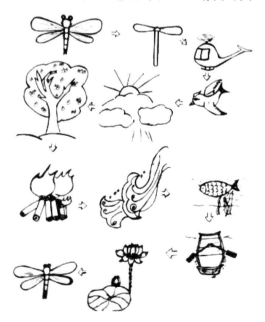

图 1-1　思维训练启蒙（线性联想训练）——蜻蜓

线性联想训练：它是对元素性质外形有某种相似的客体表象进行联想。它的特点是直线性，即不做横向或反向运动，让思路顺着一条线、沿着一个方向走下去。小时候常做过这样的文字游戏：先确定一个字，然后几个参加游戏的人员让自己的思路顺着这个字走下去，比赛看谁的反应快。例如，大→大楼→楼房→房屋→屋内→内外→外国……一直到出现第一个"大"字时，游戏才宣告一轮结束。游戏是简单的，不需要任何道具，却大大地增强孩子们的快速思维和快速反应能力。如果将这个游戏做一个变化，由文字变为形象，又会产生什么效果呢？

启蒙范例 2：思维训练启蒙（形体可塑性训练）——纸篓（图 1-2）。

图 1-2　思维训练启蒙（形体可塑性训练）——纸篓

形体可塑性训练：从物理学观点看，物质分为可塑性和不可塑性两类。还有一些物质在某种状态下可由不可塑转换为可塑，例如，在高温状态下的钢、铁、矿石、玻璃等物质。物体的可塑性训练要求训练者尽量摆脱客体表象形态的完整性的限制，在表现手法上更加自由，这是由具象到抽象、由自然王国到自由王国的一个渐变过程。巧妙运用物体元素可塑性不仅可以改变客体的表象，同时也有可能改变其性格和特点，从而达到一种新的视觉效果。

启蒙范例 3：思维训练启蒙（单体元素联想训练）——烟斗（图 1-3）。

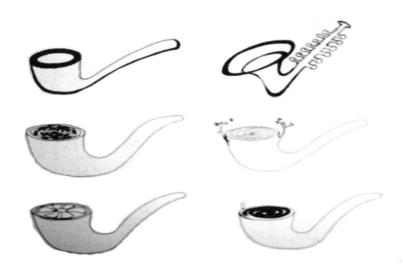

图 1-3　思维训练启蒙（单体元素联想训练）——烟斗

单体元素联想训练：它是一种很有趣的训练，是在一个单独的客体元素的基础之上，经过联想而派生出来一个系列的过程，所以属于联想的范畴。这让我们想起中国古老的川剧。川剧里的变脸很有意思，演员在台上一挥手就变成了另外一张脸。同样的一张脸却有许多不同的脸谱、不同的造型，这给了我们一定的启发。同一种元素符号，或加上其他一些因素，或改变一些东西，或使之适应一种造型，或将无生命的东西人格化，最后呈现出来的作品就别具一格，且别有一番味道。

启蒙范例 4：思维训练启蒙（单体元素联想训练）——蚊香（图 1-4）。

图 1-4　思维训练启蒙（单体元素联想训练）——蚊香

启蒙范例 5：思维训练启蒙（单体元素联想训练）——钥匙（图 1-5）。

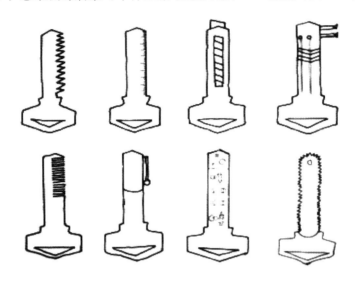

图 1-5　思维训练启蒙（单体元素联想训练）——钥匙

启蒙范例 6：思维训练启蒙（发散性思维联想训练）——西瓜（图 1-6）。

图 1-6　思维训练启蒙（发散性思维联想训练）——西瓜

　　发散性思维联想训练：发散性思维的思路是由一个点向四面八方展开，就像一棵大树，主干是一个点，枝枝杈杈向四方伸展。通俗来讲，发散性思维就是我们日常生活中所说的"前思后想""左想右想""上下求索"等词的组合。发散性思维的最大特点是其思路呈立体、多维展开，由众多层面进行联想思维，将各方面的知识加以综合运用。

启蒙范例 7：思维训练启蒙（发散性思维联想训练）——最喜欢做的事（图 1-7）。

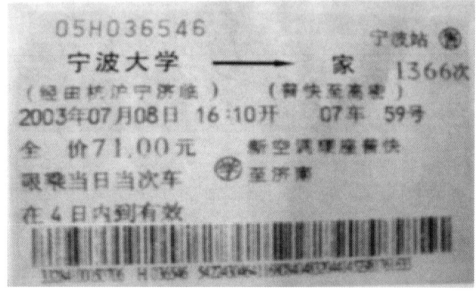

图 1-7　思维训练启蒙（发散性思维联想训练）——最喜欢做的事

　　一年的紧张学习结束了，这时你最喜欢的事是什么呢？相信这张车票能代表你此时此刻的心愿。图 1-7 巧妙地利用了一张真实的火车票，仅把出发地和到达地改了一下，就把学生在外、归心似箭的心境完完全全地表达了出来。

启蒙范例 8：思维训练启蒙（抽象概念联想训练）——开与关（图 1-8）。

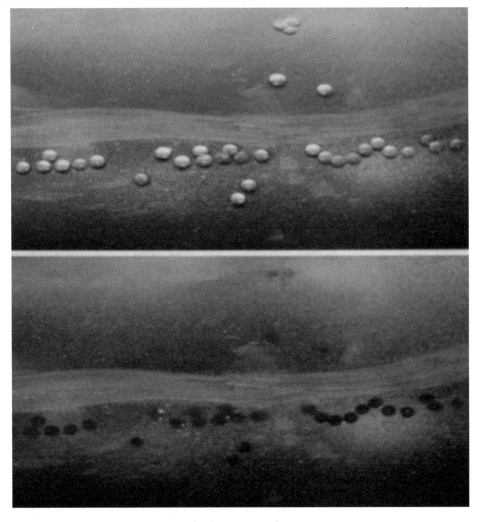

图 1-8   思维训练启蒙（抽象概念联想训练）——开与关

抽象概念联想训练包括两个方面：把抽象的概念用具象的形象清晰准确地表达出来，这时候形象的意义已不再是原有客体元素表象所传达出来的意义了；把具体的概念用抽象的图表表达出来。

训练者通过观察、思考、分析，然后再通过归纳、概括、打散、重构、提炼等手段，扬弃了原有物质元素的表象，创造出新的"无形"的形象元素，最后展示给观众的是美的本质，这就是形式美。像自由、平等、紧张、平衡、高兴、悲哀等就属于抽象概念。

抽象概念的创意训练除了培养训练者对"无形象"形体的敏锐反映，更重要的是训练他们观察、思考、分析和概括能力。

启蒙范例 9：思维训练启蒙（抽象概念联想训练）——时间（图 1-9）。

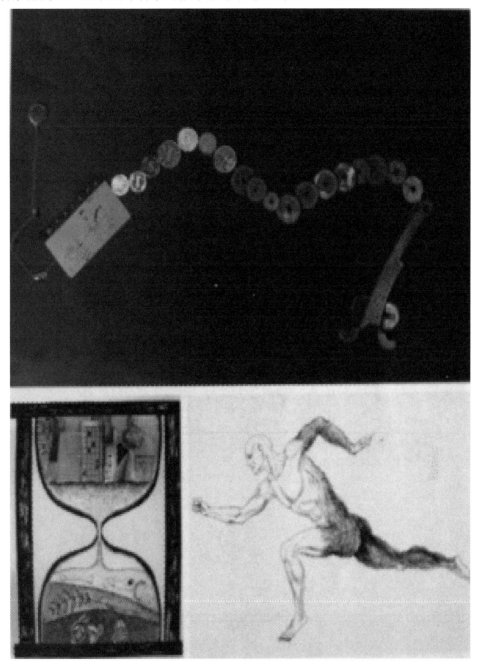

图 1-9　思维训练启蒙（抽象概念联想训练）——时间

　　货币是非常具有历史感的一种视觉元素，通过作者精心的设计与组合，几千年的历史长河贯穿其中。

启蒙范例 10：思维训练启蒙（图形异变训练）——鱼→台灯的变异／大象→花的变异（图 1-10）。

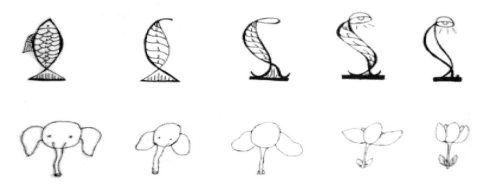

图 1-10　思维训练启蒙（图形异变训练）——鱼→台灯的变异／大象→花的变异

图形异变训练：异变或异化现象是一些与规律相悖的演变过程。异变创意训练强调个性的表现，一个作品如果没有自己的特点和个性，就会平淡无味，落入俗套，同时也失去了艺术的生命力和吸引力。通过异变的方式、方法和技巧，就能培养训练者系统观察对象的能力，由此可以启发训练者由甲到乙的形体联想能力。

启蒙范例 11：思维训练启蒙（图形异变训练）——船→蝴蝶的变异（图 1-11）。

图 1-11　思维训练启蒙（图形异变训练）——船→蝴蝶的变异

"不怕你做不到，只怕你想不到。""不可能"三个字在这里是不存在的。教师通过巧妙启发，使同学们张开思维的翅膀，将自己的想象力发挥到极致。上面的启蒙范例让训练者大开眼界！不禁自问："我也能有这样的想象力吗？我也能做到这样吗？"

　　思维训练建立在想象力开发的基础上，思路打开了，就能有更深入的训练科目。创新思维的训练是重中之重。创新思维是突破思维定式的思维方式，以打破惯性思维为特征，是以直观、感性、想象为基础的大胆的思维活动。创新性思维激发创造性思维，创新性思维和创造性思维激励了思维训练新观念的灵感和创意。

第2章　思维训练启蒙创新途径

思维训练就是根据思维训练启蒙者的思维发展特点，借助一些有组织的、系统的材料，对思维训练启蒙者的思维能力进行系统训练，从而提高他们的思维品质，如思维的敏捷性、深刻性、创造性、灵活性等，旨在提高他们分析问题、解决问题的能力以及创造性思维能力，全面提升他们的素质，使他们更好地适应未来社会环境。

2.1　思维训练启蒙新观念的创意

思维训练就是要放开思路、拓展手段，就是要标新立异、打破常规、突破一切禁区，就是要运用自己能看到和能想到的一切方法、手段表达自己的观念和思想。思维训练不但要教会学生怎样看、怎样写、怎样设计，更重要的是要教会他们怎样想。

"随风潜入夜，润物细无声。"思维训练是一个长期的潜移默化的过程，不是几节课就能完成的。思维训练能有效地刺激训练者的思维触角，使其始终处于一种扩张状态，时间长了其就形成了良好的思维习惯，每当接触到一个新的研究课题、新的研究内容时，其思维立即向四面八方立体地、全方位地展开，而不是仅仅固定在一点或一条直线上。思维展开了，无论学习什么知识都会有比较好的学习效果。

思维训练新观念的创意，就是要懂得创新性思维训练的原理，鼓励学生尝试各种方法、各种手段，采用新颖的表现手法和设计思路，完整、完美地表达训练内容。思维方式的改变导致我们世界观念的改变。"改变"就是"适应"。再进一步说，有什么样的思维就会产生什么样的观念，有什么样的观念就会产生什么样的艺术家、设计师、工程师等。思维训练首先要培养和更新训练者的思维习惯和模式，其次才是依托其上的表现技巧。思维训练对训练者生活形态的改变也是改良的、渐进的。

2.2　思维训练创新途径

创新、创造是科技发展的动力源泉，是元生产力。创造活动和创造力的开发离不开创造性思维。不存在确定规则的思维活动都属于创造性思维。在探索思维训练创新途径之前，必须先理解创新、创造与创造力之间的关系，然后设计出合理的训练途径。

2.2.1　创新、创造与创造力

创新、创造与创造力是 3 个紧密联系、密切相关的概念。人类创新实践和创新活动的发展离不开创造力开发，首先需要厘清创新、创造与创造力的概念内涵，为开展创造力开发训练建立基本概念和理论框架。创新、创造与创造力是进行创造力开发必须掌握的三个基础性概念。

1.创新

创新是建立在已有事物的基础上，推动事物发展，生产新成果，产生新效益的创造性活动。创新包含两层含义：一是引入；二是革新。创新是将新设想或新概念发展到实际应用和成功应用的阶段，是创造的某种价值的实现。创新是运用知识或相关信息创造和引进某种有用的新事物的过程。作为一种创造性过程，它从发现潜在的需求开始，经历新事物的可行性检验，到新事物的广泛应用为止。创新作为一种引进新事物的过程，既指被引进的新事物本身，具体来说就是被认定的任何一种新的思想、新的实践或新的制造物；也指对一种组织或相关环境的新变化的接受过程。这里所指的事物既可以是物质形态的产品、工艺和方法，也可以是精神形态的思想、观念和理论等。

2.创造

创造是指在破坏、否定和突破旧事物的基础上，构建并产生新事物的活动。创造通常按其实现手段和方法不同而被划分为科学发现、技术发明和艺术创作 3 种类型。

科学发现是指在科学理论的指导下对事物的本原进行探索和研究，从而了解到存在于现象之后的新事物或规律。例如，牛顿在观察苹果落地这一现象时，推断出所有物体之间都有引力，从而发现"万有引力"定律。发现可分 3 个层次：一是事物的发现；二是事物属性的发现；三是事物本质的发现。科学发现是在不同的层次和角度与上述这些发现相联系的。

技术发明是指根据科学规律或科学原理创造出新的事物，首创出新的制作方法等。技术发明的重要特征是运用逻辑或非逻辑的方法，对客观事物的现象和本质进行深入分析与研究，从而创造出具有新质的事物。例如，发明电话是创造新的事物，创立微积分是科学方法的发明。

艺术创作是指运用形象思维的方法，对社会生活进行观察体验、研究分析，并对生活素材加以选择、提炼和加工，从而塑造出新的艺术形象。艺术创作具有两个显著特点：一是创造主要运用形象思维进行；二是创造成果带有强烈的主观色彩。艺术形象反映着创作者的意识形态和社会理想，甚至还蕴涵着创作者的快乐或忧伤、振奋或消沉、勇敢或懦弱等情绪和意志品质。

创造有广义和狭义之分。广义的创造是指不考虑外界水平，基于创作者个体或群体原有的水平基础，用以前没用过的新方式解决了没有解决的问题，又被称为创造性地解决问题。

狭义的创造是指产生的成果对于整个人类来说都是独创的和具有社会价值的。人们通常所说的创造多指狭义的创造，多指那些大科学家、大发明家和大艺术家所取得的创造性成果，如爱因斯坦的相对论和袁隆平的籼型杂交水稻等。

3. 创造力

创造力既是人所具有的一种潜在的、天赋性的自然属性，又是必须通过后天的学习、训练和开发才可得以发挥和显露的一种社会属性。

创造力通常包含两层含义。第一层含义是指人类所特有的一种创造潜能，即人的创造性。它是人之为人的本质属性，是人与一般动物的本质区别，这一点已为现代生命科学、脑科学和医学科学的研究所证实。从这个意义上讲，创造力是人的一种自然属性。第二层含义是指人们在创新活动和创造实践中所表现出来的、生产创造性成果的一种能力。创造能力是对创造潜能的外化和显性表现，正是由于创造力的作用，人们才得以在创新活动和创造实践中产生具有新颖性的创造成果。

现代脑科学研究证实，创造力主要蕴藏在人的右脑中，是人类亿万年来智力进化的结果。人的大脑的各个部位具有不同的功能，人脑的左半球除具有抽象思维、数学运算及逻辑语言等各项重要机能之外，还可以在关系很远的资料间建立想象联系。在控制神经系统方面，人脑的左半球也很积极，起着主要作用。人脑的右半球同样具有许多高级功能，如对复杂关系的理解能力、整体的综合能力、直觉能力、想象能力等。此外，它被证实是音乐、美术和空间知觉的辨识系统。人的右脑蕴藏着巨大潜力，开发右脑是提高人的创造力的一项重要措施。人们的右脑尚未开发或较少开发，每个人仍具有巨大潜力。

创造力是人们在进行创造性活动，即具有新颖性的、非重复性的活动中所表现出来的一种能力。实现创造潜能到创造能力的转化，通常需要经历意识、理解、技法和实现 4 个环节。这种转化抓住了强化创造意识、提高创造性思维能力和掌握创造技法三大关键环节，完整概括了创造力开发的基本步骤，可为创造力开发提供合理的教学内容安排和教学活动的基本框架。

人们在智力、知识、思维风格、人格特征、动机和环境等多种要素的协同作用下就能产生创造力。人们越来越多地认识到创造力开发的重要性，积极研究开发、运用创造力的对策。实践证明，创造力可以通过开发得以提高。

（1）创造性思维。创造性思维是创造过程的基础，人类所创造的一切成果，都是创造性思维的外观和物化。早在爱迪生着手改进电灯之前的几十年，许多科学家就开始研究电灯，但都未能成功，原因是没能找到一种理想的灯丝材料。爱迪生在攻克这个课题时，首先了解前人试验时用了哪些材料而导致失败，然后计划自己该用什么材料做试验。经过多次失败和经验、教训的总结，他找到了"避免灯丝氧化和选用合适材料"的新的解题思路，从而发明了具有实用价值的电灯，开创了电气照明新时代。这种针对所要解决的问题收集有关信息资料，然后进行思考，想出具有独特性、新颖性的好方案的过程就是创造性思维的过程。

创造性思维是与重复性思维相对应的。区别创造性思维与重复性思维的标准有两个。一是就思维过程而言，是否有现成的规律和方法可以遵循。凡是有现成的规律和方法可以遵循的都是重复性思维。只有无现成的规律和方法可以遵循的思维才属于创造性思维。二是就思维结果而言，是不是前所未有的。只有创造出前所未有的思维成果的思维才属于创造性思维。

创造性思维有广义和狭义之分。一切创造活动都有一个从提出问题到解决问题的发生、发展和完成的过程。广义的创造性思维是指在这个过程中发挥作用的一切形式的思维活动。它既包括直接提出新设想或新的解决办法的思维形式，也包括与直接提出创新思想有关的其他思维形式，是逻辑思维和非逻辑思维的有机融合。狭义的创造性思维是指在创造过程中提出创新思想的思维活动形式，主要指非逻辑思维。非逻辑思维是创造性思维的精髓，创造学领域所说的创造性思维主要指狭义的创造性思维。

创造性思维具有独立性、想象性、灵感性、潜在性、敏锐性等特点。其中，尤为显著的特点是思维过程的求异性、思维结果的新颖性以及思维主体的主动性与进取性。

（2）创造性思维的形成机制。从认识论的角度看，创造性思维的形成机制可从激发其产生的内在动因和外在动因两方面进行分析。在接收、存储、加工和输出信息的思维各环节中，加工信息属于创造性思维的内在动因。外在动因主要包括大量高质量信息的"轰击"、适当的压力、群体激智等方面。

（3）创造性思维的形式。创造性思维通常可分为非逻辑创造思维、逻辑创造思维和两面神思维三大类。非逻辑创造思维是创造性思维的精髓，其形式主要有联想、想象、类比、灵感、直觉和顿悟。逻辑创造思维的形式主要有比较、归纳、演绎和推理等。两面神思维是辩证法在思维领域的一种具体运用，是在违反逻辑或各自然法则的情况下，从对立之中去把握新的、更高级的、统一的辩证思维方法，如逆向思维、"以毒攻毒"等。需要指出的是，利用创造性思维所产生的结果并不都是新颖的，同时没有哪一种思维形式是"专门生产"或"完全不能生产"创造性思维的。

（4）创造性思维产生创意的基本方式。

①逆向思维。即正向思维的反面，是指确定一个常理，把这个常理颠倒过来思考，进而提出问题，并且沿着反向思路扩展。

②横向思维。即纵向思维的反面，是指以反常规和明显不符合逻辑的方式寻求问题解决思路。故意提出一些不合逻辑的想法来刺激创意的产生，将不合逻辑的想法作为创意产生的跳板，从而寻找多种可能性。

③发散思维。即聚合（集中）思维的反面，是指从多方向、多角度思考，不受已有方法、规则或范围的约束。针对一个问题或目标，沿着多种方向和角度去思考，寻求多个突破点。

（5）创造性思维的激励。创造性思维是人在创造过程中产生前所未有的思维成果的思维活动。创造活动的结果，无论是产生新思想还是产生新事物、新产品，都是思维的结果。因此，开发创造力的关键是激发创造性思维。下面提出几种创造性思维的激励途径。

①采取积极态度，激发创造设想。

②打破陈规俗套，有意"忘掉"一些已知东西。

③经常提出"假如"思考，进行精神兴奋练习。

④克服从众心理，不盲从于群体思维。

⑤消除对大脑的压抑，使大脑放松。

⑥诱发设身处地的感觉，寻求打开新设想源泉的方法。

2.2.2 创新性思维训练

创新性思维训练又被称为软化头脑的柔软操。它可以使人们摆脱各种思维障碍，从而产生许多创造性设想，再经过一定的操作而获得创造的成功。这种训练是经过一定量的训练题操作完成的。训练题的种类较多，其中较为典型的有以下几种。

1. 扩散思维训练

这种训练的关键是找到扩散点，然后进行思维扩散。一般情况下，扩散点有以下几种类型。

（1）材料扩散。例如，"报纸"的用途有多少种？经过思考可知，它可以用来传播信息和知识、包东西、叠玩具、糊信封、擦桌椅、擦钢笔、做道具等。

（2）功能扩散。例如，"照明"工具有多少种？我们可以想到油灯、电灯、蜡烛、手电筒、火柴、火把、萤火虫等。

题目：为了达到取暖、降温、除尘、隔音、防震、健身等目的，可以采用哪些照明工具？

（3）结构扩散。例如，具有"半球结构"的物体，你能列举多少种？名称为何？参考答案是拱形桥、房顶、降落伞、铁锅、灯罩等。

题目：具有○、△结构的物体有多少种？名称为何？

（4）形态扩散。例如，"红色"有什么用途？可用在信号灯、旗、墨水、纸张、铅笔、领带、本子封面、衣服、五角星、印泥、指甲油、口红、油漆、灯笼等物体上。

题目："香味""影子""噪声"有什么用途？

（5）组合扩散。例如，"汽车"可与喷药机、冷冻机、垃圾箱、集装箱、通信设备、油罐、X 光机、手术室等组合。

题目：圆珠笔、木梳、温度计、电视机、水壶、书、灯等可与其他哪些东西组合？

（6）方法扩散。例如，"吹"可办哪些事或解决哪些问题？思考后可知，利用"吹"的方法可以除尘、降温、演奏乐器、传递信息、制作产品、挑选废品等。

题目：利用敲、提、踩、压、拉、拔、翻、摇、摩擦、爆炸等方法可办哪些事或解决哪些问题？

（7）因果扩散。例如，"玻璃板破碎"有哪些原因？经过思考后可知，原因有撞击、敲打、棒打、重压、震裂、炸裂等。

题目：桌子、灯、砖、碗、杯、楼房、机床、汽车、变压器、河堤等损坏的原因有哪些？

（8）关系扩散。例如，"人与蛇"的关系有哪些？蛇皮可用来制作乐器，蛇肝、蛇毒可制药，蛇肉可为美食；蛇既可供观赏和玩耍，也可灭鼠除害；毒蛇咬人可致伤或致死。

题目：太阳、鸟粪、黄金、计算机、信息管理、细菌等与人的关系有哪些？

2.异同转化思维训练

例如，"一分和五分的硬币"有哪些相同点、有哪些不同点？

通过观察可知，它们的相同点是银色铅制品、圆形、有国徽图案、有汉字和阿拉伯数字、侧视呈扁形、有齿形边缘、流通后带有细菌等；它们的不同点是厚薄、直径、重量、图案、数字大小和齿形边缘条纹数不同等。

题目：列举钟和表、个人和知识分子、软件和硬件、发动机和电动机、两片树叶的相同点和不同点。

3.想象思维训练

（1）图像想象。例如，对于〇图形，能否尽可能多地例举出与其相似的东西？如盘香、发条、圆形电炉盘、盘山公路俯视图、录音带、盘着的蛇、指纹、卷尺、草帽、水漩涡等。

题目：例举与图形〇、△、S相似的各种东西。

（2）假设想象。假设想象是通过对某种事物的回忆、推理和猜想来想象将会出现的结果。

例如，如果世界上一只"老鼠"也没有将会怎样？可减少粮食和其他物品的消耗，无须制造捕鼠器和鼠药，不会发生鼠疫和儿童被鼠咬伤或咬死的事件，食鼠动物无食将破坏生态平衡，等等。

题目：如果世界上没有太阳、水、空气、石油、植物、动物将会怎样？人类长生不老将会怎样？

4.联想思维训练

（1）相似联想。例如，从"警察"想到"士兵"，从"太阳"想到"月亮"。

题目：猫____，鸟____，汽车____。

（2）矛盾联想。例如，从"大"想到"小"，从"白"想到"黑"，从"上"想到"下"。

题目：胖____，美____，冷____，聪明____，加强____，失控____。

（3）接近联想。例如，"钢笔"—放在桌子上—桌子摆在窗户附近—人开窗可见晴朗夜空中的星星，可简写为：钢笔—桌子—窗—人—星星。

题目：土—纸，树—球，老虎—鲜花，姑娘—罪犯，等等。

5.思维定式弱化训练

（1）5只猫用5分钟捉5只老鼠。请问，需要多少只猫，才能在100分钟内捉100只老鼠（限1分钟）？

（2）你能用4根火柴摆5个正方形吗（限3分钟）？

（3）4个人打赌，谁输了就做10道菜请客。结果一个聪明人输了，但做了一道菜，其他3个人有口难辨。请问：聪明人做的什么菜？

（4）把10个硬币分装到3个杯子里，每个杯子里的硬币都是奇数，如何分装（限3分钟）？

（5）6 根火柴如何组成 4 个三角形（限 3 分钟）？

（6）急行军想过河，如何快速而准确地测出河宽（限 3 分钟）？

（7）燃着 20 支蜡烛，风吹灭了 3 支，又吹灭了 2 支。把窗关好后再也没被吹灭，还余几支？

2.2.3 思维训练启蒙创新实验范例

思维训练启蒙对于训练者来说是思维风暴的喷发口，能够唤醒大脑沉睡的潜能。全面激发思维风暴是思维训练启蒙的方向。为了对训练者进行思维训练启蒙，这里先通过实例展示一下想象力是如何展开的，充分感受想象力的力与美。

范例：把一只鸟儿放在不同的情景中，想象那瞬间的画面，并试着用语言描述出来。可以把这里的鸟儿想象成一只小鸟、麻雀、燕子、大雁、喜鹊、白鹭、鲲鹏等。

训练场景 1：单体联想（仅仅一只鸟儿）。

（1）（清晨，中午，傍晚）我看见一只鸟儿在飞。

（2）（天下着雨，天空晴朗）我看见一只鸟儿在飞。

训练场景 2：组合联想（一只鸟儿 + 窗口）。

（1）（清晨，中午，傍晚）我看见一只鸟儿从窗前飞过。

（2）（天下着雨，天空晴朗）我看见一只鸟儿从窗前飞过。

训练场景 3：组合联想（一只鸟儿 + 窗口 + 列车）。

（1）今年（暑假，寒假，国庆节），我和爸爸、妈妈一同去旅游，在奔驰的列车窗口，我看见一只鸟儿从窗前飞过。

（2）（天下着雨，天空晴朗）在奔驰的列车窗口，我看见一只鸟儿从窗前飞过。

训练场景 4：组合联想（一只鸟儿 + 麦浪）。

（1）（清晨，中午，傍晚）我看见一只鸟儿从乡间田野上一片绿油油的麦浪前飞过。

（2）（天下着雨，天空晴朗）我看见一只鸟儿从乡间田野上一片绿油油的麦浪前飞过。

训练场景 5：组合联想（一只鸟儿 + 油菜花）。

（1）（清晨，中午，傍晚）我看见一只鸟儿从乡间田野上一片金黄的油菜花前飞过。

（2）（天下着雨，天空晴朗）我看见一只鸟儿从乡间田野上一片金黄的油菜花前飞过。

训练场景 6：组合联想（一只鸟儿 + 人物）。

（1）（清晨，中午，傍晚）我看见一只鸟儿从乡间田野上一位穿着红色衣服的姑娘前飞过。

（2）（天下着雨，天空晴朗）我看见一只鸟儿从乡间田野上一位穿着红色衣服的姑娘前飞过。

训练场景 7：组合联想（一只鸟儿 + 窗口 + 列车 + 人物）。

（1）今年（暑假，寒假，国庆节），我和爸爸、妈妈一同去旅游，在奔驰的列车窗口，我看见一只鸟儿从乡间田野上一位穿着红色衣服的姑娘前飞过。

（2）（天下着雨，天空晴朗）在奔驰的列车窗口，我看见一只鸟儿从乡间田野上一位穿着红色衣服的姑娘前飞过。

训练场景 8：组合联想（一只鸟儿＋窗口＋列车＋人物＋麦浪）。

（1）今年（暑假，寒假，国庆节），我和爸爸、妈妈一同去旅游，在奔驰的列车窗口，我看见一只鸟儿从乡间田野上一片绿油油的麦浪中行走的穿红色衣服的姑娘前飞过。

（2）（天下着雨，天空晴朗）在奔驰的列车窗口，我看见一只鸟儿从乡间田野上一片绿油油的麦浪中行走的穿红色衣服的姑娘前飞过。

训练场景 9：组合联想（一只鸟儿＋窗口＋列车＋人物＋油菜花）。

（1）今年（暑假，寒假，国庆节），我和爸爸、妈妈一同去旅游，在奔驰的列车窗口，我看见一只鸟儿从乡间田野上一片金黄的油菜花中行走的穿红色衣服的姑娘前飞过。

（2）（天下着雨，天空晴朗）在奔驰的列车窗口，我看见一只鸟儿从乡间田野上一片金黄的油菜花中行走的穿红色衣服的姑娘前飞过。

训练场景 10：组合联想（一只鸟儿＋海浪）。

（1）今年（暑假，寒假，国庆节），我和爸爸、妈妈一同去旅游，来到海滩边，我看见一只鸟儿在翻卷的海浪上飞翔。

（2）（天下着雨，天空晴朗）来到海滩边，我看见一只鸟儿在翻卷的海浪上飞翔。

训练场景 11：组合联想（一只鸟儿＋山巅）。

（1）今年（暑假，寒假，国庆节），我和爸爸、妈妈一同去旅游，登上（黄山，泰山，九华山）山巅，我看见一只鸟儿在像仙境般的云雾缭绕的天空中飞翔。

（2）（天下着雨，天空晴朗）登上（黄山，泰山，九华山）山巅，我看见一只鸟儿在像仙境般的云雾缭绕的天空中飞翔。

训练场景 12：组合联想（一只鸟儿＋思想的礁岩边）。

（1）（清晨，中午，傍晚）我仿佛看见一只鸟儿从思想的礁岩边飞起。

（2）（天下着雨，天空晴朗）我仿佛看见一只鸟儿从思想的礁岩边飞起。

训练从简单到复杂，从可见实体到想象意境。美的瞬间、大自然的魅力捕捉需要人类的想象力。

2.3　思维训练新观念的应用实践

创造性思维是一种新颖而有价值的、非结论的，具有高度机动性和坚持性，且能清楚地勾画和解决问题的思维活动。创造性思维表现为打破惯常解决问题的程式，重新组合既定的感觉体验，探索规律，得出新思维成果。思维训练创新途径以启发创造性思维、培养创造性思维兴趣为指导，以提高空间思维能力为培养目标，实现个体能力的拓展，培养和发挥个体创造力，为思维训练新观念的应用实践奠定坚实的基础。

世界进入了网络和 5G 时代，空间被无限扩大，思维设计无声地嵌入到了程序设计中。选择 C++ 语言编程训练手段实现思维训练是一种新的观念。从计算机 C++ 语言编写程序角度实践思维训练启蒙，力求把思维训练的方法扩展开来，使每一种训练手段都能充分调动想象力，使每一种思维方式都能创造独特的思路，形成高效的思维训练理念。

思维训练新观念的应用实践就从 C++ 语言思维训练基础开始吧！

第 2 篇　C++ 编程启蒙基础

　　无论做任何事情，都要有一定的方式、方法与处理步骤。我们在工作、学习以及日常生活中往往要做许多判断、决定或者选择。所谓选择，就是以一定的条件作为判断的依据，从而决定做什么、不做什么以及如何去做；同样的内容，有时需要运用多次，这就是循环的概念。接下来，我们就来描述这样的思绪。有时我们还会用到一批数，为了处理方便，把具有相同类型的若干变量按有序的形式组织起来，这种形式的数据被称为数组。数组是思维训练启蒙描述的新方式，应用广泛。

第 3 章　最简单的 C++ 语言程序编写

编程是采用一种计算机语言编写程序的过程，计算机编程语言有很多种，发展历程艰难而又迅猛。C++ 是目前最流行的面向对象程序设计语言，版本有许多，学习 C++ 应该根据思维训练启蒙者的实际情况，以简单实用为主。鉴于思维训练启蒙者的基础比较薄弱，数学功底也比较弱，这里选取 Visual C++ 6.0 软件开发环境作为入门编程语言训练平台。

3.1　计算机编程语言概述

计算机语言的发展经历了 4 个时期：

（1）机器语言；

（2）汇编语言；

（3）高级语言，如 BASIC 、Pascal、LOGO、COBAL、C 等；

（4）面向对象程序设计语言，如 Visual Basic、Visual C++ 等。

C 语言是一种结构化程序设计语言，它是面向过程的，适用于编写较小规模的程序，而当程序规模较大时，C 语言就显示出了它的不足。在这种情况下 C++ 应运而生。

C++ 是由贝尔实验室在 C 语言的基础上开发成功的，C++ 保留了 C 语言原有的所有优点，同时与 C 语言完全兼容，更适合开发大型的软件。它既可以用于结构化程序设计，又可用于面向对象程序设计，因此 C++ 是一个功能强大的混合型程序设计语言。

虽然与 C 语言的兼容性使 C++ 具有双重特点，但 C++ 在概念上和 C 语言是完全不同的，C++ 程序开发者应该按照面向对象的思维去编写程序。

3.2　Visual C++ 6.0 集成开发环境简介

3.2.1　开发 C++ 程序的过程简介

利用 Visual C++ 6.0 集成开发环境开发 C++ 程序的过程如下。

（1）启动 Visual C++ 6.0 环境。

（2）编辑源程序文件。

（3）编译和连接。

（4）执行。

1.编辑

（1）编辑指将编写好的 C++ 语言源程序代码录入计算机，形成源程序文件。

（2）本书用 Visual C++ 6.0 环境提供的全屏幕编辑器。

（3）Visual C++ 6.0 环境中的源程序文件的扩展名为 .cpp，而 Turbo C 2.0 环境中的源程序文件的扩展名为 .c。

2.编译

（1）编译源程序就是由 C 系统提供的编译器将源程序文件的源代码转换成目标代码的过程。

（2）编译过程主要进行词法分析和语法分析，在分析过程中如果发现错误，会将错误信息显示在屏幕上以通知用户。经过编译后的目标文件的扩展名为 .obj。

3.连接

（1）连接过程指将编译过程中生成的目标代码进行连接处理，生成可执行程序文件的过程。

（2）在连接过程中，时常还要加入一些系统提供的库文件代码。经过连接后生成的可执行文件的扩展名为 .exe。

4.运行

运行可执行文件的方法很多，可在 C++ 系统下执行"运行"命令，也可以在操作系统下直接执行可执行文件。

可执行的程序文件运行后，将在屏幕上显示程序执行的结果。

3.2.2　Visual C++ 6.0 集成开发环境主窗口简介

执行"开始"→"程序"→"Microsoft Visual Studio 6.0"→"Microsoft Visual C++ 6.0"命令，启动 Visual C++ 6.0，可以进入 Visual C++ 6.0 主窗口界面。

中文版样式如图 3-1 所示。

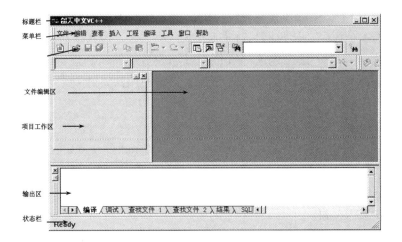

图 3-1　中文版主窗口界面

英文版样式如图 3-2 所示。

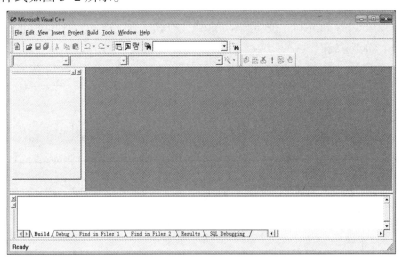

图 3-2　英文版主窗口界面

3.3　最简单的 C++ 语言程序编写

"千里之行，始于足下。"我们先从简单程序学起，逐步了解和掌握怎样编写程序。无论做任何事情，都要有一定的方式、方法与处理步骤。计算机程序设计比日常生活中的事务处理更具有严谨性、规范性、可行性。为了使计算机有效地解决某些问题，需将处理步骤编排好，用计算机语言组成"序列"，让计算机自动识别并执行这个用计算机语言组成的"序列"，完成预定的任务。将处理问题的步骤编排好，用计算机语言组成序列，也就是常说的编写程序。在 C++ 语言中，执行每条语句时计算机都会完成相应的操作。编写 C++ 程序，是利用 C++ 语句来实现一定的功能，达到预定的处理要求。

下面编写第一个程序，让我们从这里起航吧！

在开始系统学习 C++ 语言之前，暂且绕过那些烦琐的语法规则细节，通过下面的简单例题，快速掌握 C++ 程序的基本组成和基本语句的用法，让初学者通过直接模仿学习编写简单程序。

例：编程在屏幕上显示 "Hello World!"。

第一步：启动 Microsoft Visual C++ 6.0，进入 Visual C++ 6.0 主窗口界面，如图 3-2 所示。

第二步：编辑源程序文件。

（1）建立新工程项目。

①执行 "File" → "New" 命令，弹出 "New" 对话框。

②选择 "Projects" 选项卡，单击 "Win32 Console Application" 选项，在 "Project" 文件框中输入项目名，如 "ex11"，在 "Location" 框中输入或选择新项目所在位置，单击 "OK" 按钮。弹出 "Win32 Console Application Step 1 of 1" 对话框。

③单击 "An Empty Project" 按钮和 "Finish" 按钮，系统显示 "New Project Information" 对话框。单击 "OK" 按钮。

为了便于讲解，本书源程序存储文件夹地址为 "E:\C++ 语言程序设计 \C++ 源程序 \"。

操作界面如图 3-3 所示。

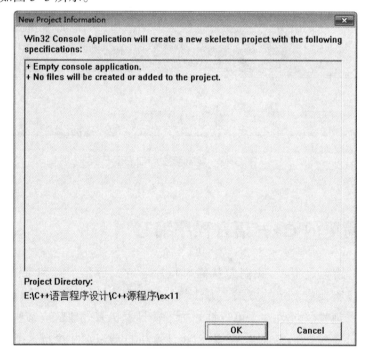

图 3-3　建立新工程项目

（2）建立新项目中的文件。

①执行"File"→"New"命令，弹出"New"对话框。

②选择"Files"选项卡，单击"C++ Source File"选项，在"File"文件框中输入文件名，如"ex11"，如图 3-4 所示。单击"OK"按钮，系统自动返回 Visual C++ 6.0 主窗口。

③显示文件编辑区窗口，在文件编辑区窗口输入源程序文件，如图 3-5 所示。

源程序：

```
#include <iostream.h>
main()
{
    cout<<"Hello World!"<<endl;
    return 0;
}
```

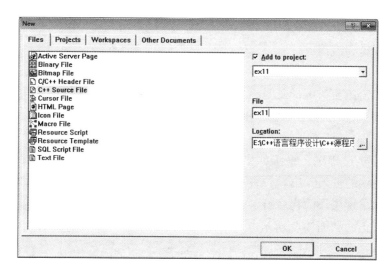

图 3-4 建立新项目中的文件

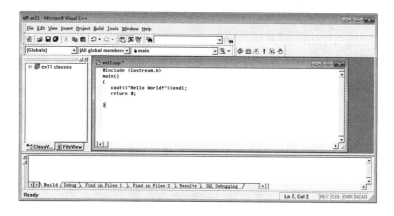

图 3-5 在文件编辑区窗口输入源程序文件

为了便于阅读源程序，可以增加必要的注释，如图 3-6 所示。

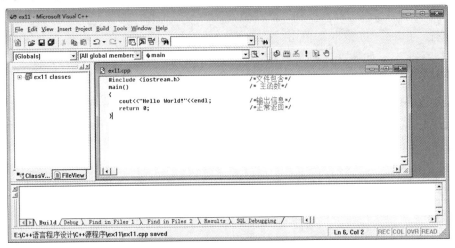

图 3-6　在源程序文件加入注释

第三步：编译和连接。

方法一：在主窗口菜单栏中执行"Build"→"Compile"命令。

方法二：单击主窗口编译工具栏上的"Compile"按钮进行编译和连接。

（1）系统对程序文件进行编译和连接，生成以项目名称命名的可执行目标代码文件（扩展名为 .exe）。

（2）编译连接过程中，系统如果发现程序有语法错误，则会在输出区窗口中显示错误信息，给出错误的性质、出现位置和错误原因等。双击某条错误，编辑区窗口右侧出现一个箭头，指示出现错误的程序行。用户据此对源程序进行相应的修改，并重新编译和连接，直到通过为止，如图 3-7 所示。

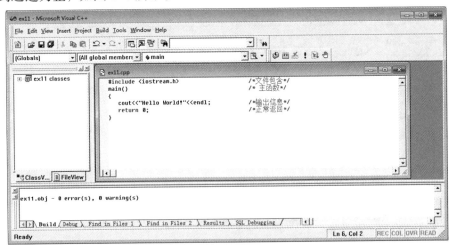

图 3-7　编译和连接成功

第四步：执行。

方法一：执行"Build"→"Execute"命令。

方法二：单击主窗口编译工具栏上的"Execute program"按钮执行编译连接后的程序。

运行成功后屏幕上输出执行结果，并提示信息："Press any key to continue"。此时按任意键，系统将返回 Visual C++ 6.0 主窗口。

如果在执行程序过程中出现运行错误，用户要修改源程序文件并且重新编译、连接和执行。

如果在屏幕上显示一行"Hello World!"字符，如图 3-8 所示，恭喜您，您已成功了。

图 3-8　运行成功后屏幕上输出执行结果

这个最简单的程序是程序设计学习者良好的开端。

程序中的"cout"是一个输出流语句，它能命令计算机在屏幕上输出相应的内容，而紧跟"<<"输出流后面的双引号引起的部分将被原原本本地显示出来。"<<endl;"语句为输出一个空行。"return 0;"语句为程序正常结束返回到主界面。

第五步：保存程序。

执行"File"→"Save"命令，或使用快捷键 Ctrl+S，可以将 C++ 程序 ex11.cpp 保存下来，下次就可以直接调用 ex11.cpp 程序了（执行"File"→"Open"命令）。

第六步：另存为一个 C++ 程序。

如图 3-9 所示，将 C++ 程序另存为 ex11A.cpp，ex11A.cpp 就可以直接使用了（执行"File"→"Open"命令），这样做有时可以减少很多输入字符和语句的工作量，提高编程的效率。

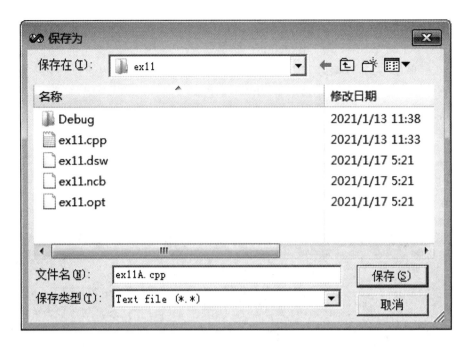

图 3-9 另存为新程序

第4章　C++语言编程概述

程序是控制计算机完成特定功能的一组有序指令的集合。程序设计语言（计算机语言）是人类和计算机进行交流的工具。计算机的程序是由专门的程序设计语言编写而成，用 C++ 语言编写的源程序叫作 C++ 程序，设计程序的过程通常叫作编程。

本章重点讲述 C++ 程序设计基础，讲解常量、变量、运算符、表达式等概念，为编程训练打好基础。

4.1　C++ 程序设计基础

4.1.1　C++ 语言的词法

C++ 语言使用一组字符来构造具有特殊意义的符号，我们称之为词法符号。主要有关键字、标识符、运算符、分隔符、常量及注释符等。

1. C++ 语言的字符集

C++ 语言的字符集由 ASCII 字符集组成。

（1）26 个小写字母：a ~ z。

（2）26 个大写字母：A ~ Z。

（3）10 个数字：0 ~ 9。

（4）其他符号：+、-、*、/、=、,、.、_、&、^、%、$、#、@、!、~、<、>、?、'、;、:、"、()、[]、{}、-、\、空格。

2. C++ 语言的词法

（1）关键字。关键字（保留字）在 C++ 语言中具有特定的含义，你必须了解它的含义，以便正确使用，否则会造成错误。关键字是系统预定义的词法符号，ANSI C 规定了 32 个关键字，C++ 又补充了 29 个关键字。C 和 C++ 均不允许对关键字重新定义，即程序员不能用这些关键字再定义其他含义。

关键字举例：

```
int  char  float  long
if  else  for  while
sizeof  static  struct
```

（2）标识符。标识符是指用来标识程序中用到的变量名、函数名、类型名、数组名、文件名以及符号常量名的有效字符序列。C++ 语言标识符命名必须符合语法规定：标识符是以字母或下画线开始，由字母、数字和下画线组成的符号串。例如，Area（程序名），PI（符号常量），s、r（变量名）都是标识符。一个名就是一个标识符。

用户自定义标识符，由程序设计者根据需要定义。

①选用的标识符不能和保留字相同。

②语法上允许预定义的标准标识符作为用户自定义标识符使用，但最好不要这样做。

（3）分隔符。分隔符是程序中的标点符号，用来分隔单词或程序正文。

①空格：作为单词之间的分隔符。

②逗号：作为变量之间或函数的多个参数之间的分隔符。

③冒号：作为语句标号与语句间的分隔符以及 switch 语句中 case 与语句序列之间的分隔符。

④大括号：用来为函数体、复合语句等定界。

（4）注释符。注释在程序中仅仅起到对程序进行注解和说明的作用，注释的目的是便于阅读程序。在程序编译的词法分析阶段，会将注释从程序中删除掉。

C++ 语言中，常用两种注释方法。根据不同情况选用注释方法可增强灵活性。

一是使用"/*"和"*/"括起来进行注释，在"/*"和"*/"之间的所有字符被作为注释符处理。这种方法适用于有多行注释信息的情况。

二是使用"//"，从"//"开始，直到它所在的行尾，所有字符被作为注释符处理。这种方法用来注释一行信息。

（5）运算符。运算符是对数据进行某种操作的单词，是系统预定义的函数。

（6）常量。常量是程序中由书写形式决定类型和值的数据。C++ 语言常量有数字常量、字符常量和字符串常量。

（7）其他。此处特别说明一个概念——空白符。C++ 语言中经常使用空白符。实际上空白符不是一个字符，它是空格符、换行符和水平制表符等的总称。请注意，空白符不等于空格符，而是空白符包含空格符。

要把空字符和空白符分开，空字符是指 ASCII 码值为 0 的那个字符。空字符在 C++ 语言中有特殊用途，即用来作为字符串的结束符。存放在内存中的字符串常量都在最后有一个结束符，即空字符，用转义序列方法表示为"\0"。

3. C++ 程序的组成部分

C++ 程序有如下基本组成部分。

（1）预处理命令。C++ 程序开始经常出现含有 # 开头的命令，它们是预处理命令。C++ 程序常用 3 类预处理命令：宏定义命令、文件包含命令和条件编译命令。如第 3 章例 1 程序中出现的"#include <iostream.h>"预处理命令就是文件包含命令。预处理命令是 C++ 语言程序的一个组成部分。

（2）输入与输出。标准设备的输入与输出语句经常在程序中出现，特别是屏幕输出语句，几乎每个程序中都要用到。C++ 程序中常常使用输出流对象 cout 配合插入操作符 << 进行输出控制，使用输入流对象 cin 配合提取操作符 >> 完成数据的输入。

（3）函数。C++ 程序是由若干个文件组成的，每个文件又是由若干个函数组成的。因此，可以认为 C++ 程序就是函数串，即由若干个函数组成，函数与函数之间是相对独立的，并且是并行的，函数之间可以调用。在组成一个程序的若干个函数中，必须有一个并且只能有一个主函数 main()。

（4）语句。语句是组成程序的基本单元。函数是由如干条语句组成的。空函数是没有语句的。语句由单词组成，单词间用空格符分隔。C++ 程序中的语句以分号作为结束符。一条语句结束时要用分号，一条语句没有结束时不要用分号。在使用分号时初学者一定要注意：不能在编写程序时随意加分号，该有分号的时候一定要加，不该有分号的一定不能加。

在 C++ 语言的语句中，表达式语句最多。表达式语句由一个表达式后面加上分号组成。任何一个表达式加上分号都可以组成一条语句。只有分号而没有表达式的语句为空语句。

语句除了有表达式语句和空语句外，还有复合语句、分支语句、循环语句和转向语句等若干类。

（5）变量。多数程序都需要说明和使用变量。变量的类型有很多，包括 int 型、浮点型、char 型。int 型又分 long 和 short 两种，浮点型有 float 型、double 型和 long double 型 3 种，char 型又分为 signed 和 unsigned 两种。

变量的类型还有对象，它是属于类类型的。广义而言，对象包含了变量，即变量也被称为一种对象。狭义而言，将对象看作类的实例，对象是指某个类的对象。

（6）其他。一个 C++ 程序中，除了前面讲述的 5 个部分，还有其他组成部分，例如，符号常量和注释信息也是程序的一部分。

4.1.2　C++ 的输入输出流

学习编程首先从输入输出功能开始，掌握好输入输出功能意义非凡。

C++ 语言提供了特有的输入 / 输出流，头文件 iostream.h 包含了操作所有输入 / 输出流所需的基本信息。cin 和 cout 是 I/O 流库预定义的标准输入流对象和标准输出流对象，分别连接键盘和显示器。因此，大多数 C++ 程序都将 iostream.h 头文件包括到用户的源文件中，代码为 "#include <iostream.h>"。其中，include 是关键字，尖括号内是被包含的文件名。该文件包含了预定义的提取符 ">>" 和插入符 "<<" 等内容。程序中由于使用了插入符和提取符而需要包含该文件。

1. 输出 cout

输出流对象 cout 必须配合插入操作符 << 使用。输出格式如下：

cout<< 输出项 1<< 输出项 2<<…<< 输出项 n;

功能：首先计算出各输出项的值，然后将其转换成字符流形式输出。

例 1： 使用输出流 cout 完成输出信息"This is a C++ program."（程序名为 ex4_1.cpp）。

C++ 源程序如下：

```
#include <iostream.h>              // 文件包含
int main()                        // 主函数
{
    cout<<"This is a C++ program.\n";    // 输出信息
}
```

程序运行结果：

This is a C++ program.

输入项还可以是各种控制字符或函数，如回车换行符"\n"等。使用格式控制符要包含头文件 iomanip.h，即源文件开始应增加文件包含命令"#include <iomanip.h>"。

例 2： 多行 cout 书写（程序名为 ex4_2.cpp）。

```
#include <iostream.h>
int main()
{
    cout<<"teacher";
    cout<<" good"<<endl;
    return 0;
}
```

程序运行结果：

teacher good

例 3： 多行 cout 输出控制（程序名为 ex4_3.cpp）。

```
#include <iostream.h>
int main()
{
    cout<<"   * "<<endl;
    cout<<"  ***"<<endl;
    cout<<" *****"<<endl;
    cout<<"*******"<<endl;
    return 0;
}
```

程序运行结果：

```
   *
  ***
 *****
*******
```

2. 输入 cin

输入流对象 cin 必须配合提取操作符 >> 完成数据的输入。输入格式如下：

cin>> 变量 1>> 变量 2>>…>> 变量 n;

功能：读取用户输入的字符串，按相应变量的类型转换成二进制代码写入内存。执行到输入语句时，用户按语句中变量的顺序和类型键入各变量的值。输入多个数据时，以空格、Tab 键和回车键作为分隔符。

例 4：使用输入流 cin 和输出流 cout 完成。从键盘读入两个数据，求两数之和，输出两数之和（程序名为 ex4_4.cpp）。

C++ 程序如下：

```
#include <iostream.h>        // 文件包含
#include <iomanip.h>
int main()                   // 主函数
{
    int a,b,c;               // 声明定义变量 a、b 和 c
    cin>>a>>b;               // 输入变量 a 和 b 的值
    c=a+b;                   // 计算 c 等于 a 与 b 的和值
    cout<<"c="<<c<<endl;     // 输出变量 c 的值
}
```

程序运行结果：

100 200

c=300

例 5：使用输入流 cin 和输出流 cout 完成。从键盘读入 3 个数据，求三数之和，输出三数之和（程序名为 ex4_5.cpp）。

C++ 程序如下：

```
#include <iostream.h>
int main()
{
    double a,b,c,d;
    cin>>a>>c;
    cin>>b;
    d=a+b+c;
    cout <<"d="<<d<<endl;
    cout <<"--------------------"<<endl;
    return 0;
}
```

程序运行结果：

100 200 300

d=600

例 6：使用输入流 cin 和输出流 cout 完成。从键盘读入一个字符，输出由字符组成的图案（程序名为 ex4_6.cpp）。

C++ 程序如下：

```cpp
#include <iostream.h>
int main()
{
    char ch;
    cin>>ch;
    cout <<"--------------------"<<endl;
    cout <<"     "<<ch<<endl;
    cout <<"    "<<ch<<ch<<ch<<endl;
    cout <<"   "<<ch<<ch<<ch<<ch<<ch<<endl;
    cout <<"  "<<ch<<ch<<ch<<ch<<ch<<ch<<ch<<endl;
    cout <<" "<<ch<<ch<<ch<<ch<<ch<<ch<<ch<<ch<<ch<<endl;
    cout <<""<<ch<<ch<<ch<<ch<<ch<<ch<<ch<<ch<<ch<<ch<<ch<<endl;
    cout <<"--------------------"<<endl;
    return 0;
}
```

程序运行结果：

&

        &

       &&&

      &&&&&

     &&&&&&&

    &&&&&&&&&

   &&&&&&&&&&&

4.1.3 C++ 语言的数据类型

数据是程序设计的一个重要内容，其重要特征——数据类型确定了该数据的形式、取值范围以及所能参与的运算。在 C++ 语言中，数据类型是十分丰富的。数据类型是对一组变量或对象以及它们的操作的描述。类型是对系统中的实体的一种抽象，它描述了某个实体的基础特性，包括值的表示以及该值的操作。

　　C++ 语言的数据类型包括基本数据类型和构造数据类型两类。构造数据类型又被称为复合数据类型，它是一种更高级的抽象。变量或对象被定义了类型后，就可以享受类型保护，确保其值不被进行非法操作。

　　C++ 语言的基本数据类型有如下 5 种。

　　（1）整型，说明符为 int。

　　（2）字符型，说明符为 char。

　　（3）浮点型（又称实型），说明符为 float（单精度浮点型）、double（双精度浮点型）、long double（长精度浮点型）。

　　（4）空值型，说明符为 void，用于函数和指针。

　　（5）布尔型，说明符为 bool，取值只有 true（真）和 false（假）。

　　为了满足各种需求，除了 void 和 bool 类型外，在上述其他基本数据类型前面还可以加上如下修饰符，用来增添新的含义。

　　（1）signed，表示有符号。

　　（2）unsigned，表示无符号。

　　（3）long，表示长型。

　　（4）short，表示短型。

　　上述 4 种修饰符都适应于整型和字符型，只有 long 还适用于双精度浮点型。

　　表 4-1 给出了 C++ 语言中的基本数据类型，它是根据 ANSI 标准给定的类型、宽度和范围，其中字宽和范围针对的是字长为 32 位的计算机。对于字长为 16 的计算机来讲，int、signed int 和 unsigned int 分别与 short int、signed short int 和 unsigned short int 的值域相同，其他类型的字宽和范围保持不变。

表4-1　C++语言的基本数据类型

类型名	长度（字节）	范围（Visual C++ 6.0 环境）
bool	1	true，false
char	1	−128 ～ 127
signed char	1	−128 ～ 127
unsigned char	1	0 ～ 255
short [int]	2	−32 768 ～ 32 767
signed short [int]	2	−32 768 ～ 32 767
unsigned short [int]	2	0 ～ 65 535
int	4	−2 147 483 648 ～ 2 147 483 647

类型名	长度（字节）	范围（Visual C++ 6.0 环境）
signed [int]	4	$-2\ 147\ 483\ 648 \sim 2\ 147\ 483\ 647$
unsigned [int]	4	$0 \sim 4\ 294\ 967\ 295$
long [int]	4	$-2\ 147\ 483\ 648 \sim 2\ 147\ 483\ 647$
signed long [int]	4	$-2\ 147\ 483\ 648 \sim 2\ 147\ 483\ 647$
unsigned long [int]	4	$0 \sim 4\ 294\ 967\ 295$
float	4	$-3.4 \times 10^{38} \sim 3.4 \times 10^{38}$
double	8	$-1.7 \times 10^{308} \sim 1.7 \times 10^{308}$
long double	10	$-1.2 \times 10^{4932} \sim 1.2 \times 10^{4932}$

说明：

（1）在表 4-1 中，出现的 [int] 可以省略，即在 int 之前有修饰符出现时，可以省去关键字 int。

（2）char 型和各种 int 型有时又统称为整数类型，因为这两种类型的变量 / 对象是很相似的。char 型变量在内存中是以字符的 ASCII 码值的形式存储的。

（3）bool 型的长度在不同编译系统中有所不同，在 Visual C++ 6.0 编译系统中占 1 个字节。

4.2　常量和变量

4.2.1　常量

在程序运行过程中，其值不能被改变的量称为常量，如 123、145.88、"abc"、true 等。在 C++ 语言中，常量常用符号表示，又被称为文字量。

常量有各种不同的数据类型，不同数据类型的常量是由它的表示方法决定的。常量的值存储在不能被访问的匿名变量中，常量或常量符号可以直接出现在表达式中。

下面介绍各种不同数据类型常量的表示方法。

1. 整型常量

在 C++ 语言中，整型常量有十进制、八进制、十六进制 3 种表示方法，并且各种数制均有正（+）负（-）之分，正数的 "+" 可省略。

（1）十进制整型常量：以数字 1 ~ 9 开头，其他位取数字 0 ~ 9 构成十进制整型常量，不能以 0 开始，没有小数部分。如 12、-38 等。

（2）八进制整型常量：以数字 0 开头，其他位取数字 0 ～ 7 构成八进制整型常量，如 012、–037 等。

（3）十六进制整型常量：以 0X 或 0x 开头（数字 0 和大写或小写字母 x），其他位取数字 0 ～ 9 或字母 a ～ f（或 A ～ F）构成十六进制整型常量，如 0x12、–0Xa9 等。

在整型常量后加上后缀 L 或 l 表示该常量为长整型常量，如 32765L、47931。加上后缀 U 或 u 表示其为无符号整型常量，如 4932ul、37845UL、41125Lu 等。

2. 实型常量

实型常量又称为浮点型常量。实型常量包括正实数、负实数和实数零。

实型常量由整数部分和小数部分组成，有两种表示形式：小数表示法和科学计数法。它只能用十进制表示。

（1）小数表示法：它是由数的符号、数字和小数点组成的实型常量（注意：必须有小数点）。如 –2.5、3.0、4.、.34 等都是合法的实型小数形式。

（2）科学计数法：科学计数法也称为指数法。它是由数的符号、尾数（整数或小数）、阶码标志（E 或 e）、阶符和整数阶码组成的实型常量。尾数不可缺省，阶码必须为整数。如 –2.5E-3、3e5、34E-3 等都是合法的指数形式，如 –2.5E-3 表示为 -2.5×10^{-3}。而 .34E12、2.E5、E5、E、1.2E+0.5 都不是合法形式的实数。

实型常量分为单精度、双精度和长双精度 3 种类型。如果没有任何说明，实型常量则为双精度常量，实型常量后加上 F 或 f 则表示单精度常量，实型常量后加上 L 或 l 则表示长双精度常量。

3. 字符型常量

字符型常量是由一对单引号括起来的一个字符。它分为一般字符常量和转义字符。一个字符常量在计算机的存储中占据一个字节。

（1）一般字符常量：一般字符常量是用单引号括起来的一个普通字符，其值为该字符的 ASCII 代码值。ASCII 编码表见附录 1。如 "a" "A" "0" "?" 等都是一般字符常量，但是 "a" 和 "A" 是不同的字符常量，"a" 的值为 97，而 "A" 的值为 65。

（2）转义字符：C++ 语言允许用一种特殊形式的字符常量，它是以反斜杠（\）开头的特定字符序列，表示 ASCII 字符集中控制字符、某些用于功能定义的字符和其他字符。如 "\n" 表示换行符，"\\" 表示字符 "\"。常用的转义序列的字符如表 4-2 所示。该表中给出了一些常用的不可打印字符的转义序列表示法。

表4-2　C++语言中常用于转义序列的字符

符　号	含　义	符　号	含　义
\a	响铃	\\	反斜杠
\n	换行符	\'	单撇号
\r	回车符	\"	双撇号

符　号	含　义	符　号	含　义
\t	水平制表符（Tab 键）	\0	空字符
\b	退格符（Backspace 键）		

4. 字符串常量

字符串常量也称为字符串，由一对双引号括起来（""）的字符序列。字符序列中的字符个数称为字符串长度，没有字符的字符串称为空串。如"a"和"12+3"等都是合法的字符串常量。字符串常量中的字符是连续存储的，并在最后自动加上字符"\0"（空字符，该字符的 ASCII 码值为 0，也称为 NULL 字符）作为字符串结束标志。如字符串"a"在计算机内存中占两个连续单元，存储内容分别为字符"a"和"\0"。字符串常量和字符常量的区别是十分显著的，主要表现在以下 4 个方面。

（1）表示形式不同。字符常量以单引号表示，而字符串常量以双引号表示。

（2）存储所占的内存空间不同。在内存中存储字符常量，只用 1 个字节存放该字符的 ASCII 码值。在内存中存储字符串常量，除了存储串中的有效字符的 ASCII 码值外，系统还自动在串后加上 1 个字节，用来存放字符串结束标志"\0"。

（3）允许的操作不同。字符常量允许在一定范围内与整数进行加法或减法运算，如"'a'-32"是合法的。字符串常量不允许上述运算，如"'a'-32"是非法的。

（4）存放的变量不同。字符常量可存放在字符变量或整型变量中，而字符串常量需要存放在字符数组中。字符变量和字符数组将在后文介绍。

在 ASCII 字符集中，每个字符按其在字符集中的位置编号为 0 ~ 255，编号被称为对应字符的序号。

5. 布尔常量

布尔常量只有 true 和 false 两种，即真和假。

6. 符号常量

一个常量既可以直接用字面形式表示，称为"直接常量"，如 124、156.8；也可以用一个标识符代表，称为"符号常量"，如用 pi 代表圆周率 π，即 3.141 592 6。使用符号常量有许多好处，一是增加可读性，二是增加可维护性。另外，符号常量还有简化书写等好处。

定义符号常量的方法是使用类型说明符 const，它将一个变量变为一个符号常量。

例如：

const int size=80;

将 size 定义为一个符号常量，并初始化为 80。size 可以用来表示某个数组的大小。这时程序中任何想要改变 size 的值的企图都将导致编译错误，这比使用一个变量要安全得多。一个符号常量可以作为一个只读变量。

或者使用宏定义命令来定义符号常量。

例如：

#define PI 3.14159;

由于用 const 定义的变量的值不可改变，因此在定义符号常量时必须初始化，否则将出现编译错误。

C++ 语言对符号常量的定义有如下要求。

（1）常量定义要放在程序的常量定义部分，即程序首部之后，执行部分之前。

（2）必须遵循先定义后使用的原则，即只有已经定义的常量标识符才能在程序中使用。

（3）符号常量一经定义，在程序的执行部分就只能使用该常量标识符，而不能修改其值。

（4）使用符号常量比直接用数值更能体现"见名知义"的原则，也便于修改参数，所以在程序中应尽量使用符号常量，在执行部分基本上不出现直接常量。

4.2.2　变量

变量代表了一个存储单元，其中的值是可变的，故称为变量。变量有 3 个要素：变量名、变量类型、变量值。在 C++ 语言中，使用任何一个变量之前都必须首先定义它的名字，并说明它的数据类型。也就是说，变量使用前必须先定义，即指定变量名、说明变量数据类型。变量定义的实质是按照变量说明的数据类型为变量分配相应空间的存储单元，在该存储单元中存放变量的值。C++ 语言中，使用变量时遵循"先定义，后使用"的原则。

1. 变量定义

变量定义一般格式：

数据类型 变量名表；

例如：

int a;

对变量定义说明如下。

（1）数据类型：C++ 语言的合法数据类型，如 int、short、char、float、double 等。

（2）变量名表：变量名是 C++ 语言中合法的标识符。变量名表可以包含多个变量名，彼此之间使用逗号分开，表示同时定义若干个具有相同数据类型的变量，如"float a,b;"。

（3）变量定义语句可以出现在变量使用之前的任何位置。程序设计时不违背"先定义，后使用"的原则即可。

2. 变量初始化及赋值

变量初始化指定义变量的同时，给变量一个初始值。

例如：

int a=3;

short r=6;

char c='a';

float pi=3.14;

上述 4 条语句中"="是赋值运算符,用来给变量赋值。

C++ 语言也可以用另外一种方式给变量初始化值。

int a(10);　　// 变量 a 初始化值为 10

int b(7);　　// 变量 b 初始化值为 7

再如:

float s,r;

float pi=3.14;

s=pi*r*r;

语句通过赋值运算符"="将 $pi*r*r$ 的值赋给变量 s,即该语句实现了给变量 s 的赋值。所以变量值可以通过初始化取得,也可以在定义后通过给变量赋值的方法取得。

4.3 运算符

C++ 语言中的运算符比较多,有些不同功能的运算符使用了相同的符号。运算符具有较多的优先级,还具有结合性等,这些给读者学习和使用运算符带来了一些困难。

C++ 语言提供了 13 类,共计 34 种运算符。根据运算符的运算对象的个数,C++ 语言的运算符分为单目运算符、双目运算符和三目运算符,如单目运算符"++"、双目运算符"<"、三目运算符"?:"等。运算符具体分类情况如表 4-3 所示。

表4-3　C++语言运算符分类表

分类名称	运算符
算术运算符	+、-、*、/、%、++、--
关系运算符	<、<=、>、>=、==、!=
逻辑运算符	&&、‖、!
位运算符	<<、>>、~、｜、^、&
赋值运算符	= 及其扩展赋值运算符
条件运算符	?:
逗号运算符	,
指针运算符	*、&
求字节数运算符	sizeof
强制类型转换运算符	(类型)

分类名称	运算符
分量运算符	．、>
下标运算符	[ ]
其他	函数运算符 ( )

4.3.1　算术运算符

算术运算符分为基本算术运算符和自增、自减运算符。

1.基本算术运算符

基本算术运算符包括加法（+）、减法（-）、乘法（*）、除法（/）和求余（%）。在这 5 个运算符中，*、/ 和 % 三种运算符的优先级比 +、- 高，它们都是左结合性。对于运算符 / 和 % 有如下说明。

（1）若除法运算符的运算对象均为整型数据，则结果为其商的整数部分，舍去小数部分，如 13/7 的结果为 1。若运算对象中有一个为负值，则舍入的方向是不固定的，如 -13/7 在有的机器上得到的结果是 -1，在有的机器上得到的结果是 -2，但多数机器采取"向零取整"方法，即 13/7=1，-13/7=-1，取整后向零靠拢。

（2）求余运算符的运算对象必须是整型数据，运算结果的符号与被除数的符号相同，如 -13%7 运算结果为 -6，13%-7 运算结果为 6，-13%-7 运算结果为 -6。

2.自增(++)和自减(--)运算符

自增（++）和自减（--）运算符是单目运算符，其功能是使运算对象（变量）的值增 1 或减 1。它们既可以作前缀运算符（位于运算对象的前面），如 ++i、--i；也可以作后缀运算符（位于运算对象的后面），如 i ++、i--。前缀和后缀运算的数据处理方法有明显的差异。

前缀形式表示在用该表达式之前先使变量值增（减）1；后缀形式表示在用该表达式的值之后使变量值增（减）1。++j（--j）在使用 j 之前，先使 j 的值加 1（减 1）;j++（j--）在使用 j 之后，使 j 的值加 1（减 1）。

例如：

int a(10);　　 // 变量 a 初始化值为 10

++a;

表达式 ++a 的值为 11；变量 a 的值改变为 11，它是 a=a+1 的值。可见，++ 运算符会使表达式产生一个值，同时变量的值也改变了。通常称后者为一种副作用。在 C++ 语言中具有副作用的运算符除 ++ 和 -- 之外，还有赋值运算符。

例 7：++a 测试程序（程序名为 ex4_7.cpp）。

C++ 程序如下：

```
#include <iostream.h>
```

```
int main()
{
  int a(10);      // 变量 a 初始化值为 10
  cout <<"a="<<++a<<endl;
  cout <<"a="<<a<<endl;
  cout <<"--------------------"<<endl;
  return 0;
}
```

例如：

```
int a(10);      // 变量 a 初始化值为 10
a++;
```

表达式 a++ 的值为 10；变量 a 的值改变为 11，它是 $a=a+1$ 的值。

例 8：a++ 测试程序（程序名为 ex4_8.cpp）。

C++ 程序如下：

```
#include <iostream.h>
int main()
{
  int a(10);      // 变量 a 初始化值为 10
  cout <<"a="<<a++<<endl;
  cout <<"a="<<a<<endl;
  cout <<"--------------------"<<endl;
  return 0;
}
```

可见，++ 运算符的前缀运算表达式的值为原来变量值加 1，后缀运算表达式的值为原变量的值；不论前缀运算还是后缀运算，变量的值都加 1。

自增或自减运算符在使用时，需要注意以下几点。

（1）运算符的操作对象只能是变量，而不能作用于常量或表达式。运算符的优先级高于基本算术运算符，结合性是"自右向左"结合。

（2）运算符遵照右结合原则，如 $-i$++，它相当于 $-(i++)$，而不相当于 $(-i)$++ 形式。

同样地，-- 运算符的前缀运算表达式的值为原来变量值减 1，后缀运算表达式的值为原变量的值；不论前缀运算还是后缀运算，变量的值都减 1。

4.3.2 关系运算符

关系运算符是对两个操作对象进行大小比较的运算符，是逻辑运算的一种简单形式。用关系运算符将两个表达式连接起来的符合 C++ 语法规则的式子被称为关系表达式。关系表达式的运算结果是一个逻辑值，即"真"或"假"。有些编译系统常常将关系运算结果为真以整数"1"表示，结果为假以整数"0"表示。

C++ 语言中的关系运算符共有 6 种，它们是 <（小于）、<=（小于等于）、>（大于）、>=（大于等于）、==（等于）、!=（不等于）。

关系运算符的优先级低于算术运算符的优先级，且等于（==）和不等于（!=）的优先级低于另外 4 种运算符的优先级。关系运算符的结合性是左结合性。

例如：

int a=5,b=7;

c=a>b?a:b;

d=a<=b&&1;

其中 $a>b$ 值为 0，$a \leqslant b$ 值为 1。

4.3.3　逻辑运算符

参与逻辑运算的逻辑量"真"或"假"的判断原则是以 0 代表"假"，以非 0 代表"真"。即将一个非零的数值认作"真"，将零值认作"假"。逻辑运算的结果逻辑值只有两个，为"真"和"假"，它们分别用"1"和"0"表示。

C++ 语言中提供的 3 种逻辑运算符及运算法则如表 4-4 所示。

表4-4　C++语言逻辑运算符及运算法则

运算符	运算名称	运算法则	结合性
&&	逻辑与	当两个操作对象都为"真"时，运算结果为"真"，其他情况运算结果都为"假"	左结合
||	逻辑或	只有当两个操作对象都为"假"，运算结果才为"假"，其他情况运算结果都为"真"	左结合
!	逻辑非	当操作对象为"真"时，运算结果为"假"；当操作对象为"假"时，运算结果为"真"	右结合

逻辑运算符中"&&"和"||"的优先级低于关系运算符，"!"的优先级高于算术运算符。

例如：

$$a=5,b=7;d=a<=b\&\&1;$$

先计算"a<=b"，为"真"，故取 1；再计算"1&&1"，两个操作对象均为"真"，故结果为"真"，值为 1；再将该值 1 赋给变量 d。

在处理逻辑表达式时应注意以下两点。

（1）Visual C++ 6.0 编译系统在给出逻辑运算结果时，以 0 代表"假"，以 1 代表"真"。但在判断一个逻辑量真假时，以非 0 表示"真"，以 0 表示"假"。例如，当

a=5.4，b=5，c='a' 时，!a、!b、!c 的值均为"假"，即为 0；a&&c 的值为 1，因为 a 和 b 均为非 0。

（2）在进行逻辑运算时，逻辑表达式运算到其值完全确定时为止。例如，运算表达式（a=3）&&（a==5）&&（a=6）时，由于 a=3 之后运算 a==5 的值为假，所以就不再进行 a=6 的运算了，因此 a 的值仍为 3，而整个逻辑表达式的值为 0。

例 9：关系运算符、逻辑运算符测试程序（程序名为 ex4_9.cpp）。

C++ 程序如下：

```cpp
#include <iostream.h>
int main()
{
    int a=5,b=7;              // 变量 a、b 初始化值
    int c,d;
    c=a>b?a:b;                // 关系运算符的优先级低于算术运算符的优先级
    d=a<=b && 1;              // 逻辑运算符中 "&&" 和 "||" 的优先级低于关系运算符
    cout<<"c="<<c<<endl;
    cout<<"d="<<d<<endl;
    cout<<"--------------------"<<endl;
    (a=3)&&(a==5)&&(a=6);
    cout<<"a="<<a<<endl;
    int f=(a=3)&&(a==5)&&(a=6);
    cout<<f<<endl;
    cout<<"--------------------"<<endl;
    return 0;
}
```

程序运行结果如图 4-1 所示。

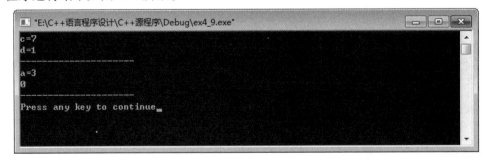

图 4-1 例 9 程序运行结果

4.3.4　条件运算符

条件运算符是"?:"，是 C++ 语言中唯一的三目运算符。用条件运算符将两个表达式连接起来的符合 C++ 语法规则的式子被称为条件表达式。条件表达式的一般形式如下：

表达式 1？表达式 2：表达式 3；

操作过程：先计算表达式 1 的值，若为"真"，则计算表达式 2 的值，整个条件表达式的值就是表达式 2 的值；若表达式 1 的值为"假"，则计算表达式 3 的值，整个条件表达式的值就是表达式 3 的值。

条件运算符优先级低于逻辑运算符，其结合性是右结合。

例如，计算"a=5,b=7;c=a>b?a:b"，先计算 $a>b$ 值为假，则条件表达式值取 b 的值，因此 c 值为 7。

使用条件表达式时，应注意以下两点。

（1）条件运算符优先级高于赋值运算符。如"a=b>0?b:-b;"相当于"a=(b>0?b:-b);"，功能是将 b 的绝对值赋给 a。

（2）条件运算符结合性是右结合。如"b>0?1:b<0?-1:0;"相当于"b>0?1:(b<0?-1:0);"。

4.3.5　赋值运算符

C++ 语言中的赋值运算符是一种具有副作用的运算符。赋值运算符共有 11 种，分为两类：一是简单的赋值运算符；二是复合的赋值运算符，又称为带有运算的赋值运算符，复合赋值运算符又包括算术复合赋值运算符和位复合赋值运算符。由赋值运算符将操作对象连接起来的符合 C++ 语法规则的式子被称为赋值表达式。

1.简单的赋值运算符

赋值运算符是"="，其作用是将赋值运算符右侧的表达式的值赋给其左侧的变量。

赋值运算符的副作用是一个赋值表达式计算后将会改变其变量的值。

例如：

int c(7);　　// 变量 c 初始化值为 7

c=9;

计算表达式 $c=9$ 后，该表达式的值为 9，同时变量 c 的值由原来的 7 改变为 9。

例如，"i=3,a=5,b=7;c=a>b?a:b;d=a<=b&&i;d=(c,d=c);"都是将"="右侧的数值或表达式的值赋给"="左侧的变量。赋值运算符的优先级低于条件运算符，其结合性是右结合，如"a=b=c=a>b?a:b;"相当于"a=(b=(c=(a>b?a:b)));"。

值得注意的是，赋值运算符运算对象中的左侧对象一定是变量，如"a=b-c=5;"相当于"a=((b-c)=5);"，由于表达式中出现将数值 5 赋给 b-c 表达式，因此该表达式是非法的。

2.复合的赋值运算符

C++ 语言允许在赋值运算符"="之前加上其他运算符，构成复合运算符。在"="之前加上算术运算符，则构成算术复合赋值运算符；在"="之前加上位运算符，则构成位复合赋值运算符。

复合的赋值运算符有 +=（加赋值）、-=（减赋值）、*=（乘赋值）、/=（除赋值）、%=（求余赋值）、&=（按位与赋值）、|=（按位或赋值）、^=（按位异或赋值）、<<=（左移位赋值）、>>=（右移位赋值）。

例如：

int a(5);　　// 变量 a 初始化值为 5

a*=2;

表达式 "a*=2;" 可以等价为 "a=a*2;"。

变量 a 的值乘以 2 以后，将其积值赋给 a，这时 a 的值为 10。

其他复合赋值运算符的含义相似。

例如：

a&=b;// 等价为 a=a&b;

a+=b-c;// 等价于 a=a+(b-c);

a%=b-c;// 等价于 a=a%(b-c);

复合赋值运算符的写法与其等价写法相比不仅简练，而且编译后的代码较少。因此，在 C++ 语言程序中应尽量采用复合赋值运算符的写法。

4.3.6　逗号运算符

逗号运算符是 ","，它的优先级低于赋值运算符，是左结合性。用逗号运算符可将若干个表达式连接成一个逗号表达式。其一般形式如下：

表达式 1, 表达式 2,…, 表达式 n

逗号表达式的操作过程是先计算表达式 1，再计算表达式 2,……最后计算表达式 n，而逗号表达式的值为最右边表达式 n 的值。

例如，计算 "a=4.5,b=6.4,34.5-20.1,a-b"，该逗号运算表达式由 4 个表达式结合而成，从左向右依次计算，逗号表达式的值为 a-b 的值，即 -1.9。

例如，"d=(c,d=c);" 是将逗号表达式 "c,d=c" 的值赋给变量 d。

值得注意的是，逗号运算符是 C++ 语言所有运算符中优先级最低的。例如，"a=10,20;" 不同于 "a=(10,20);"，前者 a 的值为 10，表达式的值为 20，后者 a 的值为 20，表达式的值也为 20。

4.3.7　求字节运算符

C++ 语言中求字节运算符是 sizeof，它返回其后的类型说明符或表达式所表示的数据在内存中所占有的字节数。

该运算符有两种使用形式，如下所示：

sizeof(< 类型说明符 >);

或者

sizeof (< 表达式 >);

功能是计算表达式计算结果所占用内存的字节数。

例如：

int a[10];	// 定义数组 a 的数据类型为 int 型
sizeof(int);	// 表达式的值是 int 型数占内存的字节数
sizeof(a);	// 表达式的值是数组 a 占内存的字节数
sizeof(a)/ sizeof(int);	// 表达式的值是数组 a 的元素个数
sizeof(float);	// 计算单精度实型数据在内存中所占的字节数，结果为 4

4.3.8　强制类型运算符

该运算符用来将指定的表达式的值强制为所指定的类型。该运算符的使用格式如下：

< 类型说明符 >(< 表达式 >);

或者

(< 类型说明符 >)< 表达式 >;

将所指定的表达式的类型转换为所指定的 < 类型说明符 > 所说明的类型。这种强制转换是一种不安全转换，它可能将高类型转换为低类型，使数据精度受到影响。

例如：

int a;

double b=3.8921;

a=int(b)+(int)b;

这里，a 的值为 6，因为 "int(b)" 的值和 "(int)b" 的值都是 3。

强制类型转换是暂时的、一次性的。上例中，b 的类型在被强制为 int 型时，它的值为 3，在没有被强制类型转换时它的值仍然是 3.892 1。

4.3.9　运算符的优先级和结合性

从表 4–5 中可以很清楚地看到各类运算符的优先级和结合性。

表4–5　C++语言常用运算符的功能、优先级和结合性

优先级	运算符	功能说明	结合性
1	( )	改变优先级	从左到右
	::	作用域运算符	
	[ ]	数组下标	
	.、 ->	成员选择符	
	.*、 ->*	成员指针选择符	

续　表

优先级	运算符	功能说明	结合性
2	++、--	增 1、减 1	从右到左
	&	取地址	
	*	取内容	
	!	逻辑求反	
	~	按位求反	
	+、-	取正数、取负数	
	( )	强制类型转换	
	sizeof	取所占内存字节数	
	new、delete	动态存储分配	
3	*、/、%	乘法、除法、取余	从左到右
4	+、-	加法、减法	
5	<<、>>	左移位、右移位	
6	<、<=、>、>=	小于、小于等于、大于、大于等于	
7	==、!=	相等、不等	
8	&	按位与	
9	^	按位异或	
10	|	按位或	
11	&&	逻辑与	
12	||	逻辑或	
13	?：	三目运算符	从右到左
14	=、+=、-=、*=、/=、%=、&=、^=、|=、<<=、>>=	赋值运算符	
15	，	逗号运算符	从左到右

1. 优先级

每种运算符都有一个优先级，优先级是用来标志运算符在表达式中的运算顺序的。优先级高的先做运算，优先级低的后做运算，优先级相同的由结合性决定计算顺序。表 4-5 中 15 种优先级如何记忆呢？可以参考下面提供的记忆方法。

去掉一个最高的元素 / 成员，去掉最低的逗号，余下的一、二、三赋值。

这句话可解释如下：优先级最高的是元素 / 成员，优先级最低的是逗号，余下的是单目运算符（12 个）、双目运算符（18 个）、三目运算符（1 个）和赋值运算符（11 个）。

这样可以记住优先级 1、2、13、14 和 15。剩下的 3 ～ 12 优先级是双目运算符。

关于双目运算符中的 10 个运算符的优先级可以这样记忆：算术、关系和逻辑，移位、逻辑位插中间。这句话讲出了 5 类双目运算符优先级的关系：先算术、再关系、后逻辑。移位、逻辑位插中间是指移位插在了算术和关系之间，逻辑位插在关系和逻辑中间。于是变成这样的顺序：算术、移位、关系、逻辑位和逻辑。

2. 结合性

结合性也是决定运算顺序的一种标志。在优先级相同的情况下，表达式的计算顺序便由结合性确定。

结合性分为两类，大多数运算符的结合性是从左到右，这是人们习惯的计算顺序。只有 3 类运算符的结合性是从右到左，它们是单目运算符、三目运算符和赋值运算符。这一点要记住。

4.4　表达式

运算是对数据进行加工处理的过程，得到运算结果的数学公式或其他式子统称为表达式。表达式可以是常量，也可以是变量或算式。

4.4.1　表达式的种类

用运算符将操作对象连接起来的符合 C++ 语法规则的式子被称为表达式。由于 C++ 语言中的运算符很丰富，因此表达式的种类也很多。常见的表达式有如下 6 种。

（1）算术表达式，如 "a+5.2/3.0-9%5"。

（2）逻辑表达式，如 "!a&&8||7"。

（3）关系表达式，如 "'m'>='x'"。

（4）赋值表达式，如 "a=7"。

（5）条件表达式，如 "a>4?++a:--a"。

（6）逗号表达式，如 "a+5,a=7,a+=4"。

4.4.2　表达式的值和类型

任何一个表达式经过计算都应有一个确定的值和类型。计算一个表达式的值时应注意下述两点。

（1）先确定运算符的功能。在 C++ 语言运算符中，有些运算符相同，但功能不同，因此要先确定其功能。例如，* 运算符、- 运算符、& 运算符等，它们有时是单目运算符，有时是双目运算，在计算表达式前一定要分清。此外，运算符可以重载，即一个运算符还可以被定义成不同的功能。因此，确定运算符的功能是进行表达式计算的第一步。

（2）再确定计算顺序。一个表达式的计算顺序是由运算符的优先级和结合性来决定的。优先级高的先运算，优先级低的后运算。在优先级相同的情况下，由结合性决定。多数情况下，从左至右，少数情况下，从右向左。因此，记住运算符的优先级和结合性对于确定计算顺序是非常重要的。另外，还应注意，括号可以嵌套使用，先做内层括号，再做外层括号。

一个表达式的类型由运算符的种类和操作数的类型来决定。

4.4.3 表达式的类型转换

整型、单精度、双精度及字符型数据可以进行混合运算。当表达式中的数据类型不一致时，首先转换为同一类型，然后再进行运算。C++ 语言有两种方法可以实现类型转换：一种是隐含转换；另一种是强制转换。

1.隐含转换

一般地，对于双目运算符中的算术运算符、关系运算符、逻辑运算符和位操作运算符组成的表达式，要求两个操作数的类型一致。如果操作数的类型不一致，则转换为较高的类型。

各种类型的高低顺序如图 4-2 所示。

图 4-2　自动类型转换转化方向示意图

这里，int 型最低，double 型最高。short 型和 chat 型自动转换成 int 型，float 型自动转换成 double 型。这种隐含的类型转换是一种保值映射，即在转换中数据的精度不受损失。

2.强制转换

这种转换是将某种类型强制性地转换为指定的类型。强制转换又分为显式强制转换和隐式强制转换。

显式强制转换是通过强制转换运算符来实现的。其格式有如下两种：

< 类型说明符 >(< 表达式 >);

和

(< 类型说明符 >)< 表达式 >;

其作用是将 < 表达式 > 的类型强制转换成 < 类型说明符 > 所指定的类型。对于这种转换有两点要说明。

（1）这是一种不安全转换。因为强制转换可能会出现将高类型转换为低类型的情况，这时数据精度会受到损失。

例如：

double f=3.85;

int h;

h=int(f);

或者

h=(int)f;

这里，h 的值为 3。因为 double 型的 f 被强制转换为 int 型时，其小数部分被舍弃。

（2）这种转换是暂时性的，是"一次性"的。

例如：

int a(3),m;

double b;

b=3.56+double(a);

m=a+5;

在 "b=3.56+double(a);" 表达式中，通过显式强制转换，a 转换为 double 型。而在其后的表达式 m=a+5 中，a 仍为 int 型。可见，显式强制转换仅在强制转换运算符作用在表达式上时发生，该表达式被强制转换为指定类型，而不被强制转换时，表达式仍是原来类型。

隐式强制转换有如下两种常见的情况。

（1）在赋值表达式中，当左值（赋值运算符左边的值）和右值（赋值运算符右边的值）类型不同时，一律将右值的类型强制转换为左值的类型。

例如：

int a;

double b(3.56);

a=b;

在表达式 a=b 中，将右值 b 强制转换为 int 型，值为 3，然后赋给左值。

（2）在函数有返回值的调用中，总是将 return 后面的表达式的类型强制转换为该函数的类型（当两者类型不一致时）。

在 C++ 程序中，凡是出现由高类型向低类型转换的情况，一律采用强制类型转换，否则会出现警告错。

例如：

int a(5),b;

b=a+3.14;

表达式 b=a+3.14 是有问题的，应该写成：

b=a+int(3.14);

这表明先强制将 3.14 转换为 int 型，数值为 3，然后与 a 相加，再赋给 b。

也可以写成下述形式：

b=int(a+3.14);

这里，a 隐含转换为 double 型数后与 3.14 相加，再将其和强制转换为 int 型数，最后赋给 b。

例 10：编译下列程序时会出现编译错误，如何修改能消除所有编译错误（程序名为 ex4_10.cpp）？

C++ 程序如下：

```cpp
#include <iostream.h>
int main()
{
    int a(5),b;                 // 变量 a 初始化值为 5
    char c('K');
    float d=99.67;              //1
    b=c;
    cout<<b<<endl;
    c=d;                        //2
    cout<<c<<endl;
    a=d-1;                      //3
    cout<<char(a)<<endl;
    return 0;
}
```

针对编译该程序出现的错误，修改如下。

• 注释为 1 的语句改为 "float d=99.67f;"。

• 注释为 2 的语句改为 "c=(char)d;"。

• 注释为 3 的语句改为 "a=int(d-1);"。

这些错误都是由类型转换引起的。修改后，程序运行结果如图 4-3 所示。

图 4-3　例 10 程序运行结果

C++ 语言的类型转换比 C 语言要严格，在由高类型向低类型转换时，必须使用强制转换。

第 5 章　C++ 语言选择结构编程

在程序设计中，许多程序只在一定条件下才被执行，这就需要使用条件判断语句或选择语句。程序执行中将出现选择（分支），根据条件只选择执行部分语句，不一定都按原顺序从头到尾地执行所有语句，这样的程序被称为分支程序。

选择语句是 C++ 语言程序中经常使用的语句，可用它构成选择结构。选择语句有两种：一种是条件语句，即 if 语句；另一种是开关语句，即 switch 语句。它们都可以用来实现多路分支。这种语句具有一定的判断能力，它可以根据给定的条件决定执行哪些语句、不执行哪些语句。

5.1　条件语句

程序中的 if 语句常被称为条件语句，if 语句有两种形式。

（1）第一种为不含 else 子句的 if 语句。

语句形式如下：

if(< 表达式 >) < 语句 >

例如：

if(a<b) {t=a;a=b;b=t;}

其中，if 是 C++ 语言中的关键字，表达式两侧的圆括号不可少，最后是一条语句，被称为 if 子句。如果在 if 子句中需要包含多个语句，则应该使用花括号把一组语句括起来组成复合语句，这样在语法上仍满足"一条语句"的要求。

执行过程：首先计算紧跟在 if 后面一对圆括号中的表达式的值，如果该表达式的值为非零（"真"），则执行其后的 if 子句，然后执行 if 语句后的下一个语句；如果该表达式的值为零（"假"），则跳过 if 子句，直接执行 if 语句后的下一个语句。

（2）第二种为含 else 子句的 if 语句。

语句形式如下：

if (< 表达式 >) < 语句体 1>

[else < 语句体 2>]

执行过程：首先计算 < 表达式 > 的值，如果该表达式的值为非零（"真"），则执行 < 语句体 1>；如果该表达式的值为零（"假"），则跳过 < 语句体 1>，直接执行 < 语句体

2>，两者执行其一后再去执行 if 语句后的下一个语句。

if 语句还可以嵌套，即 if 体、else if 体或 else 体内都可以包含 if 语句。

语句形式如下：

if (< 表达式 1>) < 语句 1>

else if (< 表达式 2>) < 语句 2>

else if (< 表达式 3>) < 语句 3>

…

else if (< 表达式 n) < 语句 n>

else < 语句 n+1>

在 if 语句嵌套的情况下，else 只与最近的一个没有与 else 配对的 if 配对，因为一个 if 只能有一个 else。

如果两个分支中需要执行的语句不止一条，必须用 "{}" 括起来，作为一个复合语句使用。若只是一条语句，"{}" 可以省略。

需注意以下事项。

（1）if 后面的表达式一定要有括号。

（2）if 和 else 同属于一个 if 语句，else 不能作为语句单独使用，它只是 if 语句的一部分，与 if 配对使用，因此程序中不可以没有 if 而只有 else。

（3）只能执行与 if 有关的语句或者执行与 else 有关的语句，不可能同时执行两者。

（4）如果 < 语句 1> 和 < 语句 2> 是非复合语句，那么该语句一定要以分号结束。

（5）if 语句的表达式可以是 C++ 语言中任意类型的合法的表达式，但计算结果必须为整型、字符型或浮点型之一。

例 1：某服装公司为了推销产品，采取这样的批发销售方案：凡订购超过 100 套的，每套定价为 50 元，否则每套价格为 80 元。编程由键盘输入订购套数，输出应付款的金额（程序名为 ex5_1.cpp）。

解：设 X 为订购套数，Y 为付款金额，则执行过程如下：

（1）输入 X；

（2）判断 X 值；

（3）根据判断结果选择符合条件的方法计算 Y 值；

（4）输出计算结果。

C++ 程序如下：

```cpp
#include <iostream.h>
int main()
{
    int x,y;
    cout<<"X=";
    cin>>x;                  // 输入 X
```

```
    if (x>100) y=50*x;        // 条件判断与选择
    else y=80*x;
    cout<<"Y="<<y<<endl;
    return 0;
}
```

程序运行 3 次，输入不同订购套数 *X* 的值，运行结果如下：

X=89

Y=7120

X=150

Y=7500

X=1000

Y=50000

例 2：输入一个学生的考试分数，判断是"及格"还是"不及格"（程序名为 ex5_2.cpp）。

C++ 程序如下：

```
#include <iostream.h>
int main()
{
    int x;
    cin>>x;        // 输入一个考试分数
    if (x>=60) cout<<" 及格 "<<endl;
    else cout<<" 不及格 "<<endl;
    return 0;
}
```

程序运行结果如下：

58

不及格

78

及格

60

及格

例 3：输入一个数，判断是"偶数"还是"奇数"（程序名为 ex5_3.cpp）。

C++ 程序如下：

```
#include <iostream.h>
int main()
{
```

```
    int x;
    cin>>x;        // 输入一个数
    if(x%2==0) cout<<" 偶数 "<<endl;
    else  cout<<" 奇数 "<<endl;
    return 0;
}
```

程序运行结果如下：

456788

偶数

919117

奇数

例 4：两数比较大小（从大到小排序）（程序名为 ex5_4.cpp）。

解：交换两个变量的值，可以想象成交换两盒录音带（称为 *a* 和 *b*）的内容，可以按以下步骤处理。

步骤 1：拿一盒空白录音带 *t* 为过渡，先将 *a* 翻录至 *t*。

步骤 2：再将 *b* 翻录至 *a*。

步骤 3：最后将 *t* 翻录至 *b*。

这样操作即可达到题目要求。

C++ 程序如下：

```
#include <iostream.h>
int main()
{
    int a,b,t;
    cin>>a;                 // 输入一个数 a
    cin>>b;                 // 输入另一个数 b
    if(a<b) {t=a;a=b;b=t;} // 如果 a<b 则交换 a、b 两数值
    cout<<a<<" "<<b<<endl;
    return 0;
}
```

程序运行结果如下：

1000

2000

2000   1000

44444

33333

44444　33333

例 5：读入 3 个数，编程按由小到大的顺序输出（程序名为 ex5_5.cpp）。

解：设读入的 3 个数为 a、b、c，为了把较小的数排在前面，可做如下处理：

（1）如果 $a > b$ 就交换 a、b 的值，将较大的值换至后面；

（2）如果 $a > c$ 就交换 a、c 的值，将较大的值换至后面；

（3）如果 $b > c$ 就交换 b、c 的值，将较大的值换至后面；

（4）输出处理后的 a、b、c。

C++ 程序如下：

```cpp
#include <iostream.h>
int main()
{
    int a,b,c,t;
    cout<<" 请输入三个数：" ;
    cin>>a>>b>>c;           // 输入 3 个数 a、b、c，用空格分隔
    // 第一趟比较后最左边的数是 3 个数中最小的数
    if(a>b) {t=a;a=b;b=t;}  // 如果 a>b 交换 a、b，把大数放到后面
    if(a>c) {t=a;a=c;c=t;}  // 如果 a>c 交换 a、c，把大数放到后面
    // 第二趟比较后左边第二数是 3 个数中第二个最小的数
    if(b>c) {t=b;b=c;c=t;}  // 如果 b>c 交换 b、c，把大数放到后面
    cout<<a<<" "<<b<<" "<<c<<endl;
    return 0;
}
```

程序运行结果如下：

请输入三个数：100 300 500

100　300　500

请输入三个数：500 300 100

100　300　500

请输入三个数：500 300 300

300　300　500

例 6：读入 4 个数，编程按由小到大的顺序输出（程序名为 ex5_6.cpp）。

解：设读入的 4 个数为 a、b、c、d，为了把较小的数排在前面，可做如下处理。

（1）第一趟比较后最左边的数是 4 个数中最小的数。

如果 $a > b$ 就交换 a、b 的值，将较大的值换至后面。

如果 $a > c$ 就交换 a、c 的值，将较大的值换至后面。

如果 $a > d$ 就交换 a、d 的值，将较大的值换至后面。

（2）第二趟比较后左边第二数是 4 个数中第二个最小的数。

如果 $b > c$ 就交换 b、c 的值，将较大的值换至后面。

如果 $b > d$ 就交换 b、d 的值，将较大的值换至后面。

（3）第三趟比较后左边第三数是 4 个数中第三个最小的数。

如果 $c > d$ 就交换 c、d 的值，将较大的值换至后面。

（4）输出处理后的 a、b、c、d。

C++ 程序如下：

```cpp
#include <iostream.h>
int main()
{
    int a,b,c,d,t;
    cout<<" 请输入四个数: ";
    cin>>a>>b>>c>>d;        // 输入 4 个数 a、b、c、d，用空格分隔
    // 第一趟比较后最左边的数是最小的数
    if(a>b) {t=a;a=b;b=t;}
    if(a>c) {t=a;a=c;c=t;}
    if(a>d) {t=a;a=d;d=t;}
    // 第二趟比较后左边第二数是第二个最小的数
    if(b>c) {t=b;b=c;c=t;}
    if(b>d) {t=b;b=d;d=t;}
    // 第三趟比较后左边第三数是第三个最小的数
    if(c>d) {t=c;c=d;d=t;}
    cout<<a<<" "<<b<<" "<<c<<" "<<d<<endl;
    return 0;
}
```

程序运行结果如下：

请输入四个数: 100 300 500 800

100 300 500 800

请输入四个数: 1 8 3 6

1 3 6 8

请输入四个数: 1500 300 300 234567

300 300 1500 234567

例 7：输入一个三位数的整数，将个位和百位对调（程序名为 ex5_7.cpp）。

C++ 程序如下：

```cpp
#include <iostream.h>
// 一个三位数，个位和百位对调
```

```
int main()
{
    int x,t,a,b,c;
    cin>>x;
    t=x;
    c=t % 10;                // 个位分离
    b=(t / 10) % 10;         // 十位分离
    a=t/100;                 // 百位分离
    cout <<"x="<<x<<" "<<c<<b<<a<<endl; // 按位输出
    return 0;
}
```

程序运行结果如下：

998

x=998 899

123

x=123 321

输出也可以用计算值表达，C++ 程序如下：

```
#include <iostream.h>
// 一个三位数，个位和百位对调
int main()
{
    int x,t,a,b,c;
    cin>>x;
    t=x;
    c=t % 10;                // 个位分离
    b=(t / 10) % 10;         // 十位分离
    a=t/100;                 // 百位分离
    cout <<"x="<<x<<" "<<c*100+b*10+a<<endl; // 用计算值表达输出
    return 0;
}
```

程序运行结果是一样的。

例 8：输入一个三位数的整数，将数字位置重新排列，组成一个尽可能大的三位数。例如，输入 213，重新排列可得到尽可能大的三位数是 321（程序名为 ex5_8.cpp）。

C++ 程序如下：

```
#include <iostream.h>
int main()
```

```
{
    int x,t,a,b,c;
    cin>>x;
    t=x;
    c=t % 10;                    // 个位分离
    b=(t / 10) % 10;             // 十位分离
    a=t/100;                     // 百位分离
    //a、b、c 三位从大到小排列即可满足题目要求
    if(a<b) {t=a;a=b;b=t;}
    if(a<c) {t=a;a=c;c=t;}
    if(b<c) {t=b;b=c;c=t;}
    cout <<"x="<<x<<" "<<a<<b<<c<<endl;    // a、b、c 按从大到小排列输出
    return 0;
}
```

程序运行结果如下：

809

x=809 980

118

x=118 811

5.2 开关语句

如果有多种（两种或两种以上）选择，常用开关语句编程。开关语句也称为多路分支控制语句。

5.2.1 switch 语句的一般形式

switch 语句的一般形式如下：

switch(< 表达式 >)

{ case < 常量表达式 1>:< 语句序列 1>

   case < 常量表达式 2>:< 语句序列 2>

   …

   case < 常量表达式 n>:< 语句序列 n>

   [default:< 语句序列 n+1>]

}

说明：

（1）switch 是关键字，其后面大括号里括起来的部分被称为 switch 语句体。要特别

注意必须写这一对大括号。

（2）switch 后 < 表达式 > 的运算结果可以是整型、字符型或枚举型表达式等，< 表达式 > 两边的括号不能省略。

（3）case 也是关键字，与其后面 < 常量表达式 > 合称为 case 语句标号。< 常量表达式 > 的值在运行前必须是确定的，不能改变，因此不能是包含变量的表达式，而且数据类型必须与 < 表达式 > 一致。

例如：

int x=3,y=7, z;

switch(z)

{ case 1+2: /* 是正确的 */

  case x+y: /* 是错误的 */

}

（4）case 和常量之间要有空格，case 后面的常量之后有 ":"。

（5）default 也是关键字，起标号的作用。代表所有 case 标号之外的那些标号。default 可以出现在语句体中任何标号位置上。在 switch 语句体中也可以无 default 标号。

（6）< 语句序列 1>、< 语句序列 2> 等，可以是一条语句，也可以是若干语句。

（7）必要时，case 语句标号后的语句可以不写。

5.2.2 switch 语句的执行过程

首先计算 < 表达式 > 的值，然后在 switch 语句体内寻找与其吻合的 case 标号，如果有与该值相等的标号，则执行从该标号后开始的各语句，包括在其后的所有 case 和 default 语句，直到 switch 语句体结束。如果没有与该值相等的标号，并且存在 default 标号，则从 default 标号后的语句开始执行，直到 switch 语句体结束。如果没有与该值相等的标号，并且不存在 default 标号，则跳过 switch 语句体，什么也不执行。

在 switch 语句中可以使用 break 语句。

break 语句也称间断语句。可以在各个 case 之后的语句最后加上 break 语句，每当执行到 break 语句时，立即跳出 switch 语句体。switch 语句通常总和 break 语句联合使用，使 switch 语句真正起到多个分支的作用。

一般情况下，每个 switch 语句中的语句序列都是以 break 结束的；而最后一个语句序列可以省略 break 语句，因为 switch 语句的右花括号也有退出 switch 语句的功能。

switch 语句中的表达式计算必须考虑到全部可能情况，不要有遗漏。switch 语句也可以嵌套。

例 9：模拟自动饮料机。按屏幕所示功能，输入所选择的合法数字，输出可获得的相应饮料名称（程序名为 ex5_9.cpp）。

C++ 程序如下：

#include <iostream.h>

```
int main()
{
    int button;
    cout<<"========== 自动饮料机 ==========\n";
    cout<<"1. 可口可乐 \n";
    cout<<"2. 雪碧 \n";
    cout<<"3. 芬达 \n";
    cout<<"4. 百事可乐 \n";
    cout<<"5. 非常可乐 \n";
    cout<<" 请按 1 ～ 5 键选择饮料: \n";
    cin>>button;
    switch(button)
    { case 1:cout<<"\n 你获得一听可口可乐 \n";break;
      case 2:cout<<"\n 你获得一听雪碧 \n";break;
      case 3:cout<<"\n 你获得一听芬达 \n";break;
      case 4:cout<<"\n 你获得一听百事可乐 \n";break;
      case 5:cout<<"\n 你获得一听非常可乐 \n";break;
      default:cout<<"\n 非法操作 !\n";
    }
    return 0;
}
```

程序运行结果如下:

========== 自动饮料机 ==========

1. 可口可乐

2. 雪碧

3. 芬达

4. 百事可乐

5. 非常可乐

请按 1 ～ 5 按钮选择饮料:

3

你获得一听芬达

5

你获得一听非常可乐

9

非法操作 !

例 10：实现两数加、减、乘、除运算程序（程序名为 ex5_10.cpp）。

C++ 程序如下：

```
#include <iostream.h>
int main()
{
    int a,b;
    char ch;
    double s;
    cin>>a>>b;
    cin>>ch;
    switch(ch)
    {
        case '+':s=a+b;cout<<s<<endl;break;
        case '-':s=a-b;cout<<s<<endl;break;
        case '*':s=a*b;cout<<s<<endl;break;
        case '/':s=a/b;cout<<s<<endl;break;
        default:cout<<"\n 非法操作 !\n";
    }
    return 0;
}
```

程序运行结果如下：

```
200 500
+
700
200 500
*
100000
300 700
/
0
```

例 11：对某产品征收税金，产值在 1 万元以上征收税 5%；在 1 万元以下但在 5 000 元以上征收税 3%；在 5 000 元以下但在 1 000 元以上征收税 2%；1 000 元以下的免收税。编程计算该产品的收税金额（程序名为 ex5_11.cpp）。

解：设 x 为产值，tax 为税金，用 P 表示情况常量各值，以题意中每 1 000 元为情况分界：

$P=0$：$tax=0$（$x<1 000$）；

P=1,2,3,4：$tax=x*0.02$（1 000 ≤ x<5 000）；

P=5,6,7,8,9：$tax=x*0.03$（5 000<x ≤ 10 000）；

P=10：$tax=x*0.05$（x> 10 000）。

这里的 P 是"情况"值，用产值 x 除以 1000 的整数值作为 P，如果 P>10 也归入 P=10 的情况。C++ 语言用 $P=x/1\,000$ 取整计算。

C++ 程序如下：

```cpp
#include <iostream.h>
int main()
{
    int x,P;
    double tax;
    cin>>x;
    P=(x/1000);
    if(P>9) P=10;
    switch(P)
    {
      case 0:tax=0;break;
      case 1:
      case 2:
      case 3:
      case 4:tax=x*0.2;break;
      case 5:
      case 6:
      case 7:
      case 8:
      case 9:tax=x*0.3;break;
      case 10:tax=x*0.5;break;
      default:cout<<"\n 错误 !\n";
    }
    cout<<"tax="<<tax<<endl;
    return 0;
}
```

程序运行结果如下：

3600

tax=72

8900

tax=267

15800

tax=790

例 12：分析下列程序的输出结果（程序名为 ex5_12.cpp）。

C++ 程序如下：

```cpp
#include <iostream.h>
int main()
{
    int i(1),j(0),m(1),n(2) ;     // 变量赋初值
    switch(i++)
    {
        case 1:m++;n++;
        case 2:switch(++j)
        {
            case 1:m++;
            case 2:n++;
        }
        case 3:m++;n++;break;
        case 4:m++;n++;
    }
    cout<<m<<", "<<n<<endl;
    return 0;
}
```

程序运行结果如下：

4, 5

说明：该程序中出现了 switch 语句的嵌套，另外注意 break 语句在该程序中的使用。

第6章 C++ 语言循环结构编程

同样的程序段重复执行多次，这就是循环的概念。C++ 语言提供了 3 种循环结构语句。学会应用这种循环结构语句对于培养编程能力至关重要。

C++ 语言提供了 3 种循环语句，分别是 while 循环语句、do-while 循环语句和 for 循环语句。这些循环语句各有特点，可根据不同需要进行选择。在许多情况下，它们之间可以相互替代。它们的共同特点是根据循环条件判断是否执行循环体。

6.1 while 循环语句

6.1.1 while 语句的一般形式

while 语句的一般形式如下：

while(< 表达式 >) < 循环体语句 >

说明：while 是 C++ 语言的关键字，其后面的一对括号中的 < 表达式 > 可以是 C++ 语言中的任意合法表达式，由它控制循环体语句是否执行，括号不能省略。< 循环体语句 > 可以是一条语句，也可以是多条语句，一般来说，循环体是一条语句时不用加 "{}"，如果是多条语句，就一定要加 "{}" 构成复合语句。其中的语句可以是空语句、表达式语句或作为循环体一部分的复合语句。空语句表示不执行任何操作（一般用于延时）。

6.1.2 while 语句的执行过程

（1）计算 while 后一对括号中的 < 表达式 > 的值。当值为非零时，则执行步骤（2）；当值为零时，则执行步骤（3）。

（2）执行 < 循环体语句 > 后，转去执行步骤（1）。

（3）退出 while 循环。

以下通过例 1 ～ 例 10 的 C++ 程序来练习使用 while 循环语句（当循环语句）编程，同时在训练时要注重程序结构、程序的变化、数据范围及变量类型的选择。

例 1：用 while 循环语句实现从 1 加到 100，并将结果打印出来（程序名为 ex6_1.cpp）。

C++ 程序如下：

```
#include <iostream.h>
```

```
int main()
{
    int s=0,i=1;
    while(i<=100)
    {
        s=s+i;    // 累加器累加值
        i++;      // 计数器增 1
    }
    cout <<" 其和是 "<<s<<endl;
    return 0;
}
```

程序运行结果如下：

其和是 5050

例 2：编写程序求 $s=1+2+3+\cdots+10\ 000$（程序名为 ex6_2.cpp）。

C++ 程序如下：

```
#include <iostream.h>
int main()
{
    int s=0,i=1;
    while(i<=10000)
    {
        s=s+i;    // 累加器累加值
        i++;      // 计数器增 1
    }
    cout <<" 其和是 "<<s<<endl;
    return 0;
}
```

程序运行结果如下：

其和是 50005000

例 3：编写程序求 $s=1^2+2^2+3^2+\cdots+100^2$（程序名为 ex6_3.cpp）。

C++ 程序如下：

```
#include <iostream.h>
int main()
{
    int s=0,i=1;
    while(i<=100)
```

```
  {
    s=s+i*i;        // 累加器累加值
    i++;            // 计数器增 1
  }
  cout <<" 其和是 "<<s<<endl;
  return 0;
}
```

程序运行结果如下：

其和是 338350

例 4：编写程序求 $s=1^3+2^3+3^3+\cdots+100^3$（程序名为 ex6_4.cpp）。

C++ 程序如下：

```
#include <iostream.h>
int main()
{
    int s=0,i=1;
    while(i<=100)
    {
        s=s+i*i*i;      // 累加器累加值
        i++;            // 计数器增 1
    }
    cout <<" 其和是 "<<s<<endl;
    return 0;
}
```

程序运行结果如下：

其和是 25502500

例 5：编写程序求 $s=1^4+2^4+3^4+\cdots+10\,000^4$（程序名为 ex6_5.cpp）。

C++ 程序如下：

```
#include <iostream.h>
int main()
{
    int i=1;
    double s=0.0;
    while(i<=10000)
    {
        s=s+i*i*i*i;    // 累加器累加值
        i++;            // 计数器增 1
```

```
    }
    cout <<" 其和是 "<<s<<endl;
    return 0;
}
```

程序运行结果如下：

其和是 2.31524e+11

因为数据量较大，所以以指数形式出现。

实际结果为 231 523 976 200.000 000。

例 6：编写程序求 $s=2^2+4^2+6^2+\cdots+100^2$（程序名为 ex6_6.cpp）。

C++ 程序如下：

```
#include <iostream.h>
int main()
{
    int i=2;
    double s=0.0;
    while(i<=100)
    {
        s=s+i*i;        // 累加器累加值
        i=i+2;          // 计数器增 1
    }
    cout <<" 其和是 "<<s<<endl;
    return 0;
}
```

程序运行结果如下：

其和是 171700

例 7：编写程序求 $s=1^2+3^2+5^2+\cdots+101^2$（程序名为 ex6_7.cpp）。

C++ 程序如下：

```
#include <iostream.h>
int main()
{
    int i=1;
    double s=0.0;
    while(i<=101)
    {
        s=s+i*i;        // 累加器累加值
        i=i+2;          // 计数器增 1
```

```
    }
    cout <<" 其和是 "<<s<<endl;
    return 0;
}
```

程序运行结果如下：

其和是 176851

例 8：编写程序实现一个多位数反向输出（程序名为 ex6_8.cpp）。

C++ 程序如下：

```
#include <iostream.h>
int main()
{
    int x,t;
    cin>>x;
    t=x;
    while(t>0)
    {
     cout<<(t%10)<<" ";        // 分离出第 1 位并显示此位数据
     t=t/10;                   // 显示此位数据后丢弃它，开始下一位处理
    }
    cout<<endl;
    return 0;
}
```

程序运行结果如下：

123456

6 5 4 3 2 1

8976543

3 4 5 6 7 9 8

9866677

7 7 6 6 6 8 9

例 9：编写程序实现寻找一个多位数中最大的那个数（程序名为 ex6_9.cpp）。

C++ 程序如下：

```
#include <iostream.h>
int main()
{
    int x,t,max;
    cin>>x;
```

```
      t=x;
    max=0;
     while(t>0)
     {
       if(max<(t%10)) max=(t%10);        // 分离出第 1 位并与最大数变量比较
       t=t/10;                           // 下一位处理
     }
     cout<<x<<" "<<max<<endl;
     return 0;
}
```

程序运行结果如下：

675478

675478 8

1234541

1234541 5

例 10：编写程序实现输出一个多位数各位之和（程序名为 ex6_10.cpp）。

C++ 程序如下：

```
#include <iostream.h>
int main()
{
    int x,t,s;
    cin>>x;
    t=x;s=0;
    while(t>0)
    {
      s=s+(t%10);            // 分离出第 1 位并求和
      t=t/10;                // 下一位处理
    }
    cout<<x<<" 各位之和是 "<<s<<endl;
    return 0;
}
```

程序运行结果如下：

1234567

1234567 各位之和是 28

3467891

3467891 各位之和是 38

11111111

11111111 各位之和是 8

6.2 do-while 循环语句

6.2.1 do-while 循环语句的一般形式

do-while 循环语句的一般形式如下：

do

<循环体语句>

while(<表达式>);

说明：do 是 C++ 语言的关键字，必须和 while 联合使用。do-while 循环由 do 开始，用 while 结束。注意，在 while 结束后必须有分号，它表示该语句的结束。其他同 while 循环语句。

6.2.2 do-while 循环语句的执行过程

（1）执行 do 后面的<循环体语句>。

（2）计算 while 后一对括号中的<表达式>的值。当值为非零时，转去执行步骤（1）。当值为零时，则执行步骤（3）。

（3）退出 while 循环。

例 11：用 do-while 循环语句实现从 1 加到 100，并将结果打印出来（程序名为 ex6_11.cpp）。

C++ 程序如下：

```cpp
#include <iostream.h>
int main()
{
    int s=0,i=1;
    do
    {
        s=s+i;          // 累加器累加值
        i++;            // 计数器增 1
    }while(i<=100);
    cout <<" 其和是 "<<s<<endl;
    return 0;
}
```

程序运行结果如下：

其和是 5050

在本例中，循环条件、循环体以及得到的结果都与例 1（使用 while 循环）一样，只是本例用 do-while 语句来实现。

6.3　for 循环语句

6.3.1　for 循环语句的一般形式

for 语句是 C++ 语言提供的一种在功能上比前两种循环语句更强的循环语句。

for 循环语句格式如下：

for(< 表达式 1>;< 表达式 2>;< 表达式 3>)

< 循环体语句 >

说明：for 是 C++ 语言的关键字，3 个表达式之间必须用分号 "；" 隔开。3 个表达式可以是任意形式的 C++ 表达式，通常主要用于 for 循环的控制。一般地，< 表达式 1> 用于计算循环变量初始值，< 表达式 2> 为循环体是否执行的条件，< 表达式 3> 为循环变量的调整。< 循环体语句 > 的使用同 while、do-while 循环语句。for 循环语句还可以表示为如下格式：

for(< 初始化表达式 >;< 条件表达式 >;< 修正表达式 >)

< 循环体语句 >

在某种情况下，使用 for 语句表示循环会显得紧凑而清晰。尤其是它能利用 < 表达式 3> 自动地使循环变量发生改变，不像 while 结构那样要在循环体中设置 "修正操作"。实际上，for 语句中的 < 表达式 3> 不仅限于修正循环变量，可以是任何操作。例如，前面例题中介绍的求 1 到 100 的和，用 for 语句可以表示如下：

for(s=0,i=1;i<=100;s+=i,i++);

6.3.2　for 循环语句的执行过程

（1）首先计算 < 表达式 1>。

（2）求 < 表达式 2> 的值；若其值为非零，则转去执行步骤（3）；若 < 表达式 2> 的值为零，则转去执行步骤（5）。

（3）执行一次 for 循环体。

（4）求解 < 表达式 3>，转去步骤（2）继续执行。

（5）结束循环，执行循环之后的语句。

下面通过实例来演练 for 语句的应用。

例 12：用 for 循环语句实现从 1 加到 100，并将结果打印出来（程序名为 ex6_12.cpp）。

C++ 程序如下：

```
#include <iostream.h>
int main()
{
    int s=0,i=1;
    for( ;i<=100;i++)
        s+=i;        // 累加器累加值
    cout <<" 其和是 "<<s<<endl;
    return 0;
}
```

程序运行结果如下：

其和是 5050

for 循环的执行过程：先执行 < 表达式 1>，为空语句，然后判断 "i<=100" 是否成立，如果为真，执行循环体 "s+=i"，转而执行 "i++"，再判断 "i<=100"，如此反复，直到 "i<=100" 为假为止。在这个例子中，i 是循环控制变量，每次循环时，它的值都被改变且进行检验。

6.3.3 for 循环语句的多样性

由于 C++ 语言中表达式的形式十分丰富，可以灵活应用于 for 语句的 3 个控制表达式，因此 for 语句形式多种多样。

（1）< 表达式 1> 为空语句。

如例 12 求 1 ～ 100 的和，本来由 < 表达式 1> 完成的初始化可提到循环之外完成。

（2）< 表达式 2> 和 < 表达式 3> 是逗号表达式。

（3）用空循环延长时间。

常用空循环产生延时，以达到某种特定要求。例如：

```
for(t=0;t<time;t++);
```

（4）无限循环。for 循环语句的 3 个表达式中，任何一个都可以省略，但是分号 ";" 不可省略。例如：

```
for(;;)
```

< 语句 >

上例是一个无限循环，即死循环。

例 13：编程实现输出自然数 1 ～ 20（程序名为 ex6_13.cpp）。

C++ 程序如下：

```
#include <iostream.h>
int main()
```

```
{
    int i;
    for(i=1;i<=20;i++)
        cout<<i<<" ";
    cout<<endl;
    return 0;
}
```

程序运行结果如图 6-1 所示。

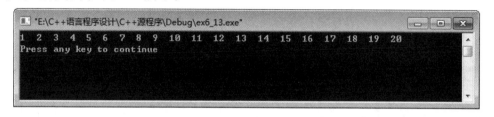

图 6-1　例 13 程序运行结果

例 14 ：编程实现倒序输出自然数 1 ～ 20（程序名为 ex6_14.cpp）。

C++ 程序如下：

```
#include <iostream.h>
int main()
{
    int i;
    for(i=20;i>0;i--)
        cout<<i<<" ";
    cout<<endl;
    return 0;
}
```

程序运行结果如图 6-2 所示。

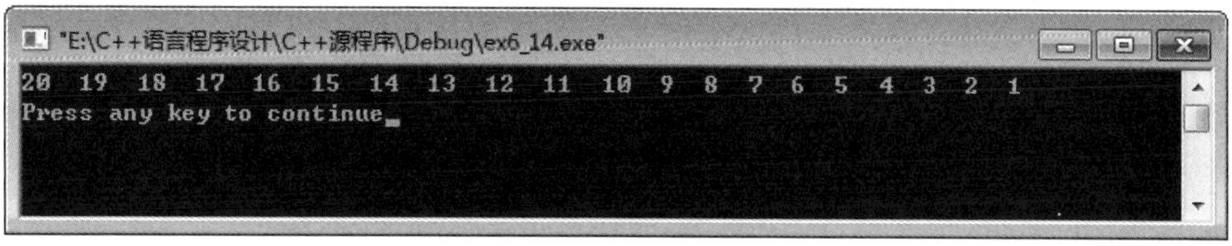

图 6-2　例 14 程序运行结果

例 15 ：编程实现输出 30 ～ 60 之间的偶数（程序名为 ex6_15.cpp）。

C++ 程序如下：

```
#include <iostream.h>
```

```
int main()
{
    int i;
    for(i=30;i<=60;i++)
        if(i%2==0)  cout<<i<<" ";
    cout<<endl;
    return 0;
}
```

在这个程序中，for 循环后的 if 语句是一个条件分支语句。

程序运行结果如图 6-3 所示。

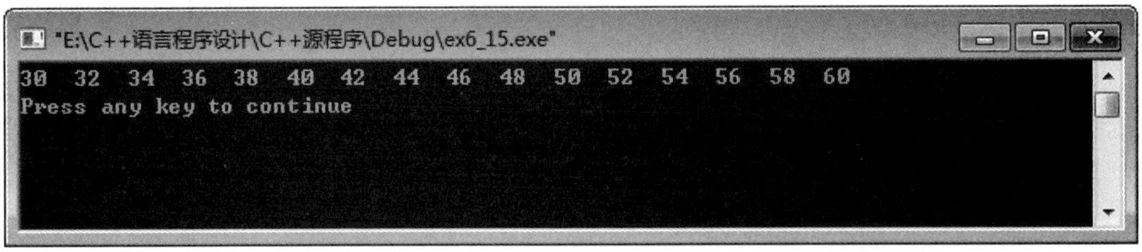

```
"E:\C++语言程序设计\C++源程序\Debug\ex6_15.exe"
30  32  34  36  38  40  42  44  46  48  50  52  54  56  58  60
Press any key to continue
```

图 6-3　例 15 程序运行结果

例 16：编写输出 n 阶乘程序。$n!$ 被称为 n 阶乘（程序名为 ex6_16.cpp）。

$n!$ 展开如下：

0!=1

1!=1

2!=2×1

3!=3×2×1

4!=4×3×2×1

5!=5×4×3×2×1

6!=6×5×4×3×2×1

7!=7×6×5×4×3×2×1

……

$n!=n×(n-1)×\cdots×4×3×2×1$

C++ 程序如下：

```
#include <iostream.h>
int main()
{
    int i,n;
    int f;
    cin>>n;
```

```
        f=1;
        for(i=1;i<=n;i++)
            f=f*i;
        cout<<n<<"!="<<f<<endl;
        return 0;
    }
```

程序运行结果如下：

```
5
5!=120
7
7!=5040
15
15!=2004310016
```

6.3.4　for 循环语句的嵌套

在一个循环内又完整地包含另一个循环，称为循环的嵌套，即循环体自身包含循环语句。在 for 循环语句中可以包含另一个 for 循环。

下面通过几个例子介绍循环嵌套的概念和运用。

例 17：用 for 语句的嵌套编写程序，实现输出 10×6 个由 "&" 字符组成的图案（程序名为 ex6_17.cpp）。

C++ 程序如下：

```
#include <iostream.h>
int main()
{
  for (int i=1; i<=10;i++)
  {
   for (int j=1; j<=6;j++)
     {cout <<"&"; }
   cout<<endl;
  }
  return 0;
}
```

程序运行结果如图 6-4 所示。

图 6-4　例 17 程序运行结果

例 18：用 for 语句的嵌套编写程序，以实现输出 10 行由"#"字符组成的直角三角形图案（程序名为 ex6_18.cpp）。

C++ 程序如下：

```cpp
#include <iostream.h>
int main()
{
    int i,j;
    for(i=1; i<=10;i++)
    {
        for(j=1; j<=10-i;j++)
            {cout<<" "; }
        for(j=1; j<=i;j++)
            {cout<<"#"; }
        cout<<endl;
    }
    return 0;
}
```

程序运行结果如图 6-5 所示。

图 6-5　例 18 程序运行结果

例 19：用 for 语句的嵌套编写程序，实现输出由 "#" 字符组成的菱形图案（程序名为 ex6_19.cpp）。

C++ 程序如下：

```cpp
#include <iostream.h>
// 菱形
int main()
{
    int i,j;
    for(i=1; i<=9;i++)
    {
      for(j=1; j<=9-i;j++)
            {cout<<" "; }
      for(j=1; j<=i;j++)
            {cout <<"#"; }
      for(j=1; j<=i-1;j++)
            {cout<<"#"; }
      cout<<endl;
    }

    for(i=1; i<=8;i++)
    {
      for(j=1; j<=i;j++)
            {cout<<" "; }
      for(j=1; j<=9-i;j++)
            {cout<<"#"; }
      for(j=1; j<=8-i;j++)
            {cout<<"#"; }
      cout<<endl;
    }
    return 0;
}
```

程序运行结果如图 6-6 所示。

图 6-6　例 19 程序运行结果

6.4　break 语句和 continue 语句

6.4.1　break 语句

前面已经介绍过用 break 语句跳出当前的 switch 语句流程。在循环结构中，也可以使用 break 语句使流程跳出本层循环体，从而提前强制性结束本层循环。

break 语句的一般形式如下：

　　break;

例 20：在循环体中 break 语句执行示例（程序名为 ex6_20.cpp）。

C++ 程序如下：

```cpp
#include <iostream.h>
int main()
{
   int i,s=0;
   for(i=1;i<=10;i++)
   { s=s+i;
     if(s>5) break;
     cout<<"s="<<s<<endl;
   }
   cout<<" 使用 break 语句时，s 的最终值为："<<s<<endl;
   return 0;
}
```

程序运行结果如下：

s=1

s=3

使用 break 语句时，s 的最终值为：6

本例中，如果没有 break 语句，程序将进行 10 次循环；但当 i=3 时，s 的值为 6，if 语句中的表达式 s>5 值为真，于是执行 break 语句，循环立即中断，跳出 for 循环，从而提前中止循环，并转向循环体外的下一条语句。此时，s 的值为 6。

break 语句使用说明如下。

（1）只能在 switch 语句体和循环体内使用 break 语句。

（2）当 break 语句出现在 switch 语句体中，其作用是跳出该 switch 语句体。当 break 语句出现在循环体中，但并不在 switch 语句体内时，则在执行 break 语句后，使流程跳出本层循环体。

6.4.2　continue 语句

continue 语句的一般形式如下：

continue;

例 21：将例 20 中的 break 语句改用 continue 语句，来比较两者的区别（程序名为 ex6_21.cpp）。

C++ 程序如下：

```
#include <iostream.h>
int main()
{
    int i,s=0;
    for(i=1;i<=10;i++)
    {   s=s+i;
        if(s>5) continue;
        cout<<"s="<<s<<endl;
    }
    cout<<" 使用 continue 语句时，s 的最终值为："<<s<<endl;
    return 0;
}
```

程序运行结果如下：

s=1

s=3

使用 continue 语句时，s 的最终值为：55

在本例中，当 i=1 时，输出 s=1；当 i=2 时，输出 s=3；当 i=3 时，s 的值为 6，if 语

句中的表达式 *s*>5 值为真，于是执行 continue 语句，跳过循环体中余下的语句，而去对 for 语句中的 < 表达式 3> 求值，然后进行 < 表达式 2> 的条件测试，最后根据 < 表达式 2> 的值来决定循环是否继续执行。不论 continue 是作为何种语句成分出现的，都将按此功能执行，这点与 break 有所不同。可以看出，continue 语句的功能是结束本次循环。

循环语句演练更多的实例如下。

例 22：输入图案符号和行数，输出宝塔形图案（程序名为 ex6_22.cpp）。

C++ 程序如下：

```cpp
#include <iostream.h>
// 输出宝塔形图案
int main()
{
  int i,j,n;
  char ch;
  cin>>ch;
  cin>>n;
  for(i=1; i<=n;i++)
  {
   for(j=1; j<=n-i;j++)
        {cout<<" "; }
   for(j=1; j<=2*i-1;j++)
        {cout <<ch; }
   cout<<endl;
  }
  return 0;
}
```

程序运行结果如图 6-7 所示。

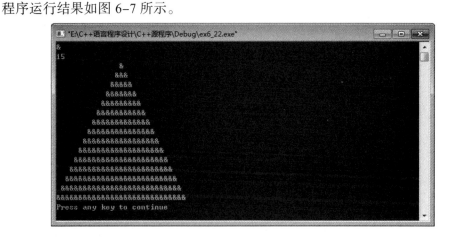

图 6-7　例 22 程序运行结果

例 23：编写程序求 1+1/2+1/3+1/4+1/5+⋯+1/n 的值超过 10 时，n 的值（程序名为 ex6_23.cpp）。

C++ 程序如下：

```
#include <iostream.h>
int main()
{
    int n=0;
    double s=0.0;
    do
    {
      n=n+1;
      s=s+1.0/n;     // 累加器累加值
      cout<<"n="<<n<<" "<<s<<endl;
     }while(s<=10.0);
    return 0;
}
```

程序运行结果如下：

n=12367

例 24：编写程序计算 s=1/（1×2）+1/（2×3）+1/（3×4）+1/（4×5）+⋯+1/（98×99）+1/（99×100）（程序名为 ex6_24.cpp）。

C++ 程序如下：

```
#include <iostream.h>
int main()
{
    double s=0.0;
    int i=1;
    while(i<=99)
    {
            s=s+1.0/(i*(i+1));
            i=i+1;
    }
    cout<<"s="<<s<<endl;
    return 0;
}
```

程序运行结果如图 6-8 所示。

图 6-8　例 24 程序运行结果

第7章　C++语言数组编程

C++ 语言的数据类型包括基本数据类型和构造数据类型两类，构造数据类型又称为复合数据类型。变量或对象被定义了类型后就可以享受类型保护，确保无法对其值进行非法操作。C++ 语言允许用户自定义的数据类型有数组类型、子界类型、枚举类型、集合类型、记录类型、文件类型、指针类型。数组是若干具有相同数据类型且按一定存储顺序排列的一组变量。数组中的变量被称为数组元素，每一个元素通过数组名和存储位置（下标）来确定。根据确定数组的一个元素所需要的下标数把数组分为一维数组、二维数组、三维数组等，二维以上的数组也称为多维数组。

数组是一种非常重要的构造类型。本章从 C++ 程序实例分析着手，帮助思维训练者掌握数组的定义及引用方法，并应用数组解决实际问题。

7.1　数组的概念

数组是相同数据类型的元素按一定顺序排列的集合，也就是把有限个类型相同的变量用一个名字命名，然后用编号区分的变量的集合，这个名字被称为数组名，编号被称为下标。组成数组的各个变量被称为数组的分量，也被称为数组的元素，有时也被称为下标变量。数组是在程序设计中为了处理方便而把相同类型的若干变量按有序的形式组织起来的一种形式，也就是说，数组是按序排列的相同数据类型的元素的集合。

数组必须在说明部分进行定义。数组有以下特点。

（1）数组是相同数据类型的元素的集合。

（2）数组中的各元素是有先后顺序的，它们在内存中按照先后顺序连续存放在一起。

（3）数组元素用整个数组的名字和它自己在数组中的顺序位置表示。例如，C++ 语言中 $a[0]$ 表示名字为 a 的数组中的第一个元素，$a[1]$ 代表数组 a 的第二个元素，以此类推。

7.2　一维数组

一维数组是最简单的数组，可以把它想象成一列长长的列车，每节车厢载着一个数据。一维数组的 n 个元素可以表示为 $a[0]$、$a[1]$、$a[2]$、$\cdots$、$a[n-1]$。一维数组的逻辑结构是线性表结构。要使用一维数组，需经过定义、初始化和应用等过程。

7.2.1　一维数组的定义

数组需要在说明部分进行定义，确定数组名、数组分量（元素）的个数及类型。一般格式如下：

类型说明符　数组名 [常量表达式];

（1）类型说明符可以是 int、char 和 float 等，指明该数组的类型，即数组中每个元素的类型。

（2）数组名的命名规则遵循标识符的命名规则，它代表数组存储时的首地址。

（3）常量表达式是指数组的长度，即数组元素的个数。

7.2.2　一维数组的应用

数组的使用仍然遵从"先定义，后使用"的原则。数组使用是通过数组元素引用实现的，而不能直接使用整个数组，每一个数组元素就是一个简单变量。一维数组的数组元素表示形式如下：

数组名 [下标]

下标是一个整型常量或整型表达式。一维数组元素的下标从 0 开始，如果数组长度为 n，则元素的最大下标为 $n-1$。

例 1： 从键盘读入数据给数组赋值（程序名为 ex7_1.cpp）。

C++ 程序如下：

```cpp
#include <iostream.h>
int main()
{
    int a[10];
    int x,i;
    for(i=0;i<10;i++)
    { cin>>x;        // 从键盘读入一个个数据放入数组中
      a[i]=x;
    }
    for(i=0;i<10;i++)
        cout<<a[i]<<" ";
    cout<<endl;
    return 0;
}
```

从键盘依次读入 10 个数据，程序运行结果如图 7-1 所示。

图 7-1　例 1 程序运行结果

本例中 "int a[10];" 表示数组名是 a，数组元素是整型，数组有 10 个元素。即定义了一个含有 10 个元素的整型数组 a。

定义数组时，应该注意以下几点。

（1）常量表达式的值必须是一个正的整数值。

（2）数组定义后，数组的长度就不能再改变了。

（3）定义时，可用一个类型说明符来定义多个相同类型的数组和变量，相互之间用逗号分隔。例如，"int a[10],i,min;" 定义了一维整型数组 a、整型变量 i 及 min。

7.2.3　一维数组的初始化

在定义一维数组的同时要给数组元素赋初始值，这一过程被称为一维数组的初始化。一般格式如下：

类型说明符 数组名 [常量表达式]={ 初始值表 };

初始值表中的数据与数组元素依次对应，初始值表中的数据用逗号（,）分隔。例如，"int a[5]={120,-3,40,0,367};"，数组 a 的 5 个元素依次取得初始值。

一维数组初始化时，要注意以下两点。

（1）当初始化时，如果初始值表给出全部元素值，则数组长度可缺省。例如，前例等价于 "int a[]={120,-3,40,0,367};"。

（2）给数组中的部分元素赋初始值。例如，"int a[5]={1,2,3};"，则按照下标递增的顺序依次赋值，后两个元素系统自动赋 0 值，即 $a[0]=1$，$a[1]=2$，$a[2]=3$，而 $a[3]$ 和 $a[4]$ 系统自动赋值为 0。

（3）数组中的全部元素赋初值为 0。例如，"int a[5]={0};"。

例 2：一维数组中的全部元素赋初值为 0（程序名为 ex7_2.cpp）。

C++ 程序如下：

```
#include <iostream.h>
int main()
{
    int a[10]={0};
    int i;
    for(i=0;i<10;i++)
```

```
        cout<<a[i]<<"  ";
    cout<<endl;
    return 0;
}
```

程序运行结果如图 7-2 所示。

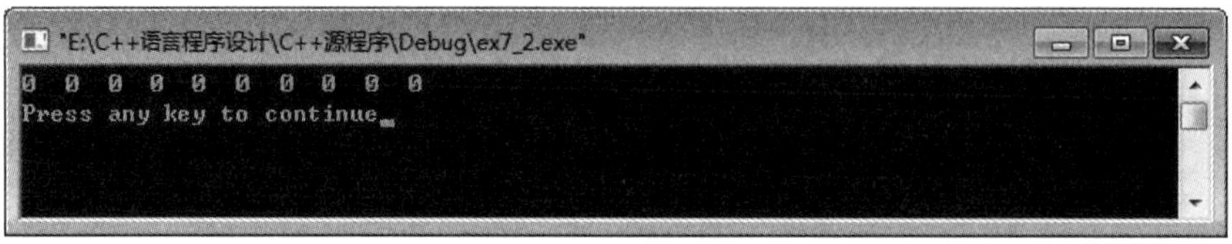

图 7-2　例 2 程序运行结果

例 3：给一维数组中的部分元素赋初始值（程序名为 ex7_3.cpp）。

C++ 程序如下：

```
#include <iostream.h>
int main()
{
    int a[5]={1,2,3};
    int i;
    for(i=0;i<5;i++)
        cout<<a[i]<<"  ";
    cout<<endl;
    return 0;
}
```

程序运行结果如图 7-3 所示。

图 7-3　例 3 程序运行结果

例 4：应用一维数组，实现从键盘输入 10 个整数，输出其中的最小数（程序名为 ex7_4.cpp）。

C++ 程序如下：

```
#include <iostream.h>
int main()
{
```

```
int a[10],i,min;       // 定义一维整型数组 a、整型变量 i 和 min，数组 a 有 10 个元素
int x;
for(i=0;i<10;i++)
{ cin>>x;              // 循环输入数组 a 的 10 个元素
  a[i]=x;
}
min=a[0];              // 设 a[0] 元素为最小值 min 的初值
for(i=0;i<10;i++)      // 将元素逐个与 min 比较，找出最小值
  if(min>a[i]) min=a[i];
cout<<" 最小值为: "<<min<<endl;  // 输出找到的最小值 min
return 0;
}
```

程序运行结果如图 7-4 所示。

图 7-4　例 4 程序运行结果

C++ 语言提供了随机数处理的功能。激活随机数发生器语句为"srand();"，产生 $1 \sim n$ 随机数的函数为"(1+rand()%n)"，需要用到头文件"#include <stdlib.h>"。

例 5：随机数应用一（程序名为 ex7_5.cpp）。

C++ 程序如下:

```
#include <iostream.h>
#include <stdlib.h>
// 输出随机数
int main()
{
  int i;
  for(i=1;i<=20;i++)
    cout<<i<<":"<<(1+rand()%1000)<<endl;  // 每次运行随机数值相同
  return 0;
}
```

程序运行结果如图 7-5 所示。

图 7-5   例 5 程序运行结果

例 6 : 随机数应用二（程序名为 ex7_6.cpp）。

C++ 程序如下 :

```cpp
#include <iostream.h>
#include <stdlib.h>
// 输出随机数
int main()
{
    int i;
    srand(-1);
    for(i=1;i<=20;i++)
        cout<<i<<":"<<(1+rand()%1000)<<endl;  // 每次运行随机数值相同
    return 0;
}
```

程序运行结果如图 7-6 所示。

图 7-6   例 6 程序运行结果

例 7：随机数应用三（程序名为 ex7_7.cpp）。

C++ 程序如下：

```
#include <iostream.h>
#include <stdlib.h>
#include <time.h>
// 输出随机数
int main()
{
  int i;
  srand(time(0));
  for (i=1;i<=20;i++)
    cout<<i<<":"<<(1+rand()%1000)<<endl;   // 每次运行随机数值都不相同
  return 0;
}
```

程序运行结果如图 7-7 所示。

图 7-7　例 7 程序运行结果

例 8：利用随机函数给一维数组赋值（程序名为 ex7_8.cpp）。

C++ 程序如下：

```
#include <iostream.h>
#include <stdlib.h>
#include <time.h>
// 利用随机函数给一维数组赋值
int main()
{
```

```
    int a[100];
    int i;
    srand(time(0));
    for(i=0;i<100;i++)
      a[i]=(1+rand()%1000);        //产生 1 ~ 1000 之间的随机数
    for(i=0;i<100;i++)
        cout<<a[i]<<"  ";
    cout<<endl;
    return 0;
}
```

程序运行结果如图 7-8 所示。

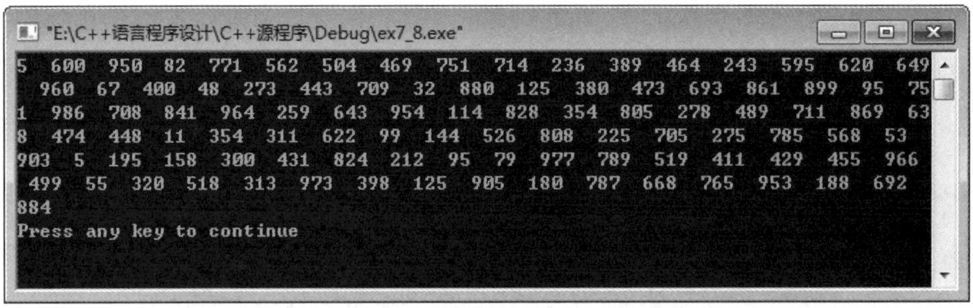

图 7-8   例 8 程序运行结果

例 9：计算一维数组各元素之和（程序名为 ex7_9.cpp）。

C++ 程序如下：

```
#include <iostream.h>
int main()
{
    int a[10]={10,20,30,33,0,5,70,9,100,140};
    int i,s=0;
    for(i=0;i<10;i++)
        s=s+a[i];
    cout<<"s="<<s<<endl;
    return 0;
}
```

程序运行结果如图 7-9 所示。

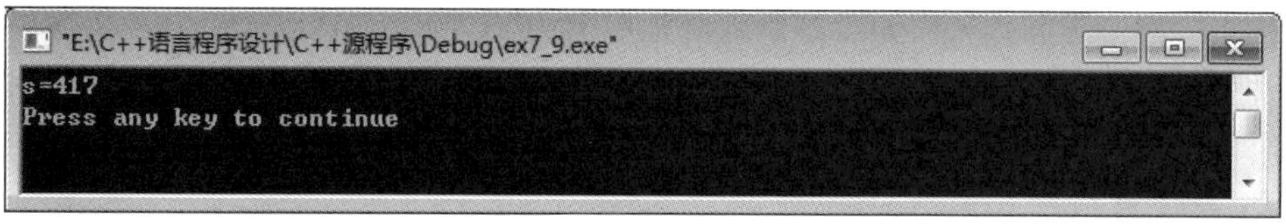

图 7-9   例 9 程序运行结果

例 10：随机生成 100 个数据为一个一维数组赋值，计算这个一维数组各元素之和（程序名为 ex7_10.cpp）。

C++ 程序如下：

```
#include <iostream.h>
#include <stdlib.h>
#include <time.h>
// 利用随机函数为一维数组赋值
int main()
{
  int a[100];
  int i,s=0;
  srand(time(0));
  for(i=0;i<100;i++)
  {   a[i]=(1+rand()%1000);        // 产生 1 ～ 1000 之间的随机数
      cout<<a[i]<<" ";
  }
  cout<<endl;
  for(i=0;i<100;i++)
      s=s+a[i];                    // 求和
  cout<<"s="<<s<<endl;
  return 0;
}
```

程序运行结果如图 7-10 所示。

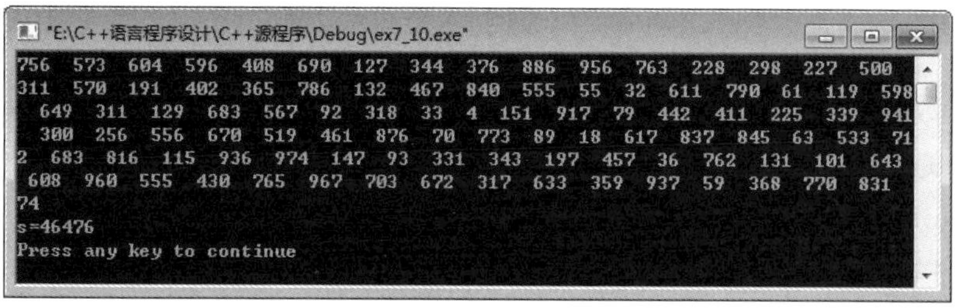

图 7-10   例 10 程序运行结果

例 11：把十进制数转换为二进制数（程序名为 ex7_11.cpp）。

先把分离出来的余数放在数组 *a*[0]、*a*[1]、*a*[2]、*a*[3]、…、*a*[*n*–1] 里，再反向输出数组中的数据。

C++ 程序如下：

```cpp
#include <iostream.h>
int main()
{
    int a[100]={0};
    int i=0,j,x;
    cin>>x;
    // 分离出的二进制数放入数组中
    do
    {
        a[i]=x%2;
        x=x/2;
        i=i+1;
    }while(x>0);
    // 显示分离出来的二进制数
    for(j=i-1;j>=0;j--)
        cout<<a[j];
    cout<<endl;
    return 0;
}
```

程序运行结果如图 7-11 所示。

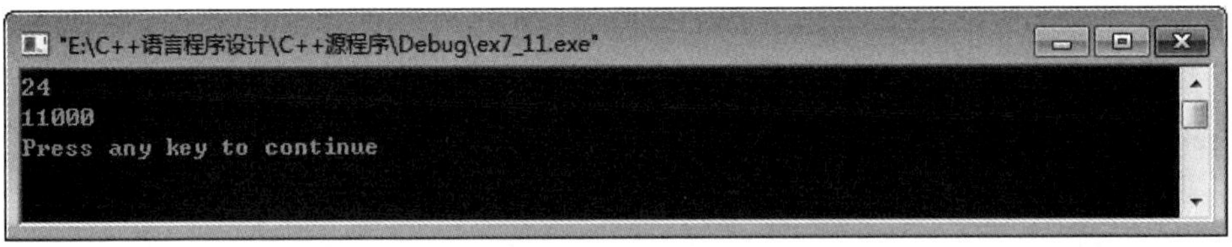

```
"E:\C++语言程序设计\C++源程序\Debug\ex7_11.exe"
24
11000
Press any key to continue
```

图 7-11 例 11 程序运行结果

例 12：数列 0,1,1,2,3,5,8,13,21……被称为斐波那契数列，它的特点是数列的第一项是 0，第二项是 1，从第三项起，每项等于前两项之和。编程输出序列的前 20 项（程序名为 ex7_12.cpp）。

C++ 程序如下：

```cpp
#include <iostream.h>
int main()
```

```
{
    int n=1;
    double i1=0.0,i2=1.0,i3;
    cout<<n<<": "<<i1<<endl;
    n=2;
    while(n<=20)
    {
        cout<<n<<": "<<i2<<endl;
        n=n+1;
        i3=i1+i2;
        i1=i2;
        i2=i3;
    }
    return 0;
}
```

程序运行结果如图 7-12 所示。

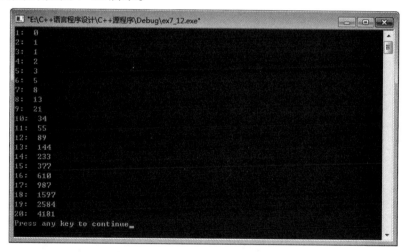

图 7-12　例 12 程序运行结果

例 13：用数组方法编写输出斐波那契数列前 30 项及其和的程序（程序名为 ex7_13.cpp）。

C++ 程序如下：

```
#include <iostream>
#include<iomanip>
using namespace std;
int main()
{
```

```
    int i;
    double a[30],s;
    a[0]=0;a[1]=1;
    for(i=2;i<30;i++)
        a[i]=a[i-1]+a[i-2];
    // 求和并显示数列的值
    s=0.0;
    for(i=0;i<30;i++)
    {
        s=s+a[i];
        cout<<i<<":"<<setfill(' ')<<setw(10)<<a[i]<<endl;
    }
    cout<<" 前 30 项的和是 :"<<s<<endl;
    return 0;
}
```

程序运行结果如图 7-13 所示。

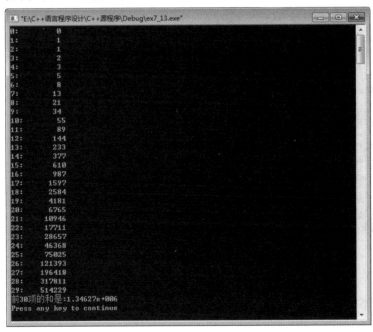

图 7-13 例 13 程序运行结果

例 14 ：编程输出数列 2,3/2,5/3,8/5,13/8,……前 50 项的和（程序名为 ex7_14.cpp）。

C++ 程序如下：

#include <iostream.h>

```
int main()
{
    int n=1;
    double a=2.0,b=1.0,s=0.0,t;
    n=1;
    while(n<=50)
    {
        s=s+a/b;
        //cout<<a<<" "<<b<<endl;    可以用来调试
        t=a+b;
        b=a;
        a=t;
        n++;
    }
    cout<<"s="<<s<<endl;
    return 0;
}
```
程序运行结果如图 7-14 所示。

图 7-14　例 14 程序运行结果

例 15：用数组方法编写输出数列 2,3/2,5/3,8/5,13/8,……前 50 项和的程序（程序名为 ex7_15.cpp）。

C++ 程序如下：

```
#include <iostream.h>
int main()
{
    int i;
    double a[50];
    double m=2.0,n=1.0,s,t;
    for(i=0;i<50;i++)
    {
        a[i]=m/n;
```

```
    //cout<<m<<" "<<n<<endl;    可以用来调试
    t=m+n;
    n=m;
    m=t;
  }
  s=0.0;
  for(i=0;i<50;i++)
    s=s+a[i];
  cout<<" 前 50 项的和是 :"<<s<<endl;
  return 0;
}
```

程序运行结果如图 7–15 所示。

图 7-15 例 15 程序运行结果

例 16：编程实现 10 个整数自动按从大到小的顺序输出。采用经典选择排序程序，就像打擂台（程序名为 ex7_16.cpp）。

C++ 程序如下：

```
#include <iostream.h>
int main()
{
  const int n=10;
  double a[n]={1,21,7,5556,23,0,68,16,34644,186};
  double t;
  int i,j;
  // 选择排序
  for(i=0;i<n-1;i++)
    for(j=i+1;j<n;j++)
          if(a[i]<a[j]) {t=a[i]; a[i]=a[j]; a[j]=t;}
  // 输出排序后的数组
  for(i=0;i<n;i++)
  cout<<a[i]<<"  ";
  cout<<endl;
```

```
    return 0;
}
```

程序运行结果如图 7-16 所示。

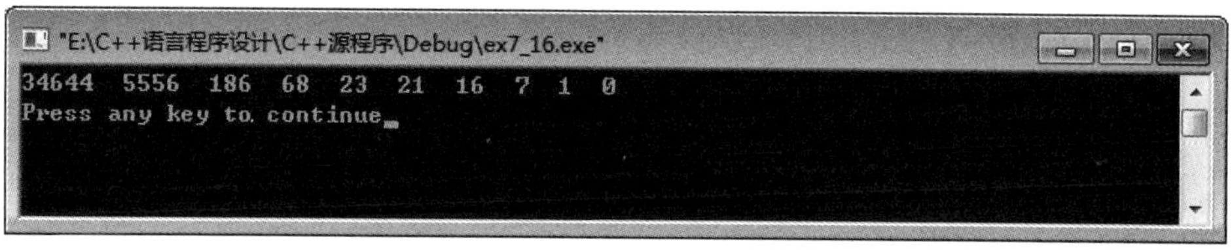

图 7-16　例 16 程序运行结果

例 17： 编程实现 10 个整数自动按从大到小的顺序输出。采用经典冒泡排序程序，好似气泡（程序名为 ex7_17.cpp）。

解题思路如下。

（1）把 10 个数输入到 a 数组中。

（2）从 $a[0]$ 到 $a[9]$，相邻的两个数两两相比较，即 $a[0]$ 与 $a[1]$ 比，$a[1]$ 与 $a[2]$ 比，……，$a[8]$ 与 $a[9]$ 比。只须知道两个数中前面那个元素的标号，就能与后一个序号元素（相邻数）比较，可写成通用形式 $a[j]$ 与 $a[j+1]$ 比较，那么比较的次数又可用 $1 \sim n-i$ 循环进行控制（即循环次数与两两相比较时前面那个元素序号有关）。

（3）在每次的比较中，若较大的数在后面，就把前后两个数对换，把较大的数调到前面，否则无须调换位置。

经过第一轮的 $0 \sim n-1$ 次比较，就能把 10 个数中的最小数调到最末尾位置，第二轮比较 $0 \sim n-2$ 次进行同样处理，又把这一轮所比较的"最小数"调到所比较范围的"最末尾"位置……每进行一轮两两比较后，其下一轮的比较范围就减少一个。最后一轮仅有一次比较。

在比较过程中，每次都有一个"最小数"往下"掉"，用这种方法排列顺序，常被称为"冒泡法"排序。

C++ 程序如下：

```cpp
#include <iostream.h>
int main()
{
    const int n=10;
    double a[n]={1,21,7,5556,123,0,68,-16,34644,186};
    double t;
    int i,j;
    // 冒泡排序
    for(i=0;i<n-1;i++)
        for(j=0;j<n-1-i;j++)
```

```
            if(a[j]<a[j+1]) {t=a[j]; a[j]=a[j+1]; a[j+1]=t;}
// 输出排序后的数组
for(i=0;i<n;i++)
cout<<a[i]<<" ";
cout<<endl;
return 0;
}
```

程序运行结果如图 7-17 所示。

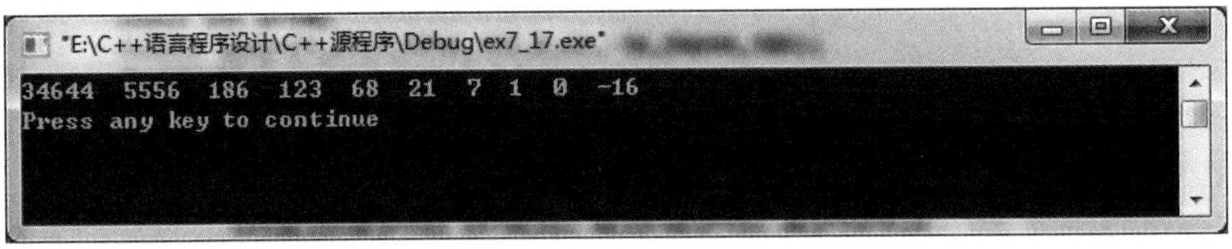

图 7-17 例 17 程序运行结果

例 18：输入一个多位数，用其各位数字组成最大数并输出（程序名为 ex7_18.cpp）。

C++ 程序如下：

```
#include <iostream.h>
int main()
{
    const int n=20;
    int a[n];
    int x,t,i,j,l;
    cin>>x;
    // 把分离的每位数放入一个数组中
    t=x;l=0;
    while(t>0)
     {
        a[l]=(t%10);
        t=t/10;
        l=l+1;
     }
    // 选择排序（数组中的元素按从大到小顺序排序）
    for(i=0;i<l-1;i++)
        for(j=i+1;j<l;j++)
            if(a[i]<a[j]) {t=a[i]; a[i]=a[j]; a[j]=t;}
    // 输出排序后的数组
```

```
for(i=0;i<l;i++)
cout<<a[i];
cout<<endl;
return 0;
}
```
程序运行结果如图 7-18 所示。

图 7-18　例 18 程序运行结果

7.3　二维数组

二维数组在 C++ 语言编程中占据重要地位。可以把二维数组看作一张表，表是由行和列组成的。二维数组的逻辑结构是线性表结构，行和列的数据是连续存储的。

与一维数组相同，要使用二维数组，也需经过定义、初始化和应用等过程。

7.3.1　二维数组的定义

数组需要在说明部分进行定义，确定数组名、数组分量（元素）的个数及类型。一般格式如下：

类型说明符　数组名 [常量表达式][常量表达式];

（1）类型说明符可以是 int、char 和 float 等，指明该数组的类型，即数组中每个元素的类型。

（2）数组名的命名规则遵循标识符的命名规则，它代表数组存储时的首地址。

（3）常量表达式是指二维数组的行号和列号。

7.3.2　二维数组的应用

数组的使用仍然遵从"先定义，后使用"的原则。数组使用是通过数组元素引用实现的，而不能直接使用整个数组，每一个数组元素就是一个简单变量。二维数组的数组元素又被称为双下标变量，表示形式如下：

数组名 [下标][下标]

其中，下标应为整型常量或整型表达式。数组名 $a[n][n]$ 表示行下标从 $0 \sim n-1$，由 n 行组成；列下标从 $0 \sim n-1$，由 n 列组成。例如，$a[0][0]$ 表示 a 数组 1 行 1 列的元素，

a[2][3] 表示 *a* 数组 3 行 4 列的元素。

例 19：从键盘读入数据给二维数组赋值（程序名为 ex7_19.cpp）。

C++ 程序如下：

```
#include <iostream.h>
int main()
{
    int a[3][5];
    int x;
    int i,j;
    for(i=0;i<3;i++)
        for(j=0;j<5;j++)
        {
            cin>>x;        // 从键盘读入数据并放在二维数组中
            a[i][j]=x;
        }
    cout<<"-----------------------------"<<endl;
    for(i=0;i<3;i++)
    {
        for(j=0;j<5;j++)
            cout<<a[i][j]<<" ";        // 输出二维数组中的数据
        cout<<endl;
    }
    cout<<endl;
    return 0;
}
```

程序运行结果如图 7-19 所示。

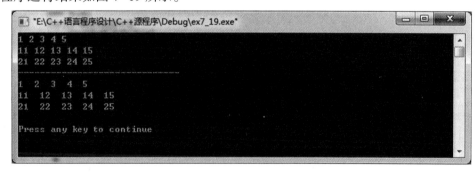

图 7-19　例 19 程序运行结果

例 20： 输出二维数组没有赋值时各元素的值，即默认值（程序名为 ex7_20.cpp）。

C++ 程序如下：

```cpp
#include <iostream.h>
int main()
{
    int a[3][5];
    int i,j;
    for(i=0;i<3;i++)
    {
        for(j=0;j<5;j++)
            cout<<a[i][j]<<" ";        // 输出二维数组中的数据
        cout<<endl;
    }
    cout<<endl;
    return 0;
}
```

程序运行结果如图 7-20 所示。

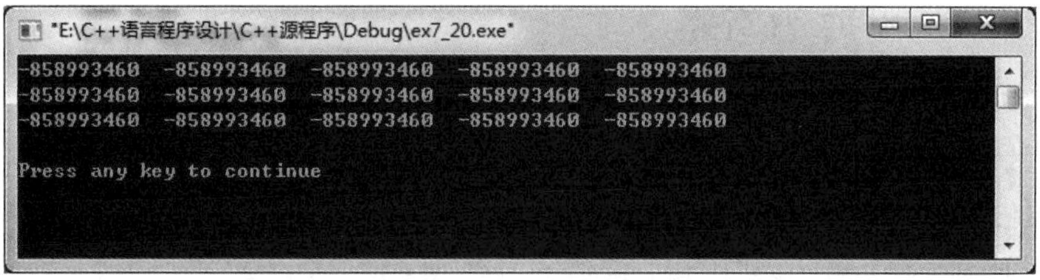

图 7-20　例 20 程序运行结果

由此可见，二维数组没有赋值时各元素的值为默认值 –858 993 460。

例 21： 利用随机函数给二维数组赋值并求和（程序名为 ex7_21.cpp）。

C++ 程序如下：

```cpp
#include <iostream.h>
#include <stdlib.h>
#include <time.h>
// 利用随机函数给二维数组赋值并求和
int main()
{
    int a[10][10];
    double s;
    int i,j;
```

```
    srand(time(0));
    for(i=0;i<10;i++)
       for(j=0;j<10;j++)
             a[i][j]=(1+rand()%1000);      // 产生 1 ～ 1000 之间的随机数
     s=0;
     for(i=0;i<10;i++)
     {
       for(j=0;j<10;j++)
          {
              cout<<a[i][j]<<" ";
              s=s+a[i][j];              // 求和
          }
          cout<<endl;
     }
     cout<<"s="<<s<<endl;
     return 0;
}
```
程序运行结果如图 7-21 所示。

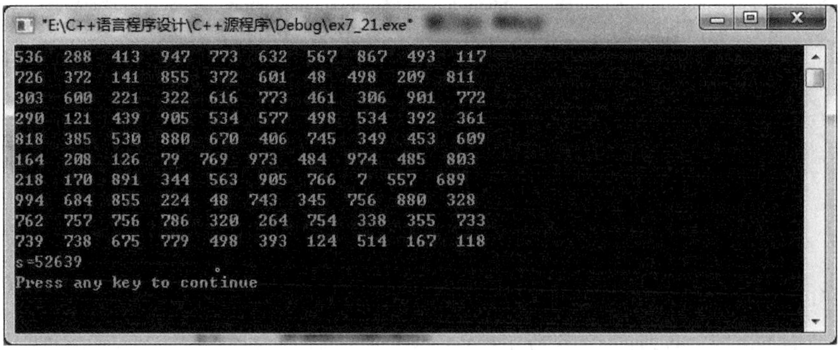

图 7-21　例 21 程序运行结果

例 22：用一个常量数组给二维数组赋值并求和（程序名为 ex7_22.cpp）。

C++ 程序如下：

```
#include <iostream.h>
// 用一个常量数组给二维数组赋值并求和
int main()
{
    int a[3][5]={{1,4,5,3,2},{177,6,133,789,90},{123,0,-99,445,336}};
    int i,j;
```

```
        double s=0;
        for(i=0;i<3;i++)
         {
                for(j=0;j<5;j++)
                {
                        cout<<a[i][j]<<" ";      // 输出二维数组中的数据
                        s=s+a[i][j];              // 求和
                }
                cout<<endl;
         }
        cout<<"s="<<s<<endl;
        return 0;
}
```

程序运行结果如图 7-22 所示。

图 7-22   例 22 程序运行结果

例 23 ：编写计算如图 7-23 所示行列关系的二维数组各元素之和的程序（程序名为 ex7_23.cpp）。

C++ 程序如下：

```
#include <iostream.h>
int main()
{
    int i,j;
    double s=0;
    for(i=1;i<=10;i++)
     {
       for(j=1;j<=10;j++)
        {
            cout<<i*j<<" ";      // 输出二维数组中行列关系的数据
            s=s+i*j;              // 求和
        }
```

```
        cout<<endl;
    }
    cout<<endl;
    cout<<" 各元素之和 ="<<s<<endl;
    return 0;
}
```

程序运行结果如图 7-23 所示。

```
"E:\C++语言程序设计\C++源程序\Debug\ex7_23.exe"
1   2   3   4   5   6   7   8   9   10
2   4   6   8   10  12  14  16  18  20
3   6   9   12  15  18  21  24  27  30
4   8   12  16  20  24  28  32  36  40
5   10  15  20  25  30  35  40  45  50
6   12  18  24  30  36  42  48  54  60
7   14  21  28  35  42  49  56  63  70
8   16  24  32  40  48  56  64  72  80
9   18  27  36  45  54  63  72  81  90
10  20  30  40  50  60  70  80  90  100

各元素之和=3025
Press any key to continue_
```

图 7-23　例 23 程序运行结果

例 24：利用二维数组输出拐角方阵（程序名为 ex7_24.cpp）。

C++ 程序如下：

```cpp
// 矩阵 1（拐角方阵）
#include <iostream>   // 编译预处理命令
#include <iomanip>    // 编译预处理命令
using namespace std;  // 使用命令空间 std
int main()
{
    const int m=20;
    static int a[m][m];
    int i,j,n;
    cin>>n;
    for(i=0;i<=n-1;i++)
    {
        for(j=i;j<=n-1;j++)
            a[i][j]=i+1;
        for(j=i+1;j<=n-1;j++)
            a[j][i]=i+1;
    }
```

```
    for(i=0;i<=n-1;i++)
    {
       for(j=0;j<=n-1;j++)
          cout<<setfill(' ')<<setw(5)<<a[i][j];
       cout<<endl;
    }
    cout<<endl;
    return 0;
}
```

程序运行结果如图 7-24 所示。

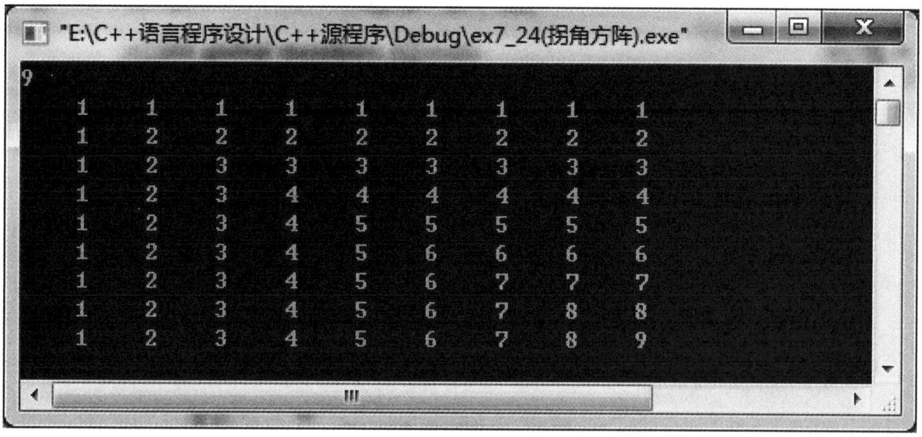

图 7-24　例 24 程序运行结果

　　程序中"using namespace std;"是针对命名空间 std 的指令，意思是使用命名空间 std。使用命名空间 std 可以避免发生命名冲突。使用"#include <iostream>"命令的同时，必须加上"using namespace std;"，否则编译时将出错。

　　在大型程序设计中，一个程序可能由若干模块组成，不同模块可能由不同人员开发，为防止函数或变量名发生同名冲突，C++ 提供了命名空间，解决同名冲突问题。同名冲突是一种潜在的危险，程序员必须细心地定义标识符以保证名字的唯一性。C++ 标准库的所有标识符都被放在标准命名空间 std 内，std 涵盖了标准 C++ 的定义和声明。程序中的"using namespace std;"语句表明此后若没有特别声明，程序中所有对象均来自命名空间 std。以后章节程序中经常会用到这种表达方式。

　　由于操作符 setfill(' ')、setw(5) 已在头文件 iomanip 中定义，因此需要在程序开头加上编译预处理命令"#include <iomanip>"。iomanip 用于输入 / 输出的格式控制，io 代表输入输出，manip 是 manipulator（操纵器）的缩写。iomanip 的主要作用是对 cin、cout 之类的一些操纵运算子。

例 25：利用二维数组输出回形方阵（程序名为 ex7_25.cpp）。

C++ 程序如下：

```cpp
// 矩阵2（回形方阵）
#include <iostream>
#include <iomanip>
using namespace std;
int main()
{
    const int m=20;
    static int a[m][m];
    int i,j,n;
    cin>>n;
    for(i=0;i<=(n-1)/2;i++)
    {
        for(j=i;j<=n-i-1;j++)
        {   a[i][j]=i+1;
            a[j][i]=i+1;
            a[j][n-1-i]=i+1;
            a[n-1-i][j]=i+1;
        }
    }
    for(i=0;i<=n-1;i++)
    {
        for(j=0;j<=n-1;j++)
            cout<<setfill(' ')<<setw(5)<<a[i][j];
        cout<<endl;
    }
    cout<<endl;
    return 0;
}
```

程序运行结果如图 7-25 所示。

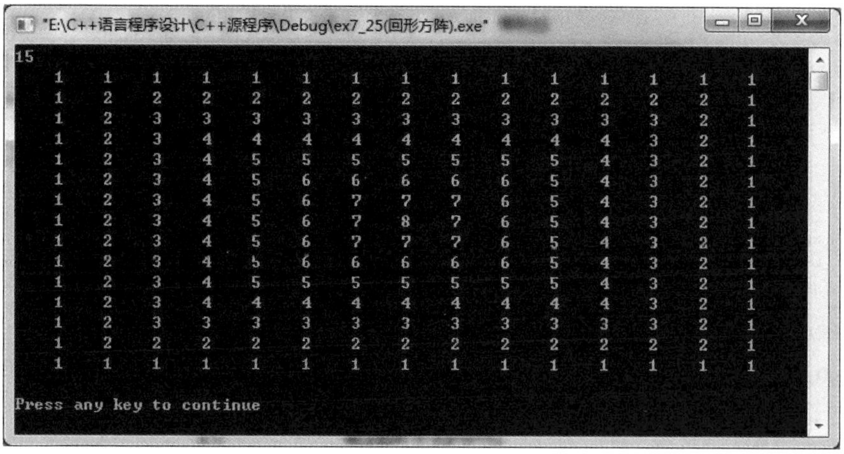

图 7-25　例 25 程序运行结果

例 26：利用二维数组输出蛇形方阵，即数字像蛇一样排列（程序名为 ex7_26.cpp）。
C++ 程序如下：

```cpp
// 矩阵3（蛇形方阵）
#include <iostream>
#include <iomanip>
using namespace std;
int main()
{
    const int m=20;
    static int a[m][m];
    int i,j,n;
    int t,ok;
    cin>>n;
    t=1;ok=1;
    for(i=0;i<=n-1;i++)
    {
        if (ok==1)
        {  for(j=0;j<=n-1;j++)
                {a[i][j]=t; t=t+1; }
            ok=0;
        }
        else
        {  for(j=n-1;j>=0;j--)
                {a[i][j]=t; t=t+1; }
```

```
            ok=1;
        }
    }

    for(i=0;i<=n-1;i++)
    {
        for(j=0;j<=n-1;j++)
            cout<<setfill(' ')<<setw(5)<<a[i][j];
        cout<<endl;
    }
    cout<<endl;
    return 0;
}
```

程序运行结果如图 7-26 所示。

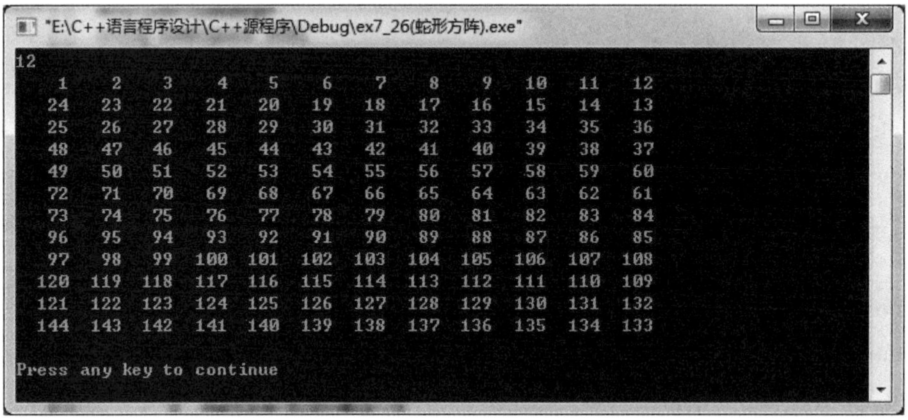

图 7-26　例 26 程序运行结果

例 27：利用二维数组输出来回方阵，具体描述如下（程序名为 ex7_27.cpp）。

输入一个整数 n（ $0 < n < 20$ ），输出一个 $n \times n$ 方阵，方阵中各数为 $1 \sim n^2$，排列次序如下所示：

```
 1  2  6  7 15 16 28
 3  5  8 14 17 27 29
 4  9 13 18 26 30 39
10 12 19 25 31 38 40
11 20 24 32 37 41 46
21 23 33 36 42 45 47
22 34 35 43 44 48 49
```

C++ 程序如下：

```
// 矩阵 4（来回方阵）
#include <iostream>
#include <iomanip>
using namespace std;
int main()
{
    const int m=20;
    static int a[m][m];
    int i,j,n;
    int t,ok;
    cin>>n;
    t=1;ok=1;
    for(i=0;i<=n-1;i++)
    {
        if(ok==1)
        {  for (j=0;j<=i;j++)
                {a[i-j][j]=t; t=t+1; }
            ok=0;
        }
        else
        {  for(j=i;j>=0;j--)
                {a[i-j][j]=t; t=t+1; }
            ok=1;
        }
    }
    if (n%2==0) {ok=1;} else {ok=0;}
    for(i=0;i<=n-2;i++)
    {
        if (ok==0)
        {  for(j=0;j<=n-i-2;j++)
                {a[i+j+1][n-j-1]=t; t=t+1; }
            ok=1;
        }
        else
        {  for(j=0;j<=n-i-2;j++)
```

```
        {a[n-j-1][i+j+1]=t; t=t+1; }
    ok=0;
    }
  }

for(i=0;i<=n-1;i++)
{
    for(j=0;j<=n-1;j++)
            cout<<setfill(' ')<<setw(5)<<a[i][j];
    cout<<endl;
}
cout<<endl;
return 0;
}
```

程序运行结果如图 7-27 所示。

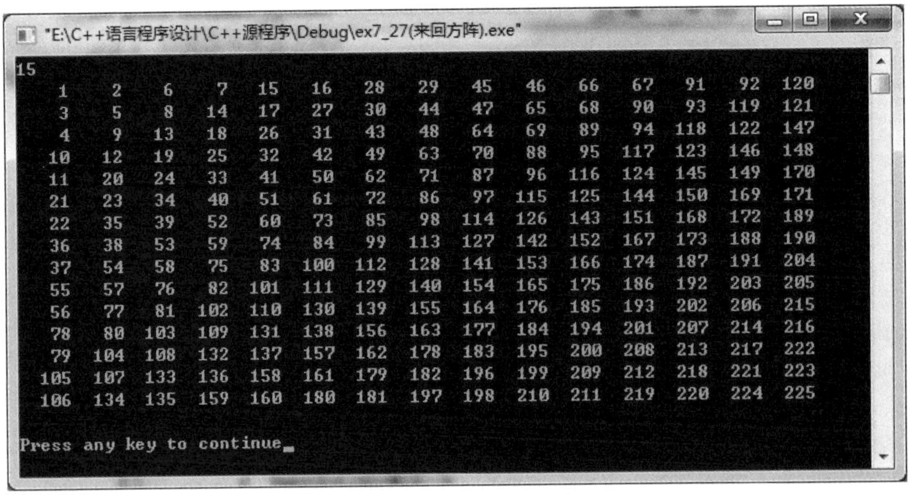

图 7-27 例 27 程序运行结果

例 28：利用二维数组输出数字三角形方阵（程序名为 ex7_28.cpp）。

C++ 程序如下：

```
// 矩阵 5（数字三角形方阵）
#include <iostream>
#include <iomanip>
using namespace std;
int main()
{
```

```
const int m=20;
static int a[m][m];
int i,j,n;
int t;
cin>>n;
t=1;
for(i=1;i<=n;i++)
{
    for(j=0;j<=i-1;j++)
    {   a[i-j-1][j]=t;
        t=t+1;
    }
}

for(i=0;i<=n-1;i++)
{
    for(j=0;j<=i;j++)
        cout<<setfill(' ')<<setw(5)<<a[n-i-1][j];
    cout<<endl;
}
cout<<endl;
return 0;
}
```

程序运行结果如图 7-28 所示。

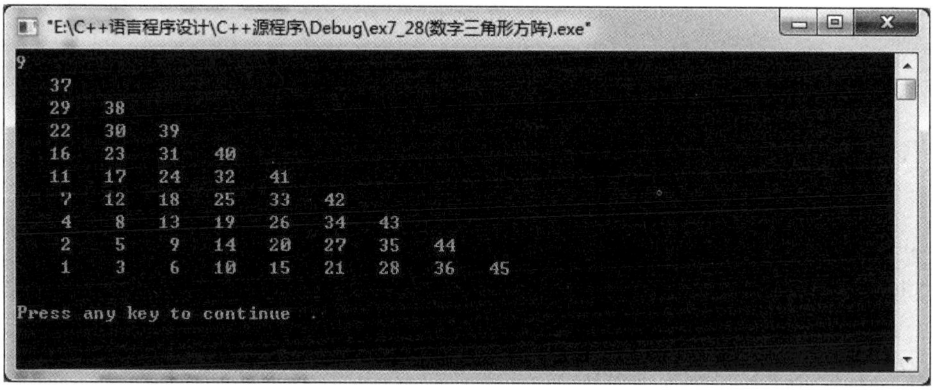

图 7-28　例 28 程序运行结果

例 29： 利用二维数组输出直角方阵（程序名为 ex7_29.cpp）。

C++ 程序如下：

```cpp
// 矩阵6（直角方阵）
#include <iostream>
#include <iomanip>
using namespace std;
int main()
{
    const int m=20;
    static int a[m][m];
    int i,j,n;
    int t=1;
    cin>>n;
    a[0][0]=t; t=t+1;
    for(i=1;i<=n-1;i++)
    {
        for(j=0;j<=i;j++)
          {a[i][j]=t; t=t+1;}

        for (j=1;j<=i;j++)
          {a[i-j][i]=t; t=t+1;}
    }

    for(i=n-1;i>=0;i--)
    {
        for(j=0;j<=n-1;j++)
            cout<<setfill(' ')<<setw(5)<<a[i][j];
        cout<<endl;
    }
    cout<<endl;
    return 0;
}
```

程序运行结果如图 7-29 所示。

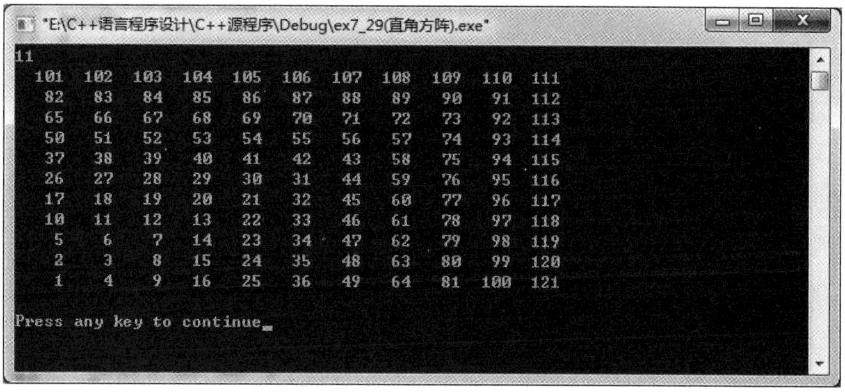

图 7-29　例 29 程序运行结果

例 30 ：利用二维数组输出螺旋方阵（程序名为 ex7_30.cpp）。

C++ 程序如下 :

```cpp
// 矩阵 7（螺旋方阵）
#include <iostream>
#include <iomanip>
using namespace std;
int main()
{
  const int m=20;
  static int a[m][m];
  int i,j,n;
  int t=1;
  cin>>n;
  for(i=0;i<=(n-1)/2;i++)
  {
    for(j=i;j<=n-i-1;j++)
    {a[i][j]=t; t=t+1;}

    for(j=i+1;j<=n-i-2;j++)
    {a[j][n-1-i]=t; t=t+1;}

    for(j=n-1-i;j>=i+1;j--)
    {a[n-1-i][j]=t; t=t+1;}

    for(j=n-1-i;j>=i+1;j--)
```

```
        {a[j][i]=t; t=t+1;}
    }
    if(n%2==1) {a[(n/2)][(n/2)]=n*n; }


    for(i=0;i<=n-1;i++)
    {
        for (j=0;j<=n-1;j++)
            cout<<setfill(' ')<<setw(5)<<a[i][j];
        cout<<endl;
    }
    cout<<endl;
    return 0;
}
```

程序运行结果如图 7-30 所示。

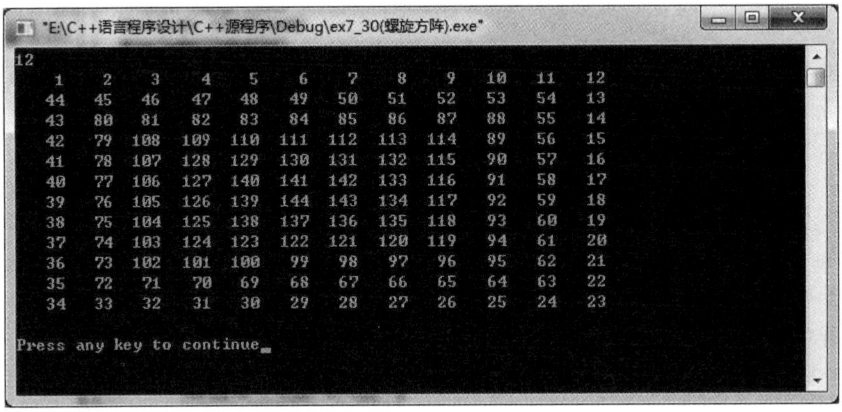

图 7-30　例 30 程序运行结果

例 31：利用二维数组输出拐角"己"字形方阵（程序名为 ex7_31.cpp）。
C++ 程序如下：

```
// 矩阵 8（拐角"己"字形方阵）
#include <iostream>
#include <iomanip>
using namespace std;
int main()
{
    const int m=20;
    static int a[m][m];
    int i,j,n;
```

```cpp
    int t,ok;
    cin>>n;
    t=1;
    ok=1;    // 奇数层
    a[0][0]=t; t=t+1;
    ok=0;    // 偶数层
    for(i=1;i<=n-1;i++)
    {
        if(ok==0)
        {   for(j=0;j<=i;j++)
                {a[j][i]=t; t=t+1; }

            for(j=0;j<=i-1;j++)
                {a[i][i-j-1]=t; t=t+1; }
            ok=1;
        }
        else
        {   for(j=0;j<=i;j++)
                {a[i][j]=t; t=t+1; }

            for(j=0;j<=i-1;j++)
                {a[i-j-1][i]=t; t=t+1; }
            ok=0;
        }
    }

    for(i=0;i<=n-1;i++)
    {
        for(j=0;j<=n-1;j++)
            cout<<setfill(' ')<<setw(5)<<a[i][j];
        cout<<endl;
    }
    cout<<endl;
    return 0;
}
```

程序运行结果如图 7-31 所示。

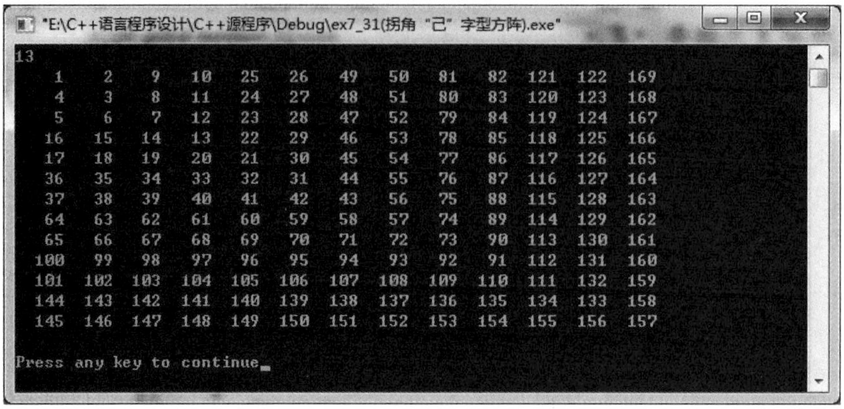

图 7-31　例 31 程序运行结果

例 32：骰子趣味编程。骰子一般是一个正立方体，有 6 个面，左右翻动有 4 种状态，上下翻动也有 4 种状态（程序名为 ex7_32.cpp）。

C++ 程序如下：

```cpp
// 体验骰子顺翻和逆翻的变化，把它简化为 1、2、3、4 数字循环游戏算法
#include <iostream.h>
#include <stdio.h>
int main()
{
    int n,c,j,st;
    cin>>n;    // 输入翻动次数
    // 骰子顺翻（右滚）
    for(c=1;c<=n;c++)
    {
        st=(c-1)%4+1;
        cout<<"c="<<c<<"  "<<"st:"<<st<<"  ";
        for(j=1;j<=4;j++)
            cout<<(st+j-2)%4+1<<"  ";
        cout<<endl;
        if(c%10==0) getchar();  // 等待按回车键（回显），需要头文件 <stdio.h>
    }
    cout<<"---------------------------"<<endl;
    // 骰子逆翻（左滚）
    for(c=1;c<=n;c++)
    {
        st=((-c+2)%4+3)%4+1;
```

```
            cout<<"c="<<c<<"  "<<"st:"<<st<<"  ";
            for(j=1;j<=4;j++)
                cout<<(st+j-2)%4+1<<"  ";
            cout<<endl;
            if(c%10==0)  getchar();
        }
    cout<<"--------------------------"<<endl;
    return 0;
}
```

程序运行结果如图 7-32 所示。

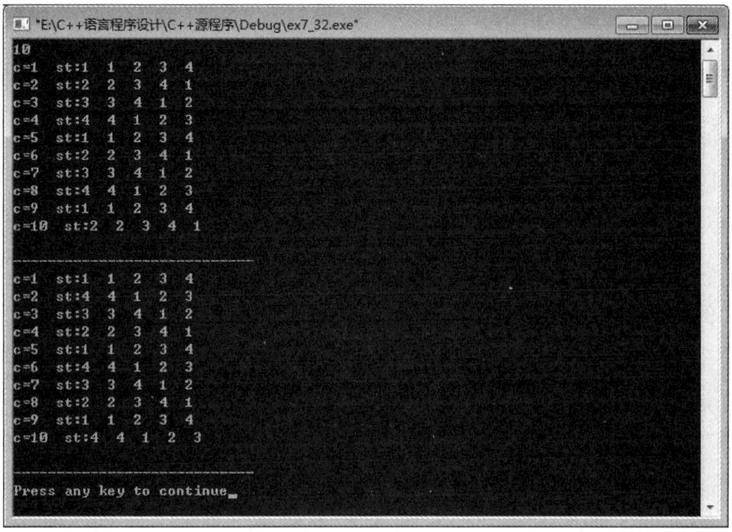

图 7-32　例 32 程序运行结果

例 33：骰子趣味编程。有一项益智类的游戏（玩骰子），一开始骰子被放在一个 $R \times C$ 棋盘左上角的格子上。骰子一开始的状态如下：数字 1 在上面，1 的右边是 3（即上面为 1，下面为 6，左面为 4，右面为 3，前面为 2，后面为 5）（程序名为 ex7_33.cpp）。

现在允许你进行以下操作：把骰子往右滚直全到达最后一列，然后把骰子往下滚翻到棋盘的下一行，再把骰子往左滚到第一列，然后把骰子往下滚翻到棋盘的下一行，再把骰子往右滚直至棋盘最后一列，再把骰子往下滚至棋盘下一行……如此反复下去，直到所有的格子都经过一次。请计算经过所有格子时骰子上面的数字之和。

要求如下。

• 输入为一行，包含两个整数 R 和 C（$1 \leqslant R,C \leqslant 100\,000$），分别代表棋盘的行数和列数。

• 输出经过所有格子时骰子上面的数字之和。

样例输入输出 1：

game.in	game.out
3 2	19

样例输入输出 2：

game.in	game.out
3 4	42

样例输入输出 3：

game.in	game.out
737 296	763532

提示：在 3×2 棋盘上，经过每个格子时骰子上面的数字依次为 1、4、5、1、3、5。

数据范围：

50% 的数据满足：1 ≤ R,C ≤ 100。

C++ 程序如下：

```
// 益智类游戏（玩骰子）[ 调试程序 ]
// 开始骰子被放在一个 R×C 的棋盘左上角的格子上
// 骰子开始的状态：点数 1 在上面，左面为 4 点，1 的右边是 3 点
// 即上面为 1，下面为 6，左面为 4，右面为 3，前面为 2，后面为 5
#include <iostream.h>
int main()
{
    const int a[7]={0,5,2,6,4,3,1};   // 骰子向下前翻时的变化：左 2 和右 4 位置不变
                                       // 后变上，前变下，下变后，上变前
    int rightrotate[5]={0,1,2,3,4};    // 右滚的顺序
    int leftrotate[5]={0,1,4,3,2};     // 左滚的顺序
    int r,c,i,j,st;
    int rightnum[5],leftnum[5];
    int s[7],s1[7];
    int ans;
    // 骰子 6 个面对应数组：上 s[1]，左 s[2]，下 s[3]，右 s[4]，后 s[5]，前 s[6]
    s[1]=1;s[2]=4;s[3]=6;
    s[4]=3;s[5]=5;s[6]=2;             //6 个面初始位置对应的点数
    ans=0;
    r=3;                              // 棋盘的行数
    c=4;                              // 棋盘的列数
```

```
cout<<" 棋盘的行数 :"<<r<<" 棋盘的列数 :"<<c<<endl;
cout<<"========================"<<endl;
for(i=1;i<=4;i++)
    rightnum[i]=(c/4);          // 骰子右滚轮次计算
for(i=1;i<=4;i++)
    leftnum[i]=rightnum[i];     // 骰子左滚轮次计算
for(i=1;i<=(c%4);i++)
{
    rightnum[rightrotate[i]]=rightnum[rightrotate[i]]+1; //统计右滚顺序出现的总次数
    leftnum[leftrotate[i]]=leftnum[leftrotate[i]]+1;    // 统计左滚顺序出现的总次数
}
int flag=0;  //flag=0 时骰子向右滚，flag=1 时骰子向左滚
for(i=1;i<=r;i++)
{
    for(j=1;j<=6;j++)
        s1[j]=s[j];
    // 行起始滚动时骰子 6 个面对应的点数
    for(j=1;j<=6;j++)
        cout<<s1[j]<<" ";
    cout<<endl;
     if(flag==0)
{
        for(j=1;j<=4;j++)
            ans=ans+s[j]*rightnum[j];
        st=(c-1)%4+1;        // 记下右滚一列后的状态
        for(j=1;j<=4;j++)
            s1[j]=s[(st+j-2)%4+1];
        cout<<" 向右滚 :";
        for(j=1;j<=6;j++)
            cout<<s1[j]<<" ";
        cout<<endl;
        flag=1;
}
else
{
        for(j=1;j<=4;j++)
```

```
                ans=ans+s[j]*leftnum[j];
            st=((-c+2)%4+3)%4+1;      // 记下左滚一列后的状态
            for(j=1;j<=4;j++)
                s1[j]=s[(st+j-2)%4+1];
                    cout<<" 向左滚 :";
            for(j=1;j<=6;j++)
             cout<<s1[j]<<" ";
            cout<<endl;
            flag=0;
        }

            // 右滚或左滚一行后的状态保留
            for(j=1;j<=6;j++)
                s[j]=s1[j];
            cout<<"-----------------"<<endl;
            for(j=1;j<=6;j++)
                s1[j]=s[a[j]];   // 向下翻滚时位置调整（左 2 右 4 位置不变）
            // 向下翻滚后的状态保留
             for(j=1;j<=6;j++)
                s[j]=s1[j];
            cout<<" 骰子累计点数 :"<<ans<<endl;
        }
    cout<<"=========================="<<endl;
    cout<<" 骰子累计总点数 :";
     cout<<ans<<endl;
    return 0;
}
```

程序运行结果如图 7-33 所示。

图 7-33 例 33 程序运行结果

例 34：骰子趣味编程。在例 33 程序基础上消掉（或注释掉）一些中间输出内容，形成完整版程序（程序名为 ex7_34.cpp）。

C++ 程序如下：

```cpp
// 益智类游戏（玩骰子）（完整版）
// 开始骰子被放在一个 R×C 的棋盘左上角的格子上
// 骰子开始的状态：点数 1 在上面，左面为 4 点，1 点的右边是 3 点
// 即上面为 1，下面为 6，左面为 4，右面为 3，前面为 2，后面为 5
#include <iostream.h>
int main()
{
    const int a[7]={0,5,2,6,4,3,1};   // 骰子向下前翻时的变化：左 2 和右 4 位置不变
                                       // 后变上，前变下，下变后，上变前
    int rightrotate[5]={0,1,2,3,4};    // 右滚的顺序
    int leftrotate[5]={0,1,4,3,2};     // 左滚的顺序
    int r,c,i,j,st;
    int rightnum[5],leftnum[5];
    int s[7],s1[7];
    int ans;
    // 骰子 6 个面对应数组：上 s[1]，左 s[2]，下 s[3]，右 s[4]，后 s[5]，前 s[6]
    s[1]=1;s[2]=4;s[3]=6;
    s[4]=3;s[5]=5;s[6]=2;     //6 个面初始位置对应的点数
    ans=0;
    cin>>r;       // 输入棋盘的行数
    cin>>c;       // 输入棋盘的列数
    cout<<" 棋盘的行数 :"<<r<<" 棋盘的列数 :"<<c<<endl;
    cout<<"============================"<<endl;

    for(i=1;i<=4;i++)
        rightnum[i]=(c/4);        // 骰子右滚轮次计算
    for(i=1;i<=4;i++)
        leftnum[i]=rightnum[i];   // 骰子左滚轮次计算
    for(i=1;i<=(c%4);i++)
    {
        rightnum[rightrotate[i]]=rightnum[rightrotate[i]]+1; // 统计右滚顺序出现的总次数
        leftnum[leftrotate[i]]=leftnum[leftrotate[i]]+1;     // 统计左滚顺序出现的总次数
    }
```

```cpp
int flag=0;   //flag=0 时骰子向右滚，flag=1 时骰子向左滚
for(i=1;i<=r;i++)
{
        for(j=1;j<=6;j++)
            s1[j]=s[j];
    // 行起始滚动时骰子 6 个面对应的点数
    /*for(j=1;j<=6;j++)
            cout<<s1[j]<<" ";
    cout<<endl;*/
    if(flag==0)
     {
                for(j=1;j<=4;j++)
                    ans=ans+s[j]*rightnum[j];
                st=(c-1)%4+1;          // 记下右滚一列后的状态
                for(j=1;j<=4;j++)
                    s1[j]=s[(st+j-2)%4+1];
                /*cout<<" 向右滚 :";
                for(j=1;j<=6;j++)
                    cout<<s1[j]<<" ";
                cout<<endl;*/
                flag=1;
     }
        else
        {
                for(j=1;j<=4;j++)
                    ans=ans+s[j]*leftnum[j];
                st=((-c+2)%4+3)%4+1;      // 记下左滚一列后的状态
                for(j=1;j<=4;j++)
                    s1[j]=s[(st+j-2)%4+1];
                /*cout<<" 向左滚 :";
                for(j=1;j<=6;j++)
                    cout<<s1[j]<<" ";
                cout<<endl;*/
                flag=0;
        }
        // 右滚或左滚一行后的状态保留
```

```
        for(j=1;j<=6;j++)
            s[j]=s1[j];
        //cout<<"----------------"<<endl;
        for(j=1;j<=6;j++)
            s1[j]=s[a[j]];    // 向下翻滚时位置调整（左 2 右 4 位置不变）
        // 向下翻滚后的状态保留
        for(j=1;j<=6;j++)
            s[j]=s1[j];
        /*cout<<" 骰子累计点数 :"<<ans<<endl;*/
    }
    //cout<<"========================="<<endl;
    cout<<" 骰子累计总点数 :";
    cout<<ans<<endl;
    return 0;
}
```

程序运行结果如图 7-34 所示。

图 7-34　例 34 程序运行结果

第3篇 C++编程启蒙拓展

　　生活中往往需要把主要任务分成若干个子任务，每个子任务只负责一个专门的基本工作。在程序设计中，每个子任务就是一个独立的子程序，程序设计时总把一个大程序分解成多个块，每个块完成不同的功能，然后由主程序调用。块的功能由子程序来实现，C++语言通过调用函数实现强大的功能。函数可调用自身，称为函数递归。C++最有意义的特征是支持面向对象程序设计，学习C++时应该按照面向对象程序的思维编写程序。面向对象方法中的对象是系统中用来描述客观事物的一个实体，对象由一组属性和一组行为构成，属性是用来描述对象静态特征的数据项，行为是用来描述对象动态特征的操作序列。面向对象方法中的类是具有相同属性和行为的一组对象的集合，类是对象的抽象，而对象是类的具体实例。

第8章 C++语言函数编程

C++ 源程序是由函数组成的，函数是 C++ 源程序的基本模块。对函数模块进行调用可以实现特定的功能。C++ 语言中的函数相当于其他高级语言中的子程序。C++ 语言不仅提供了极为丰富的库函数（如 Turbo C、MS C 都提供了 300 多个库函数），还允许用户建立自己定义的函数。用户可把自己的算法编成一个个相对独立的函数模块，然后通过调用的方法使用这些函数。由于采用了函数模块式的结构，程序的层次结构十分清晰，便于编程者编写、阅读、调试程序。

一个程序中只能有一个主程序，但可以有多个子程序。主程序可以调用子程序，子程序也可以调用子程序。C++ 语言可以把函数作为子程序调用，通过调用函数可以实现强大的功能。掌握函数的用法是提高编程水平的关键。本章主要讲述函数编程方法。虽然在前面各章的程序中都只有一个主函数 main()，但实用程序往往由多个函数组成。

8.1 函数的概念

函数一词出自清朝数学家李善兰的著作《代数学》。之所以如此翻译，他给出的原因是"凡此变数中函彼变数者，则此为彼之函数"，即函数指一个量随着另一个量的变化而变化，或者说一个量中包含另一个量。

在一个变化过程中有两个变量 x、y，如果给定一个 x 值，相应地就确定了唯一的一个 y，那么就称 y 是 x 的函数，其中 x 是自变量，y 是因变量，x 的取值范围叫作这个函数的定义域，y 的相应取值范围叫作函数的值域。

自变量是一个与其他变量有关联的变量，这个变量中的任何一个值都能在其他变量中找到对应的固定值。

因变量随着自变量的变化而变化，且自变量取唯一值时，因变量有且只有唯一值与其相对应。

在自变量是 x、因变量是 y 的函数中，x 确定一个值，y 就随之确定一个值，当 x 取 a 时，y 就随之确定为 b，b 就叫作 a 的函数值。

根据函数中自变量 x 和因变量 y 的关系，可以建立一个坐标系。在坐标系中，自变量 x 和因变量 y 所对应的点连接起来叫作轨迹，轨迹可以形成直线、抛物线、圆、双曲线及其他曲线。

C++ 语言允许用户在程序中定义函数并在程序中调用这些函数。函数一般都有一个返回值。它们可以调用自己，称为递归。

函数分为标准函数和自定义函数。标准函数由 C++ 系统提供，自定义函数由编程者自己编写。

8.2 自定义函数

8.2.1 无参函数的一般形式

无参函数的一般形式如下：

类型说明符　函数名 ()

{

　　类型说明

　　语句

}

其中，类型说明符和函数名统称为函数头。类型说明符指明了本函数的类型，函数的类型实际上是函数返回值的类型。函数名是由用户定义的标识符，函数名后有一个空括号，其中无参数，但括号不可少。{} 中的内容称为函数体。在函数体中也有类型说明，这是对函数体内部所用到的变量的类型说明。在很多情况下都不要求无参函数有返回值，因此可以不写类型说明符。

例 1：阅读下列 C++ 程序，写出程序运行结果（程序名为 ex8_1.cpp）。

C++ 程序如下：

```
#include <iostream.h>
// 子程序放在主程序前
void star1()    // 无参数
{
    cout<<"******"<<endl;
}
void star2()    // 无参数
{
    cout<<"&&&&&"<<endl;
}
void star3()    // 无参数
{
    cout<<"$$$$$$"<<endl;
}
```

```
// 主程序
int main()
{
    int i;
    star1();    // 调用无参函数
    for(i=1;i<=3;i++) star2();
    star1();
    for(i=1;i<=2;i++) star3();
    star1();
    return 0;
}
```

程序运行结果如图 8-1 所示。

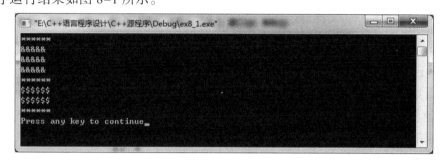

图 8-1　例 1 程序运行结果

8.2.2　有参函数的一般形式

有参函数的一般形式如下：

类型说明符　函数名 (形式参数表)

形式参数　类型说明

{

　类型说明

　语句

}

有参函数比无参函数多了两个内容，其一是形式参数表，其二是形式参数类型说明。在形式参数表中给出的参数称为形式参数（简称形参），它们可以是各种类型的变量，各参数之间用逗号间隔。在进行函数调用时，主调函数将赋予这些形式参数实际的值。形参既然是变量，当然必须给以类型说明。

说明如下。

（1）函数定义不允许嵌套。在 C++ 语言中，所有函数（包括主函数 main()）都是平行的。一个函数的定义可以放在程序中的任意位置，即放在主函数 main() 之前或之后都可以。但在一个函数的函数体内，不能再定义另一个函数，即不能嵌套定义。

（2）空函数——既无参数、函数体又为空的函数。其一般形式如下：

[函数类型] 函数名 (void)

{ }

（3）在老版本 C 语言中，参数类型说明允许放在函数说明部分的第 2 行单独指定。

8.2.3　函数调用

函数调用的一般形式如下：

函数名 ([实际参数表])

切记：实参的个数、类型和顺序应该与被调用函数所要求的参数个数、类型和顺序一致，只有这样才能正确地进行数据传递。

在 C++ 语言中，可以用以下几种方式调用函数。

（1）函数表达式。函数作为表达式的一项出现在表达式中，以函数返回值参与表达式的运算。这种方式要求函数是有返回值的。

（2）函数语句。C++ 语言中的函数可以只进行某些操作而不返回函数值，这时的函数调用可作为一条独立的语句。

（3）函数实参。函数作为另一个函数调用的实际参数出现。这种情况是把该函数的返回值作为实参进行传送，因此要求该函数必须是有返回值的。

说明：

（1）调用函数时，函数名称必须与具有该功能的自定义函数名称完全一致。

（2）实参在类型上必须按顺序与形参一一对应和匹配。如果类型不匹配，C++ 编译程序将按赋值兼容的规则进行转换。如果实参和形参的类型不赋值兼容，通常并不会给出出错信息，且程序仍然继续执行，只是得不到正确的结果。

（3）如果实参表中包括多个参数，对实参的求值顺序随系统而异。有的系统按自左向右顺序求实参的值，有的系统则相反。

8.2.4　函数返回值与 return 语句

1. 函数返回值与 return 语句

有参函数的返回值是通过函数中的 return 语句获得的。

return 语句的一般格式如下：

return(返回值表达式);

return 语句的功能：返回调用函数，并将"返回值表达式"的值带给调用函数。

2. 关于返回语句的说明

（1）函数的返回值只能有一个。

（2）当函数中不需要指明返回值时，可以写成如下形式：

return;

也可以不写。函数运行到右花括号自然结束。

（3）一个函数体内可以有多个返回语句，不论执行到哪一个，函数都结束，回到主调函数。

（4）当函数没有指明返回值，即 "return;"，或者没有返回语句时，函数执行后实际上不是没有返回值，而是返回一个不确定的值，有可能给程序带来某种意外的影响。

3. 关于函数返回值的类型

函数定义时的类型就是函数返回值的类型。理论上，C++ 语言要求函数定义的类型与返回语句中表达式的类型保持一致。当两者不一致时，系统自动进行转换，将函数返回语句中表达式的类型转换为函数定义时的类型。

例 2：已知直角三角形两条直角边，编写输出斜边的程序（程序名为 ex8_2.cpp）。

利用勾股定理 $c^2=a^2+b^2$，C++ 程序如下：

```
#include <iostream.h>
#include <math.h>
// 子程序放在主程序之前
void f(int a,int b)
{
    float c;
    c=sqrt(a*a+b*b);
    cout<<"c="<<c<<endl;    // 输出三角形的斜边
    // 此函数没有返回值，仅是输出三角形的斜边
}
// 主程序
int main()
{
    f(3,4);
    f(13,14);
    int x,y;
    cin>>x>>y;    // 从键盘上输入一个三角形的两边，用空格分隔
    f(x,y);
    return 0;
}
```

程序运行结果如图 8-2 所示。

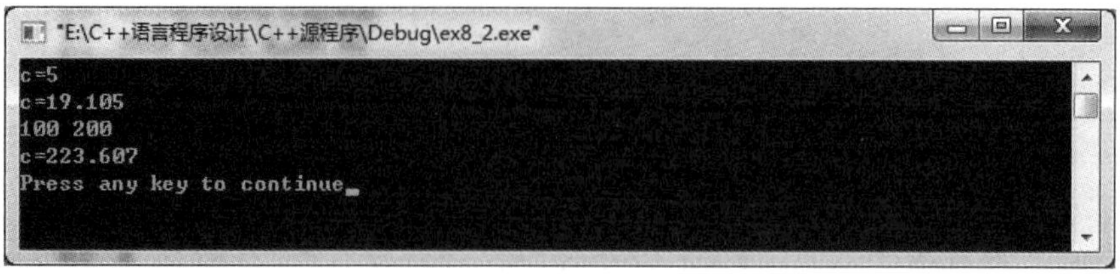

图 8-2　例 2 程序运行结果

例 3：编写求长方形面积的程序（程序名为 ex8_3.cpp）。

C++ 程序如下：

```
#include <iostream.h>
int main()
{
    int CFX(int a,int b);               // 函数说明
    int s1,s2,s3;
    s1=CFX(3,4);s2=CFX(5,6);s3=CFX(7,8);     // 调用函数
    cout<<"s1="<<s1<<endl;
    cout<<"s2="<<s2<<endl;
    cout<<"s3="<<s3<<endl;
    return 0;
}
// 子程序放在主程序之后
int CFX(int a,int b)
{
    int s;
    s=a*b;
    return (s);         // 有参函数的返回值，通过函数中的 return 语句来获得
}
```

程序运行结果如图 8-3 所示。

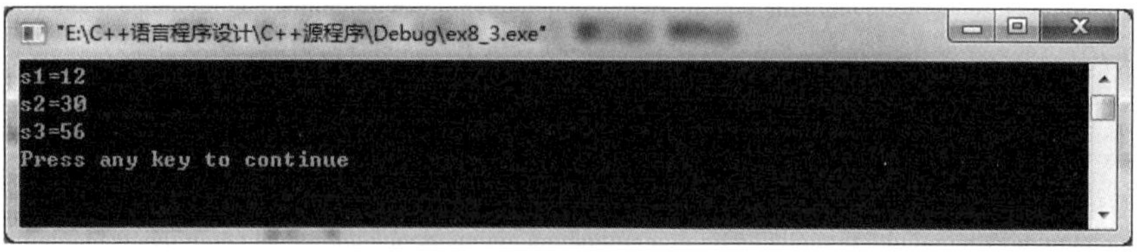

图 8-3　例 3 程序运行结果

例 4：编写求圆面积的程序（程序名为 ex8_4.cpp）。

C++ 程序如下：

```cpp
#include <iostream.h>
// 主程序
int main()
{
    float circle(int r);      // 子程序放在主程序之后，调用函数前要先说明
    cout<<"r=5 的面积为："<<circle(5)<<endl;
    cout<<"r=10 的面积为："<<circle(10)<<endl;
    cout<<"r=20 的面积为："<<circle(20)<<endl;
    return 0;
}
// 子程序放在主程序之后
float circle(int r)
{
    float s;
    s=r*3.14*r;
    return (s);      // 有参函数的返回值，通过函数中的 return 语句来获得
}
```

程序运行结果如图 8-4 所示。

图 8-4　例 4 程序运行结果

程序中也可以把子程序放在主程序之前。例 4 的 C++ 程序如下：

```cpp
// 实参对形参的数据传递
#include <iostream.h>
// 子程序放在主程序之前
float circle(int r)
{
    float s;
    s=r*3.14*r;
    return (s);      // 有参函数的返回值，通过函数中的 return 语句来获得
}
```

```
// 主程序
int main()
{
    cout<<"r=5 的面积为："<<circle(5)<<endl;
    cout<<"r=10 的面积为："<<circle(10)<<endl;
    cout<<"r=20 的面积为："<<circle(20)<<endl;
    return 0;
}
```

程序运行结果相同，如图 8-4 所示。

8.3　函数原型

在 ANSI C 新标准中，采用函数原型方式对被调用函数进行说明，其一般格式如下：
函数类型　函数名 (数据类型 [参数名][, 数据类型 [参数名 2]…]);
例如：

int putlll(int x,int y,int z,int color,char *p); // 说明一个整型函数

char *name(void);　　　　　　　　　　// 说明一个字符串指针函数

void student(int n, char *str);　　　　　// 说明一个不返回值的函数

float calculate();　　　　　　　　　　// 说明一个浮点型函数

C++ 语言同时规定，在以下两种情况下，可以省去对被调用函数的说明。

（1）当被调用函数的函数定义出现在调用函数之前时。因为在调用之前，编译系统已经知道了被调用函数的函数类型、参数个数、类型和顺序。

（2）如果在所有函数定义之前，在函数外部（如文件开始处）预先对各个函数进行了说明，则在调用函数中可缺省对被调用函数的说明。

注意：如果一个函数没有说明就被调用，编译程序并不认为出错，而是将此函数默认为整型（int）函数。因此，当一个函数返回其他类型，又没有事先说明，编译时将会出错。

8.4　形参和实参

8.4.1　函数传值调用

函数的参数分为形参和实参两种，作用是实现数据传送。

形参出现在函数定义中，只能在该函数体内使用。发生函数调用时，调用函数把实参的值复制一份，传送给被调用函数的形参，从而实现调用函数向被调用函数的数据传送。

例 5：实参对形参的数据传递（程序名为 ex8_5.cpp）。

C++ 程序如下：

```
#include <iostream.h>
int main()
{
    void so(int n);              // 函数说明
    int n=100;                   // 定义实参 n 并初始化
    so(n);                       // 调用函数
    cout<<" 调用后实参的值 n="<<n<<endl; // 输出调用后实参的值，便于进行比较
    return 0;
}
// 子程序放在主程序之后
void so(int n)
{
    int i;
    cout<<" 改变前形参的值 n="<<n<<endl;        // 输出改变前形参的值
    for(i=n-1; i>=1; i--)
        n=n+i;                                   // 改变形参的值
    cout<<" 改变后形参的值 n="<<n<<endl;        // 输出改变后形参的值
}
```

程序运行结果如图 8-5 所示。

图 8-5　例 5 程序运行结果

说明：

（1）实参可以是常量、变量、表达式、函数等。无论实参是何种类型的量，在进行函数调用时，它们都必须具有确定的值，以便把这些值传送给形参。因此，应预先用赋值、输入等办法使实参获得确定的值。

（2）形参变量只有在被调用时才被分配内存单元，调用结束后即刻释放所分配的内存单元。因此，形参只在该函数内有效。调用结束，返回调用函数后，该形参变量则不能再被使用。

（3）实参对形参的数据传送是单向的，即只能把实参的值传送给形参，而不能把形参的值反向地传送给实参。

（4）实参和形参占用不同的内存单元，即使同名也互不影响。

8.4.2 数组元素作为函数参数

数组元素就是下标变量，它与普通变量并无区别。数组元素只能用作函数实参，其用法与普通变量完全相同：在发生函数调用时，把数组元素的值传送给形参，实现单向值传送。

说明：

（1）用数组元素作实参时，只要数组类型和函数的形参类型一致即可，并不要求函数的形参也是下标变量。换句话说，数组元素是按普通变量对待的。

（2）在普通变量或下标变量作函数参数时，形参变量和实参变量占用由编译系统分配的两个不同的内存单元。在函数调用时发生的值传送，是把实参变量的值赋予形参变量。

8.4.3 数组名作为函数参数

用数组名作函数参数与用数组元素作实参有如下几点不同。

（1）用数组元素作实参时，只要数组类型和函数的形参变量的类型一致，那么作为下标变量的数组元素的类型也和函数形参变量的类型是一致的。因此，并不要求函数的形参也是下标变量。用数组名作函数参数时，则要求形参和相对应的实参都必须是类型相同的数组，都必须有明确的数组说明。当形参和实参两者不一致时，则会发生错误。

（2）用数组名作函数参数时，并不进行值的传送，即不会把实参数组的每一个元素的值都赋予形参数组的各个元素。因为实际上形参数组并不存在，编译系统不会为形参数组分配内存。那么，数据的传送是如何实现的呢？在前面已介绍过，数组名就是数组的首地址，因此在数组名作函数参数时所进行的传送只是地址的传送，也就是把实参数组的首地址赋予形参数组名。形参数组名取得该首地址之后，也就等于有了实在的数组元素的值。实际上，形参数组和实参数组为同一数组，共同拥有一段内存空间。

例6：数组 *a* 中存放了一个学生 5 门课程的成绩，求平均成绩（程序名为 ex8_6.cpp）。

C++ 程序如下：

```
#include <iostream.h>
float aver(double a[5])
{
    int i;
    float av,s=0.0;
    for(i=0;i<5;i++)
        s=s+a[i];
    av=float(s)/5;
    return av;
```

```
}
int main()
{
    double sco[5],av;
    int i;
    cout<<" 请输入 5 门功课的成绩 :";
    for(i=0;i<5;i++)
        cin>>sco[i];
    av=aver(sco);    // 数组名作为函数实参调用
    cout<<endl;
    cout<<"5 门功课的平均分为 :"<<av<<endl;
    return 0;
}
```

程序运行结果如图 8-6 所示。

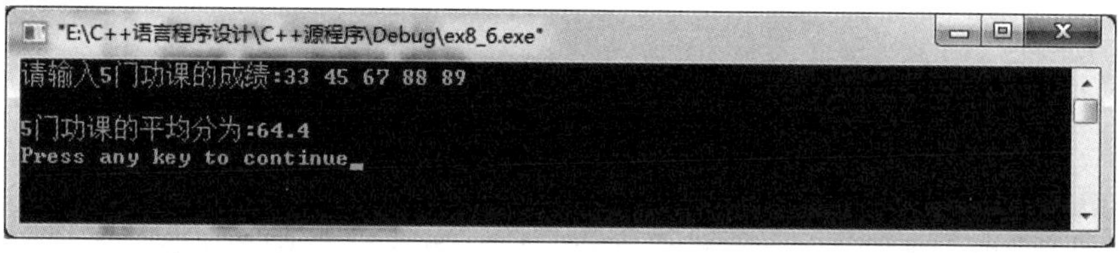

图 8-6　例 6 程序运行结果

程序说明：

本程序首先定义了一个实型函数 aver，其有一个形参，即实型数组 *a*，长度为 5。在函数 aver 中，各元素值相加并求出平均值，结果返回给主函数。在主函数 main 中首先完成数组 *sco* 的输入，然后以 *sco* 作为实参调用 aver 函数，函数返回值赋予 *av*，最后输出 *av* 的值。从运行情况可以看出，程序实现了所要求的功能。

用数组名作为函数参数时还应注意以下几点。

（1）形参数组和实参数组的类型必须一致，否则将引发错误。

（2）形参数组和实参数组的长度可以不相同，因为在调用时，只传送首地址而不检查形参数组的长度。当形参数组的长度与实参数组不一致时，虽不至于出现语法错误（编译能通过），但程序执行结果将与实际不符，这是应予以注意的。

例 7：编写求最大值的程序（程序名为 ex8_7.cpp）。

C++ 程序如下：

```
#include <iostream.h>
// 功能：求最大值
int maxmum(int x, int y, int z);        // 说明一个用户自定义函数
int main()
```

```
{
    int i, j, k, max;
    cout<<" 请输入三个数 :";
    cin>>i>>j>>k;
    max=maxmum(i,j,k);              // 调用子函数，并将返回值赋给 max
    cout<<" 最大值为 :"<<max<<endl;
    return 0;
}
int maxmum(int x, int y, int z)
{
    int max;
    max=x>y?x:y;                    // 求最大值
    max=max>z?max:z;
    return(max);                    // 返回最大值
}
```

程序运行结果如图 8-7 所示。

图 8-7 例 7 程序运行结果

8.5 函数应用范例

例 8 : 编写求正方体体积的程序（程序名为 ex8_8.cpp）。

C++ 程序如下 :

```
// 求正方体体积的函数应用
#include <iostream.h>
double cube(double a);          // 函数说明
int main()
{
    double b;
    cout<<" 请输入正方体的边长 :";
    cin>>b;
```

```
    cout<<" 正方体的体积为 :"<<cube(b)<<endl;
    return 0;
}
// 子程序放在主程序后
double cube(double a)
{
    double s;
    s=a*a*a;
    return (s);          // 有参函数的返回值，通过函数中的 return 语句来获得
}
```

程序运行结果如图 8-8 所示。

图 8-8 例 8 程序运行结果

例 9 ：编写求两数之和的程序（程序名为 ex8_9.cpp）。

C++ 程序如下 :

```
// 求两数之和
#include <iostream>
using namespace std;
int add(int,int);
int main()
{
    int a,b,c;
    cin>>a>>b;
    c=add(a,b);
    cout<<a<<"+"<<b<<"="<<c<<endl;
    return 0;
}
int add(int x,int y)
{
    int z;
    z=x+y;
```

```
    return z;
}
```
程序运行结果如图 8-9 所示。

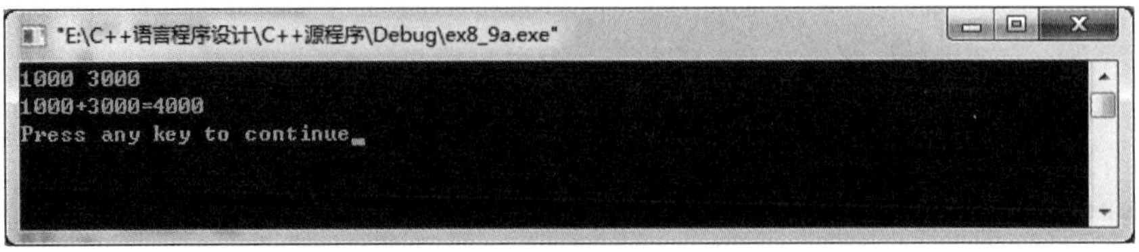

图 8-9 例 9 程序运行结果

也可以把子程序放在主程序之前，C++ 程序如下：
```
// 求两数之和
#include <iostream>
using namespace std;
// 子程序放在主程序之前
int add(int x,int y)
{
  int z;
  z=x+y;
  return z;
}
// 主程序
int main()
{
  int a,b,c;
  cin>>a>>b;
  c=add(a,b);
  cout<<a<<"+"<<b<<"="<<c<<endl;
  return 0;
}
```
例 10：编写求两数相加、相减、相乘的应用程序（程序名为 ex8_10.cpp）。
C++ 程序如下：
```
// 求两数相加、相减、相乘
#include<iostream>
using namespace std;
int add(int,int);
int sub(int,int);
```

```
int multiply(int,int);
int main()
{
    int a,b,res1,res2,res3;
    cin>>a>>b;
    res1=add(a,b);
    res2=sub(a,b);
    res3=multiply(a,b);
    cout<<" 和为 :"<<res1<<endl;
    cout<<" 差为 :"<<res2<<endl;
    cout<<" 积为 :"<<res3<<endl;
    return 0;
}
int add(int x,int y)
{
    int res;
    res=x+y;
    return res;
}
int sub(int x,int y)
{
    int res;
    res=x-y;
    return res;
}
int multiply(int x,int y)
{
    int res;
    res=x*y;
    return res;
}
```

程序运行结果如图 8-10 所示。

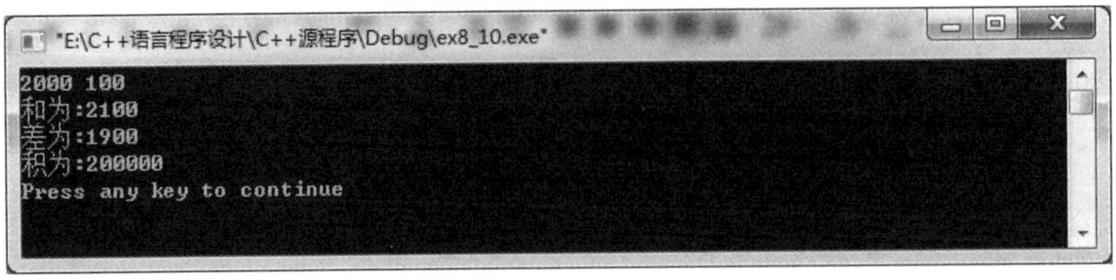

图 8-10　例 10 程序运行结果

例 11：编写判断素数的应用程序（程序名为 ex8_11.cpp）。

C++ 程序如下：

```cpp
// 判断素数的应用程序
#include <iostream.h>
// 判断是否为素数
int ps(int x)
{
    int f,i;
    f=1;          //1 代表 true，0 代表 false
    for(i=2;i<=x-1;i++)
        if(x % i==0)   {f=0; break;}
    return f;
}
// 主程序
int main()
{
    int n;
    cin>>n;
    if(ps(n)==1)  {cout<<" 是素数 "<<endl; }
    else {cout<<" 不是素数 "<<endl; }
    return 0;
}
```

程序运行结果如图 8-11 所示。

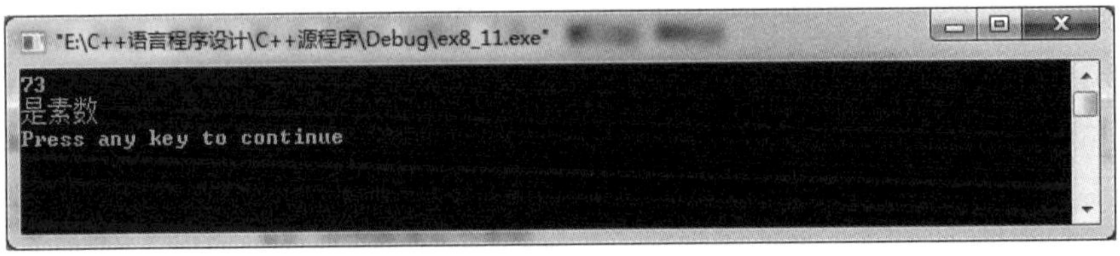

图 8-11　例 11 程序运行结果

例 12：利用函数调用编写求 1 ～ 1 000 以内的所有素数的程序（程序名为 ex8_12.cpp）。
C++ 程序如下：

```
// 编写求 1 ～ 1 000 以内的所有素数的程序
#include <iostream.h>
// 判断是否为素数
int ps(int x)
{
    int f,i;
    f=1;          //1 代表 true，0 代表 false
    for(i=2;i<=x-1;i++)
        if(x % i==0)   {f=0; break;}
    return f;
}
// 主程序
int main()
{
    int i;
    for(i=2;i<=1000;i++)     // 特别注意：1 和 0 不是素数，也不是合数
        if(ps(i)==1)  {cout<<i<<"   "; }
    cout<<endl;
    return 0;
}
```

程序运行结果如图 8-12 所示。

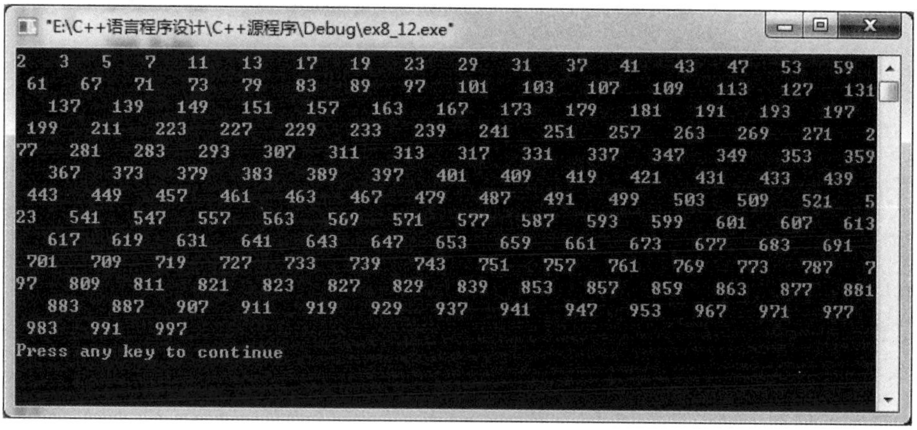

图 8-12　例 12 程序运行结果

例 13： 编写阶乘函数，求 3!+5!+7! 的程序（程序名为 ex8_13.cpp）。

C++ 程序如下：

```cpp
#include <iostream.h>
// 子程序（求阶乘）
int fac(int n)
{
    int t,k;
    t=1;
    for(k=2;k<=n;k++)
        t=t*k;
    return t;
}
// 主程序
int main()
{
    double s=0;
    s=fac(3)+fac(5)+fac(7);
    cout<<"3!+5!+7!="<<s<<endl;
    return 0;
}
```

程序运行结果如图 8-13 所示。

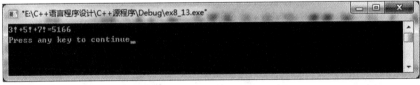

图 8-13　例 13 程序运行结果

例 14： 编写阶乘函数，求 1!+2!+3!+…+10! 的程序（程序名为 ex8_14.cpp）。

C++ 程序如下：

```cpp
#include <iostream.h>
// 子程序（求阶乘）
int fac(int n)
{
    int t,k;
    t=1;
    for(k=2;k<=n;k++)
```

```
        t=t*k;
    return t;
}
// 主程序
int main()
{
    double s=1;    //1!=1
    int i;
    for(i=2;i<=10;i++)
        s=s+fac(i);
    cout<<"1!+2!+3!+…+10!="<<s<<endl;
    return 0;
}
```
程序运行结果如图 8-14 所示。

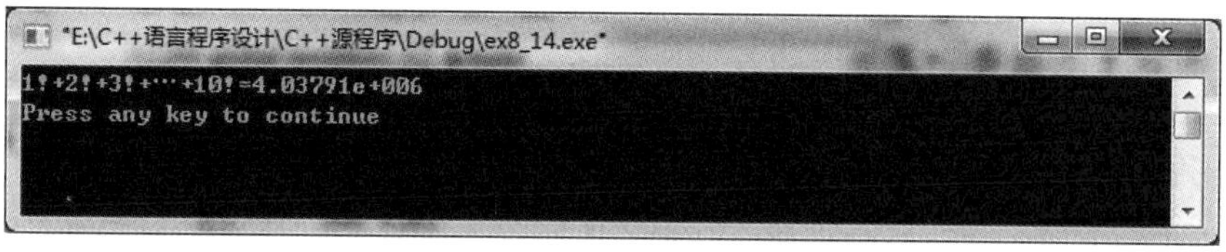

图 8-14 例 14 程序运行结果

例 15：根据题意：

f1=1²+2²+3²+…+10²

$f1=1^2+2^2+3^2+\cdots+10^2$

$f2=1^2+2^2+3^2+\cdots+20^2$

$f3=1^2+2^2+3^2+\cdots+50^2$

编写函数求 f1+f2+f3 的程序（程序名为 ex8_15.cpp）。

C++ 程序如下：

```
#include <iostream.h>
// 子程序
int f(int k)
{

    int n,sum=0;
    for(n=1;n<=k;n++)
        sum=sum+n*n;
    return sum;
}
```

```cpp
// 主程序
int main()
{
    cout<<"f1+f2+f3="<<f(10)+f(20)+f(50)<<endl;
    return 0;
}
```

程序运行结果如图 8-15 所示。

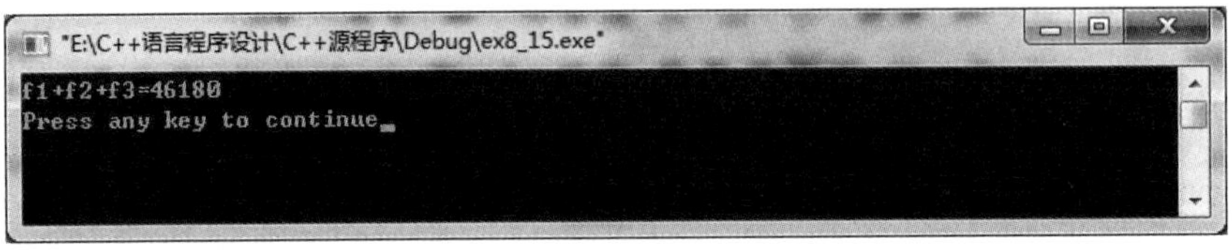

图 8-15 例 15 程序运行结果

例 16：函数与数组应用编程练习——两数求和（程序名为 ex8_16.cpp）。

C++ 程序如下：

```cpp
#include <iostream.h>
// 子程序（两数求和）
int add(int a,int b)
{
    int c;
    c=a+b;
    return c;
}
// 主程序
int main()
{
    const int n=10;
    int i;
    int y[n][2]={{3,4},{5,6},{7,8},{9,10},{11,12},{100,200},
            {1000,2000},{3000,4000},{5000,6000},{10000,20000}};
    for(i=0;i<n;i++)
        cout<<y[i][0]<<"+"<<y[i][1]<<"="<<add(y[i][0],y[i][1])<<endl;
    return 0;
}
```

程序运行结果如图 8-16 所示。

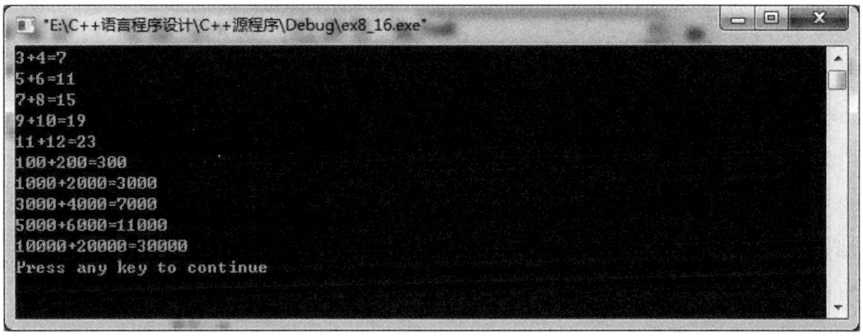

图 8-16　例 16 程序运行结果

例 17： 函数与数组应用编程练习——求次大数（程序名为 ex8_17.cpp）。

C++ 程序如下：

```cpp
// 求次大数
#include <iostream>
#include<iomanip>
using namespace std;
const int n=10;
int secmax(int a[],int n)
{
    int max,smax,i;
    if(n<2)
    {cout<<" 数据少于 2 个！  ";exit; }
    if(a[0]>a[1])
    {max=a[0]; smax=a[1]; }
    else
    {max=a[1]; smax=a[0]; }
    for(i=2;i<=n;i++)
    {
        if(a[i]>max)
        {smax=max; max=a[i];}
        else if(a[i]<max && a[i]>smax)
        {smax=a[i];}
    }
    return smax;     // 返回次大数
}
int main()
```

```
{
    int y[n]={3110,5,7,4,6,42108,-132,1107,9,199};
    int i;
    static int a[n];
    for(i=0;i<=n-1;i++)
        a[i]=y[i];
    for (i=0;i<=n-1;i++)
        cout<<a[i]<<" ";
    cout<<endl;
    cout<<" 次大数为 :"<<secmax(a,n)<<endl;
    return 0;
}
```

程序运行结果如图 8-17 所示。

图 8-17　例 17 程序运行结果

例 18：编写利用截取一个多位数 n 中第 k 位的函数 digit(n,k)，完成求 s=digit (4567890,6)+digit(12345678,4)+digit(7837678,5) 的程序（程序名为 ex8_18.cpp）。

C++ 程序如下：

```
#include <iostream.h>
// 编写截取一个多位数 n 中第 k 位的函数 digit(n,k)
int digit(int n,int k)
{
    int i,p;
    p=1;
    for(i=1;i<=k-1;i++)
        p=p*10;
    return (n/p)%10;  // 截取多位数 n 中第 k 位
}
// 主程序
int main()
{
    int s;
```

```
s=digit(4567890,6)+digit(12345678,4)+digit(7837678,5);
cout<<"s="<<s<<endl;
return 0;
}
```

程序运行结果如图 8-18 所示。

图 8-18　例 18 程序运行结果

例 19：编写从已知三数中求出最小值的程序（程序名为 ex8_19.cpp）。

C++ 程序如下：

```
#include <iostream.h>
// 子程序（求最小值）
int small(int a,int b,int c)
{
    int min;
    if(a<b) min=a;
    else min=b;
    if(c<min) min=c;
    return min;          // 返回最小值
}
// 主程序
int main()
{
    int x,y,z;
    cin>>x>>y>>z;        // 如输入 3 个数：100,200,300
    cout<<small(300,8,419)<<endl;          // 返回 300,8,419 最小值
    cout<<small(x,y,z)<<endl;              // 返回 100,200,300 最小值
    cout<<small(x,2*y,3*z)<<endl;          // 返回 100,400,900 最小值
    return 0;
}
```

程序运行结果如图 8-19 所示。

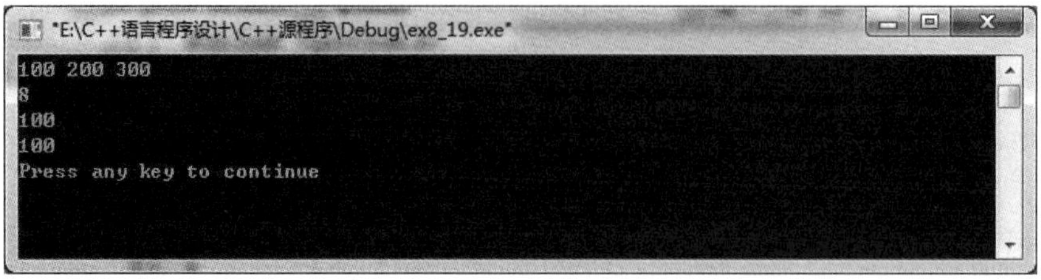

图 8-19　例 19 程序运行结果

例 20：编写已知三角形三边求三角形面积的程序（程序名为 ex8_20.cpp）。
C++ 程序如下：

```cpp
#include <iostream.h>
#include <math.h>
// 子程序（求三角形面积）
double mj(int a,int b,int c)
{
    float s;
    s=(a+b+c)/2;
    return sqrt(s*(s-a)*(s-b)*(s-c));  // 返回已知三角形三边的面积
}
// 主程序
int main()
{
    int x,y,z;
    cin>>x>>y>>z;
    cout<<" 三角形三边为 :"<<x<<" "<<y<<" "<<z<<endl;
    cout<<" 三角形面积为 :"<<mj(x,y,z)<<endl;
    return 0;
}
```

程序运行结果如图 8-20 所示。

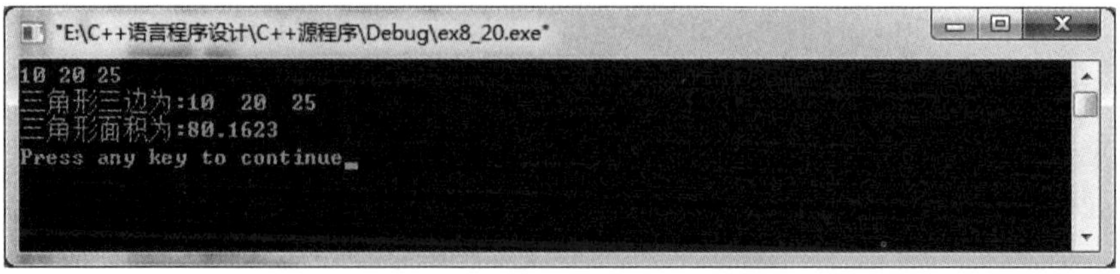

图 8-20　例 20 程序运行结果

例 21：编写利用已知三角形三边求三角形面积的函数，求出多边形面积的程序（程序名为 ex8_21.cpp）。

C++ 程序如下：

```
// 求多边形面积
#include <iostream.h>
#include <math.h>
// 子程序（求三角形面积）
double mj(int a,int b,int c)
{
    float s;
    s=(a+b+c)/2;
    return sqrt(s*(s-a)*(s-b)*(s-c)); // 返回已知三角形三边的面积
}
// 主程序
int main()
{
    int n1,n2,n3,n4,n5,n6,n7;
    cout<<" 请输入多边形的边 n1~n7:";          // 这里是 7 个数，用空格分隔
    cin>>n1>>n2>>n3>>n4>>n5>>n6>>n7;         // 输入多边形的边
    cout<<" 总面积为 :"<<mj(n1,n2,n3)+mj(n4,n5,n3)+mj(n5,n6,n7)<<endl;
    return 0;
}
```

程序运行结果如图 8-21 所示。

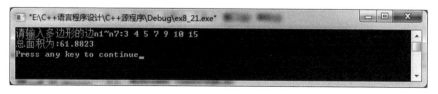

图 8-21　例 21 程序运行结果

例 22：函数与数组应用编程练习——顺序表就地逆置（程序名为 ex8_22.cpp）。

C++ 程序如下：

```
// 顺序表就地逆置
#include <iostream.h>
const int n=15;
void dz(int p[])
{
```

```
    int l,h,t;
    l=0;
    h=n-1;
    while(l<h)
    {
        t=p[l];p[l]=p[h];p[h]=t;
        l=l+1;
        h=h-1;
    }
}
int main()
{
    int y[n]={1,2,3,4,5,6,7,8,9,10,20,30,40,50,60};
    int i;
    static int a[n];
    for(i=0;i<=n-1;i++)
        a[i]=y[i];
    for (i=0;i<=n-1;i++)
        cout<<a[i]<<" ";
    cout<<endl;
    dz(a);
    for (i=0;i<=n-1;i++)
        cout<<a[i]<<" ";
    cout<<endl;
    return 0;
}
```

程序运行结果如图 8-22 所示。

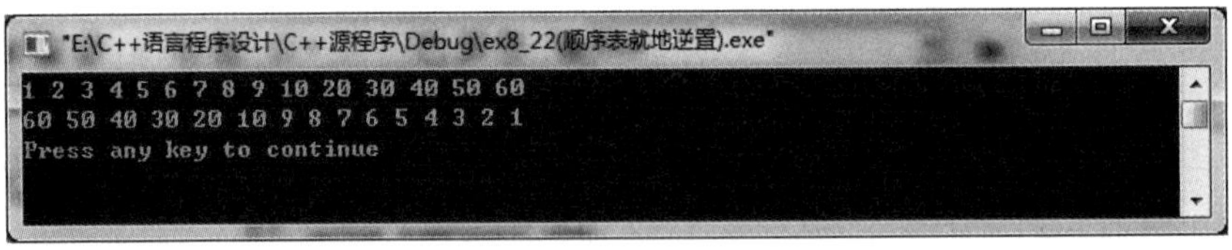

```
"E:\C++语言程序设计\C++源程序\Debug\ex8_22(顺序表就地逆置).exe"
1 2 3 4 5 6 7 8 9 10 20 30 40 50 60
60 50 40 30 20 10 9 8 7 6 5 4 3 2 1
Press any key to continue
```

图 8-22　例 22 程序运行结果

例 23：编写求一个多位数的"倒置数"的函数，并判断输入的数是否为"回文数"（程序名为 ex8_23.cpp）。

"回文数"是指一个数顺着看和倒着看都是相同的。

C++ 程序如下：

```
// 判断是否为回文数
#include <iostream.h>
// 子程序（实现把数倒置）
int hws(int x)
{
    int m,y;
    m=x;
    y=0;
    while(m!=0)
    {
            y=y*10+m%10;
            m=m/10;
    }
    return y;
}
// 主程序
int main()
{
    int x;
    cin>>x;
    if(x==hws(x))  cout<<" 是回文数 "<<endl;
    else  cout<<" 不是回文数 "<<endl;
    return 0;
}
```

程序运行结果如图 8-23 所示。

图 8-23　例 23 程序运行结果

例 24：编写程序输出 1 ～ 10 000 之间所有的 "回文数"（程序名为 ex8_24.cpp）。

C++ 程序如下：

```
// 输出 1 ～ 10 000 之间所有的 "回文数"
#include <iostream>
```

```cpp
#include<iomanip>
using namespace std;
// 子程序（实现把数倒置）
int hws(int x)
{
    int m,y;
    m=x;
    y=0;
    while(m!=0)
    {
            y=y*10+m%10;
            m=m/10;
    }
    return y;
}
// 主程序
int main()
{
    int i;
    for(i=1;i<=10000;i++)
        if(i==hws(i)) cout<<setfill(' ')<<setw(8)<<i;   // 每个回文数以 8 位宽度显示
    cout<<endl;
    return 0;
}
```

程序运行结果如图 8-24 所示。

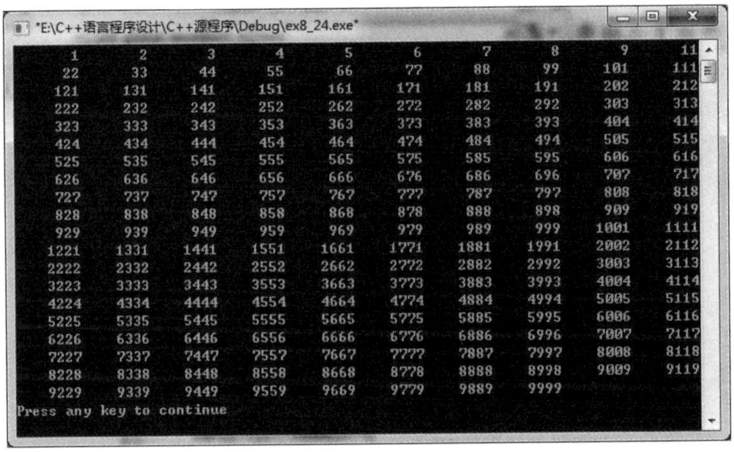

图 8-24　例 24 程序运行结果

例 25：回文数猜想（程序名为 ex8_25.cpp）。

任意给一个三位数 *abc*（十进制），若此数不是回文数，则算出 *abc* 与 *cba* 之和。若该和不是回文数，再按上述方法求和。以此类推，直到得到回文数。要求输出过程。

输入要求：输入一个正整数 *n*。

输出要求见样例。

输入样例 1：

129

输出样例 1：

129+921=1050

1050+0501=1551

输入样例 2：

121

输出样例 2：

121

C++ 程序如下：

```cpp
// 回文数猜想
#include <iostream>
#include<iomanip>
using namespace std;
// 子程序（把数倒置）
int hws(int x)
{
        int m,y;
        m=x;
        y=0;
        while(m!=0)
        {
                y=y*10+m%10;
                m=m/10;
        }
        return y;
}
// 主程序
int main()
{
        int x,y;
```

```
        cin>>x;
        if(x==hws(x)) cout<<x<<endl;
        y=0;
        while(y==0)
        {
                if(x==hws(x)) break;
                else  {cout<<x<<"+"<<hws(x)<<"="<<x+hws(x)<<endl;
                        x=x+hws(x); }
        }
        return 0;
}
```

程序运行结果如图 8-25 所示。

图 8-25　例 25 程序运行结果

8.6　函数嵌套与递归应用

函数套函数被称为函数的嵌套。函数的嵌套调用是一项非常有趣的编程技能，先手动计算函数值，真正理解函数嵌套的含义，再编写程序验证计算结果。下面举几个例子。

例 26：已知函数 $f(x)=x^2+3$，求函数值 $f(1)$、$f(2)$、$f(f(2))$、$f(f(f(3)))$（程序名为 ex8_26.cpp）。

C++ 程序如下：
```
// 函数的嵌套应用
#include <iostream.h>
// 子程序
int f(int x)
{
   int y;
   y=x*x+3;
   return y;
}
```

```cpp
// 主程序
int main()
{
    cout<<"f(1)="<<f(1)<<endl;
    cout<<"f(2)="<<f(2)<<endl;
    cout<<"f(f(2))="<<f(f(2))<<endl;
    cout<<"f(f(f(3)))="<<f(f(f(3)))<<endl;
    return 0;
}
```

程序运行结果如图 8-26 所示。

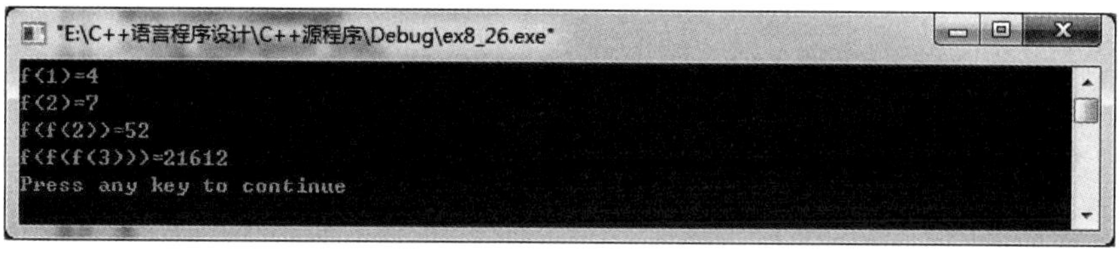

图 8-26　例 26 程序运行结果

例 27：阅读下面 C++ 程序，写出程序运行结果（程序名为 ex8_27.cpp）。

C++ 程序如下：

```cpp
// 函数的嵌套应用
#include <iostream.h>
// 子程序
int myf(int a,int b,int c)
{
    int t,y;
    a=3*a;
    t=b/c;
    y=a+4*t;
    rcturn y;
}
// 主程序
int main()
{
    cout<<"myf(1,myf(1,2,3),3)="<<myf(1,myf(1,2,3),3)<<endl;
    return 0;
}
```

程序运行结果如图 8-27 所示。

图 8-27　例 27 程序运行结果

例 28： 阅读下面 C++ 程序，写出程序运行结果（程序名为 ex8_28.cpp）。

C++ 程序如下：

```cpp
// 函数的嵌套应用
#include <iostream.h>
// 子程序
int myf(int a,int b,int c)
{
    int t,y;
    a=3*a;
    t=b/c;
    y=a+4*t;
    return y;
}
// 主程序
int main()
{
    cout<<"myf(4,myf(5,5,5),5)="<<myf(4,myf(5,5,5),5)<<endl;
    return 0;
}
```

程序运行结果如图 8-28 所示。

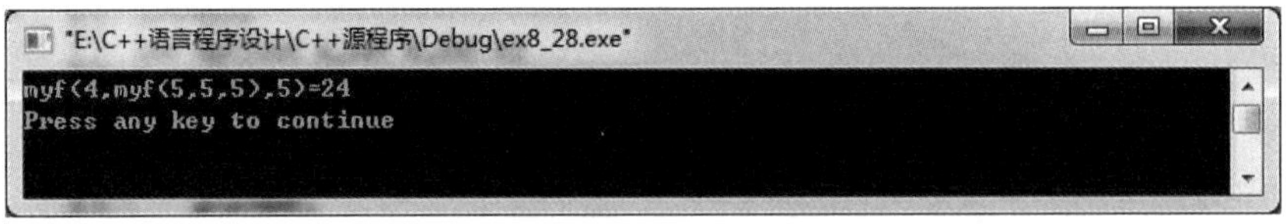

图 8-28　例 28 程序运行结果

函数里调用函数自己本身被称为函数的递归。函数的递归调用是最有趣的编程技能。真正理解函数递归的含义，可以从求 $n!$ 开始。

例 29： 编写递归求 $n!$ 的程序（0!=1）（程序名为 ex8_29.cpp）。

C++ 程序如下：

```cpp
#include <iostream.h>
// 子程序（递归求阶乘）
```

```
int fac(int x)
{
    if(x==0) return 1;
    else return x*fac(x-1);
}
// 主程序
int main()
{
    cout<<"3!="<<fac(3)<<endl;
    cout<<"5!="<<fac(5)<<endl;
    cout<<"7!="<<fac(7)<<endl;
    cout<<"----------------------------"<<endl;
    cout<<"3!+5!+7!="<<fac(3)+fac(5)+fac(7)<<endl;
    return 0;
}
```

程序运行结果如图 8-29 所示。

```
"E:\C++语言程序设计\C++源程序\Debug\ex8_29.exe"
3!=6
5!=120
7!=5040
----------------------------
3!+5!+7!=5166
Press any key to continue
```

图 8-29　例 29 程序运行结果

例 30：编写递归求和的程序（程序名为 ex8_30.cpp）。

C++ 程序如下：

```
#include <iostream.h>
// 子程序（递归求和）
int sum(int x)
{
    if(x==1) return 1;
    else return sum(x-1)+x;
}
// 主程序
int main()
{
    cout<<"1+2+3+…+100="<<sum(100)<<endl;          // 求 1+2+3+…+100 的值
```

```
    cout<<"1+2+3+···+1000="<<sum(1000)<<endl;          // 求 1+2+3+···+1000 的值
    cout<<"1+2+3+···+10000="<<sum(10000)<<endl;        // 求 1+2+3+···+10000 的值
    return 0;
}
```

程序运行结果如图 8-30 所示。

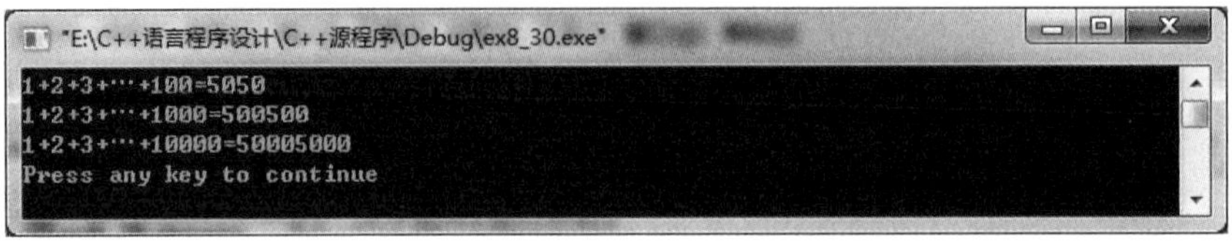

图 8-30　例 30 程序运行结果

例 31：猴子吃桃（程序名为 ex8_31.cpp）。

这是一个递归问题。一只猴子摘了一堆桃子，它每天吃其中的一半，然后再多吃一个，直到第 10 天，它发现只有 1 个桃子了，请问它第一天摘了多少个桃子？

问题推算分析：

$a_1=(a_2+1)\times 2$

$a_2=(a_3+1)\times 2$

$a_3=(a_4+1)\times 2$

......

$a_9=(a_{10}+1)\times 2$

$a_{10}=1$

C++ 程序如下：

```cpp
#include <iostream.h>
// 子程序（猴子吃桃）
int peach(int n)
{
    if(n==1) return 1;
    else return (peach(n-1)+1)*2;
}
// 主程序
int main()
{
    int days,sum;
    cout<<" 请输入剩下 1 个桃子的天数 :";
    cin>>days;
    sum=peach(days);
```

```
    cout<<" 第一天摘桃数为 :"<<sum<<endl;
    return 0;
}
```

程序运行结果如图 8-31 所示。

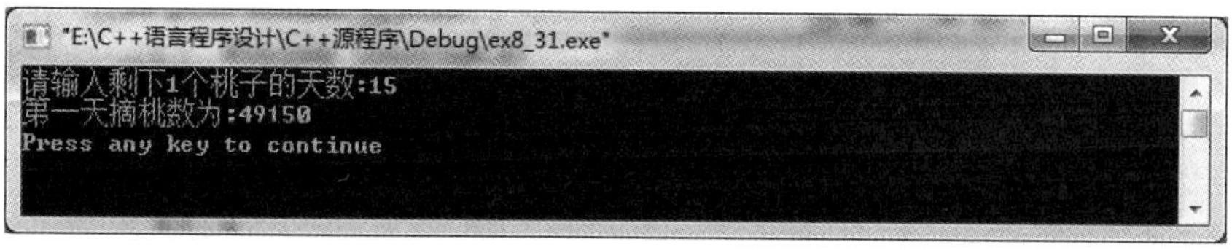

图 8-31　例 31 程序运行结果

例 32：汉诺塔（Hanoi）问题（程序名为 ex8_32.cpp）。

汉诺塔是源于印度一个古老传说的益智类游戏。传说上帝创造世界的时候做了 3 根金刚石柱子，在一根柱子上从下往上按大小顺序摞着 64 片黄金圆盘。上帝命令婆罗门把圆盘从下面开始按大小顺序重新摆放在另一根柱子上。并且规定，在小圆盘上不能放大圆盘，在 3 根柱子之间一次只能移动一个圆盘。

一位法国数学家曾编写过一个印度的古老传说。在世界中心贝拿勒斯（在印度北部）的圣庙里，一块黄铜板上插着 3 根宝石针。印度教的主神梵天在创造世界的时候，在其中一根针上从下到上穿好了由大到小的 64 片金片，这就是所谓的汉诺塔。不论白天黑夜，总有一个僧侣在按照下面的法则移动这些金片：一次只移动一片，不管在哪根针上，小片必须在大片上面。僧侣们预言，当所有的金片都从梵天穿好的那根针上移到另外一根针上时，世界就将在一声霹雳中消灭，而梵塔、庙宇和众生也都将同归于尽。

不管这个传说的可信度有多大，如果考虑一下把 64 片金片由一根针上移到另一根针上，并且始终保持上小下大的顺序，这需要多少次移动呢？这里需要用到递归的方法。假设有 n 片，移动次数是 $f(n)$。显然 $f(1)=1$，$f(2)=3$，$f(3)=7$，且 $f(k+1)=2*f(k)+1$。此后不难证明 $f(n)=2^n-1$。$n=64$ 时，$f(64)=2^{64}-1=18\ 446\ 744\ 073\ 709\ 551\ 615$。

假如每秒钟移一片金片，共需多长时间呢？一个平年 365 天，有 31 536 000 秒，闰年 366 天，有 31 622 400 秒，平均每年 31 556 952 秒，计算一下：

18 446 744 073 709 551 615/31 556 952=584 554 049 253.855 年

这表明移完这些金片需要 5 845 亿年以上，而地球存在至今不过 45 亿年，太阳系的预期寿命据说也就数百亿年。真的过了 5 845 亿年，不说太阳系和银河系，至少地球上的一切生命，连同梵塔、庙宇等，都早已经灰飞烟灭。

现在有 3 根杆子 A、B、C。A 杆上有 N 个（$N>1$）穿孔圆盘，盘的尺寸由下到上依次变小。要求按下列规则将所有圆盘移至 C 杆：每次只能移动一个圆盘；大盘不能叠在小盘上面。

提示：可将圆盘临时置于 B 杆，也可将从 A 杆移出的圆盘重新移回 A 杆，但都必须遵循上述两条规则。汉诺塔问题是程序设计中的经典递归问题。

C++ 程序如下：

```
// 递归 [ 汉诺塔（Hanoi）]
#include <iostream>
using namespace std;
void move(int h,char f,char t,char u)    //f 为起始针，t 为目标针，u 为过渡针
{
    if(h==1) cout<<f<<"-->"<<t<<endl;
    else
    {
            move(h-1,f,u,t);
            cout<<f<<"-->"<<t<<endl;
            move(h-1,u,t,f);
    }
}
// 主程序
int main()
{
    int n;
    cout<<" 请输入圆盘数 :"<<endl;
    cin>>n;
    move(n,'A','C','B');
    cout<<"========================"<<endl;
    return 0;
}
```

程序运行结果如图 8-32 所示。

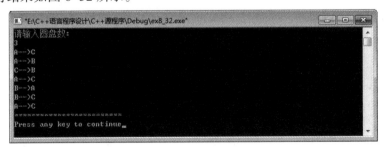

图 8-32　例 32 程序运行结果

例 33：编写调用快速排序过程的程序（程序名为 ex8_33.cpp）。

快速排序是由 C. A. R Hoarse 提出的一种排序算法，也是冒泡排序的一种改进算法。快速排序被公认为目前最好的一种排序方法。

快速排序算法的基本思想如下。

在当前的排序序列（$k_1,k_2,k_3,\cdots,k_n$）中任意选取一个元素，把该元素称为基准元素或支点，把小于等于基准元素的所有元素都移到基准元素的前面，把大于基准元素的所有元素都移到基准元素的后面，这样基准元素所处的位置恰好就是排序的最终位置，并且把当前参加排序的序列划分为前后两个子序列。其中，前面的子序列中的元素都小于等于基准元素，后面的子序列的元素都大于基准元素。

接下来分别对这两个子序列重复上述的排序操作（如果子序列的长度大于 1），直到所有元素都被移动到排序后它们应处的最终位置上。

在排序的过程中，每次按照基准元素将原序列划分为前后两个子序列的过程被称为一次划分操作。

快速排序方法之所以效率较高，是因为每一次元素的移动都是跳跃式的。元素移动的间隔距离较大，因此总的比较和移动次数减少了，排序的速度自然提高。

C++ 程序如下：

```cpp
// 递归 [ 快速排序（quick sort）]
#include <iostream.h>
#include <windows.h>
#include <time.h>
const int n=10;      // 全局变量
void qsort(int k[n],int s,int t)    //s 为搜索起始位置，t 为搜索结束位置
{
    int i,j,tem,ok;
    for(i=0;i<n;i++)
        cout<<k[i]<<"  ";
    cout<<endl;
    if(s<t)
    {
            i=s+1;j=t;
            ok=1;
            while(ok==1)
            {
                    while(!((k[s]>=k[i]) || (i==t)))
                            i=i+1;
                    while(!((k[s]<=k[j]) || (j==s)))
                            j=j-1;
                    if(i<j) { tem=k[i];k[i]=k[j];k[j]=tem; }
                    else break;
```

```
            }
            tem=k[s];k[s]=k[j];k[j]=tem;
            qsort(k,s,j-1);        // 递归左半部分
            qsort(k,j+1,t);        // 递归右半部分
        }

}
// 主程序
int main()
{
    int i;
    int a[n];
    srand(time(0));
    for(i=0;i<n;i++)
        a[i]=(1+rand()%100);    // 随机产生 n 个 1 ～ 100 之间的数
    cout<<" 排序前 :"<<endl;
    cout<<"------------------------------------"<<endl;
    for(i=0;i<n;i++)
        cout<<a[i]<<"  ";
    cout<<endl;
    cout<<"------------------------------------"<<endl;
    qsort(a,0,n-1);
    cout<<" 排序后 :"<<endl;
    cout<<"------------------------------------"<<endl;
    for(i=0;i<n;i++)
        cout<<a[i]<<"  ";
    cout<<endl;
    return 0;
}
```

程序运行结果如图 8-33 所示。

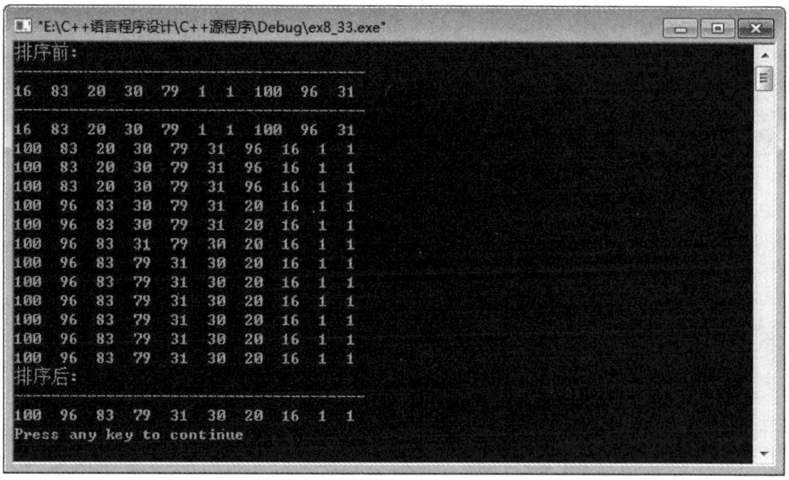

图 8-33　例 33 程序运行结果

例 34：编写递归调用程序，根据下面所给的算式，迭代计算数学函数值（程序名为 ex8_34.cpp）。

算式如下：

$$f(x,n)=\begin{cases} x/(1+x) & n=1 \\ x/(n+f(x,n-1)) & n>1 \end{cases}$$

C++ 程序如下：

```
// 函数递归调用
#include <iostream.h>
double f(double x,int n)
{
    if(n==1)  return (x/(1+x));
    else return (x/(n+f(x,n-1)));        // 函数递归调用
}
// 主程序
int main()
{
    cout<<"f(3.57,20)="<<f(3.57,20)<<endl;
    cout<<"========================="<<endl;
    return 0;
}
```

程序运行结果如图 8-34 所示。

图 8-34　例 34 程序运行结果

8.7　函数引用调用应用

引用调用是 C++ 语言中的一种函数调用方式，C 语言中没有使用这种调用方式。

引用是给一个已知变量起个别名，对引用的操作也就是对被它引用的变量的操作。引用主要用来作为函数的形参和函数的返回值。

使用引用作函数形参时，调用函数的实参要用变量名，将实参变量名传递给形参的引用，相当于在被调用函数中使用了实参的别名。于是在被调用函数中，对引用的改变就是直接通过引用来改变实参的变量值。这种调用具有传址调用中改变实参值和减少开销的特点，但它又比传址调用更方便、更直接。因此，在 C++ 语言中常常使用引用作为函数形参在被调用函数中改变调用函数的实参值。

例 35：根据下面所给的算式，迭代计算数学函数值（通过函数引用调用得到返回值）（程序名为 ex8_35.cpp）。

算式如下：

$$f(x,n)=\begin{cases}x/(1+x) & n=1\\ x/(n+f(x,n\text{-}1)) & n>1\end{cases}$$

C++ 程序如下：
```
// 函数递归调用
#include <iostream.h>
void f(double x,int n,double &y)    // 通过函数引用调用 &y 得到返回值
{
    if(n==1)  y=(x/(1+x));
    else
    {
            f(x,n-1,y);   // 函数递归调用
            y=x/(n+y);
    }
}
// 主程序
```

```
int main()
{
    double y;
    f(3.57,20,y);    // 函数值通过 y 带回
    cout<<"f(3.57,20)="<<y<<endl;
    cout<<"=======================--=="<<endl;
    return 0;
}
```
程序运行结果如图 8-35 所示。

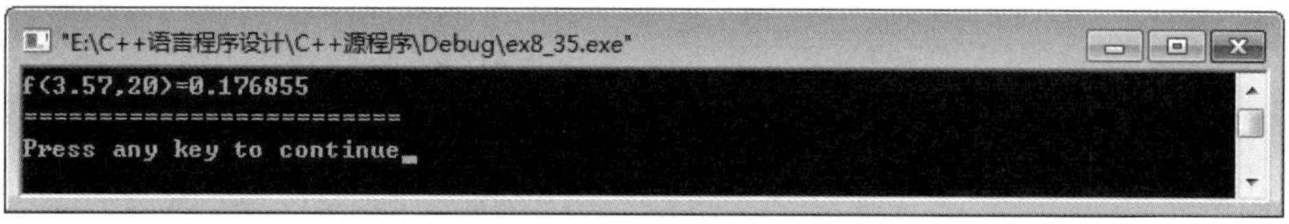

图 8-35　例 35 程序运行结果

在 C++ 语言中，经常使用引用调用来实现函数之间的信息交换，因为这样做更方便、更容易，还易于维护。

在 C++ 语言编程中，经常使用的是传值调用和引用调用，较少使用传址调用。因为传址调用要用到指针，而指针用来传递参数容易出错，所以应尽量使用引用调用来替代传址调用，以避免指针的使用。

例 36：阅读下面的 C++ 程序，写出程序运行结果（程序名为 ex8_36.cpp）。
C++ 程序如下：
```
// 引用调用、传值调用、局部变量
#include <iostream.h>
void silly(int x,int &y)    //x 为传值调用，值不带回；&y 为引用调用，值带回
{
    int z;    //z 为局部变量，跳出子程序后恢复原先进入子程序的值
    x=5;y=6;z=7;
    cout<<x<<" "<<y<<" "<<z<<endl;
}
// 主程序
int main()
{
    int x,y,z;
    x=10;y=33;z=88;
    silly(x,y);    // 进入子程序时 y=33，跳出子程序后值被带回，y 为 6
```

```
        cout<<x<<" "<<y<<" "<<z<<endl;
        cout<<"========================="<<endl;
    return 0;
}
```

程序运行结果如图 8-36 所示。

图 8-36　例 36 程序运行结果

调用函数后面圆括号内的实参与定义函数的形参表必须一一对应。实参与形参只和参数次序有关，与名字无关。这是学编程最难理解的地方，需耐心些。

例 37：阅读下面的 C++ 程序，写出程序运行结果（程序名为 ex8_37.cpp）。

C++ 程序如下：

```
// 引用调用、传值调用、全局变量
#include <iostream.h>
int x,y,z; //z 为全局变量，子程序中变化的值被带回
void silly(int x,int &y)    //x 为传值调用，值不带回；&y 为引用调用，值带回
{
    x=5;y=6;z=7;
    cout<<x<<" "<<y<<" "<<z<<endl;
}
// 主程序
int main()
{
    x=10;y=33;z=88;
    silly(y,x);// 进入子程序时 y=33，跳出子程序后恢复原先进入子程序的值，y 的值为 33
               // 进入子程序时 x=10，跳出子程序后值被带回，x 的值为 6
    cout<<x<<" "<<y<<" "<<z<<endl;
    cout<<"========================="<<endl;
    return 0;
}
```

程序运行结果如图 8-37 所示。

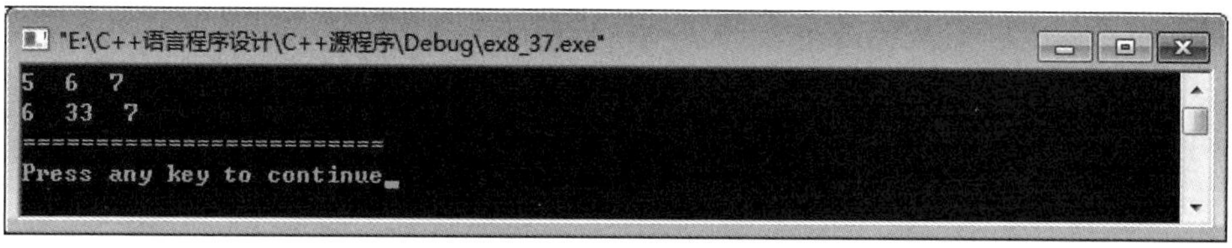

图 8-37　例 37 程序运行结果

例 38：阅读下面的 C++ 程序，写出程序运行结果（程序名为 ex8_38.cpp）。
C++ 程序如下：

```
// 引用调用、传值调用、局部变量
#include <iostream.h>
void silly(int x,int &y)    //x 为传值调用，值不带回；&y 为引用调用，值带回
{
    int z;    //z 为局部变量，跳出子程序后恢复原先进入子程序的值
    x=5;y=6;z=7;
    cout<<x<<" "<<y<<" "<<z<<endl;
}
// 主程序
int main()
{
    int x,y,z;
    x=33;y=44;z=88;
    silly(y,x);// 进入子程序时 y=44，跳出子程序后恢复原先进入子程序的值，y 的值为 44
           // 进入子程序时 x=33，跳出子程序后值被带回，x 的值为 6( 注意参数次序 )
    cout<<x<<" "<<y<<" "<<z<<endl;
    cout<<"========================="<<endl;
    return 0;
}
```

程序运行结果如图 8-38 所示。

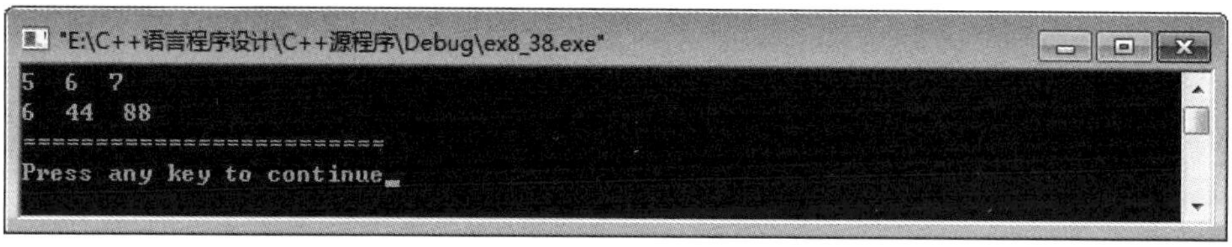

图 8-38　例 38 程序运行结果

例 39 ：阅读下面的 C++ 程序，写出程序运行结果（程序名为 ex8_39.cpp）。

C++ 程序如下 ：

```
// 引用调用、传值调用
#include <iostream.h>
int x,y;
void pc1(int i1,int i2)    //i1、i2 为传值调用，值不带回
{
    i1=x+y;
    i2=i1+y;
}
// 主程序
int main()
{
    x=5;y=10;
    pc1(x,y);// 进入子程序时 x=5，跳出子程序后恢复原先进入子程序的值，x 的值为 5
            // 进入子程序时 y=10，跳出子程序后恢复原先进入子程序的值，y 的值为 10
    cout<<x<<"  "<<y<<endl;
    return 0;
}
```

程序运行结果如图 8-39 所示。

图 8-39　例 39 程序运行结果

例 40 ：阅读下面的 C++ 程序，写出程序运行结果（程序名为 ex8_40.cpp）。

C++ 程序如下 ：

```
// 引用调用、传值调用
#include <iostream.h>
int x,y;
void pc1(int i1,int &i2)    //i1 为传值调用，值不带回；i2 为引用调用，值带回
{
    i1=x+y;
    i2=i1*y;
}
// 主程序
```

```
int main()
{
    x=5;y=10;
    pc1(x,y);// 进入子程序时 x=5，跳出子程序后恢复原先进入子程序的值，x 的值为 5
            // 进入子程序时 y=10，跳出子程序后计算的值也被带回，y 对应的值为 150
    cout<<x<<"  "<<y<<endl;
    return 0;
}
```

程序运行结果如图 8-40 所示。

图 8-40　例 40 程序运行结果

下面举一个引用作为函数参数和函数类型的例子，以便理解引用作为函数类型的特点。

例 41：分析下例程序的输出结果，并分析引用作为函数参数和函数类型的使用方法（程序名为 ex8_41.cpp）。

该程序的功能是从键盘上输入一些字母和数字，统计显示其中的数字字符的个数和非数字字符的个数。

C++ 程序如下：

```
// 引用调用、传值调用
// 引用作为函数类型时，返回的不是一个值，而是一个变量的引用
#include <iostream.h>
int x,y;
int &fun(char cha,int &n,int &c)    // 变量 n 为引用调用，变量 c 为引用调用
{
    if(cha>='0' && cha<='9')
        return n;
    else
        return c;
}
// 主程序
int main()
{
    int tn(0),tc(0);      // 变量 tn 初值为 0，变量 tc 初值为 0
```

```
        char ch;
        cout<<" 请输入字符串 ( 以 # 号结束 ):";
        cin>>ch;
        while(ch!='#')
        {
                fun(ch,tn,tc)++;
                cin>>ch;
        }
        cout<<" 数字字符的个数 :"<<tn<<endl;
        cout<<" 非数字字符的个数 :"<<tc<<endl;
        cout<<"======================="<<endl;
        return 0;
}
```

程序运行结果如图 8-41 所示。

图 8-41　例 41 程序运行结果

程序分析：

该程序中定义了一个函数 fun()，它的参数中有引用，它的返回值是引用。

由于 fun() 函数的返回值是一个 int 型变量的引用，若对该引用进行增 1 操作，则被引用的变量也被增 1。该题中 n 是 tn 的引用，c 是 tc 的引用；引用 n 增 1，则变量 tn 也增 1。同理，引用 c 增 1，则变量 tc 也增 1。

可见，引用作为函数类型时，返回的不是一个值，而是一个变量的引用。

8.8　数组作为函数参数的应用

数组作为函数参数可分为如下 3 种情况（这 3 种情况的结果相同，只是采用的调用机制不同）。这里以经典冒泡排序算法函数调用为例。

8.8.1　形参和实参都用数组

调用函数的实参用数组名，被调函数的形参也用数组名。这种调用机制是形参和实参共用内存中的同一个数组。因此，在被调函数中数组中某个元素的值被改变了，调用函数中该数组中的该元素值也会被改变，因为它们共用同一个数组。

例 42：阅读下面的 C++ 程序，写出程序运行结果（程序名为 ex8_42.cpp）。

C++ 程序如下：

```
// 冒泡排序（形参和实参都用数组）
#include <iostream.h>
#include <windows.h>
#include <time.h>
const int n=10;      // 全局变量
// 冒泡排序函数（从小到大）
void mpsort(int p[],int n)  // 被调函数的形参也用数组名
{
    int i,j,k,t;
    for(i=0;i<n-1;i++)
    {
            for(j=0;j<n-1-i;j++)
                if(p[j]>p[j+1]) { t=p[j];p[j]=p[j+1];p[j+1]=t; }
            for(k=0;k<n;k++)
                 cout<<p[k]<<" ";
            cout<<endl;
    }
}
// 主程序
int main()
{
    int i;
    int a[n];
    srand(time(0));
    for(i=0;i<n;i++)
        a[i]=(1+rand()%100);   // 随机产生 n 个 1 ～ 100 之间的数
    cout<<" 排序前 :"<<endl;
    cout<<"------------------------------------"<<endl;
    for(i=0;i<n;i++)
        cout<<a[i]<<" ";
    cout<<endl;
    cout<<"------------------------------------"<<endl;
    mpsort(a,n);   // 调用函数的实参用数组名
```

```
    cout<<" 排序后 :"<<endl;
    cout<<"--------------------------------------"<<endl;
    for(i=0;i<n;i++)
        cout<<a[i]<<"  ";
    cout<<endl;
    return 0;
}
```

程序运行结果如图 8-42 所示。

图 8-42　例 42 程序运行结果

8.8.2　形参和实参都用对应数组的指针

在 C++ 语言中，数组名被规定为一个指针。该指针指向该数组的首元素，因为它的值是该数组首元素的地址值，因此数组名是一个常量指针。

实际应用中，形参和实参中一个用指针，另一个用数组也是可以的。在使用指针时可以用数组名，也可以用另外定义的指向数组元素的指针。

例 43：阅读下面的 C++ 程序，写出程序运行结果（程序名为 ex8_43.cpp）。

C++ 程序如下：

```
// 冒泡排序（形参和实参都用对应数组的指针）
// 形参和实参中一个用指针，另一个用数组也是可以的
#include <iostream.h>
#include <windows.h>
#include <time.h>
const int n=10;      // 全局变量
// 冒泡排序函数（从小到大）
void mpsort(int *p,int n)   // 被调函数的形参用数组的指针
{
```

```
    int i,j,k,t;
    for(i=0;i<n-1;i++)
    {
            for(j=0;j<n-1-i;j++)
                if(p[j]>p[j+1]) { t=p[j];p[j]=p[j+1];p[j+1]=t; }
            for(k=0;k<n;k++)
                cout<<p[k]<<" ";
            cout<<endl;
    }
}
// 主程序
int main()
{
    int i;
    int a[n];
    srand(time(0));
    for(i=0;i<n;i++)
        a[i]=(1+rand()%100);   // 随机产生 n 个 1 ～ 100 之间的数
    cout<<" 排序前 :"<<endl;
    cout<<"-----------------------------------"<<endl;
     for(i=0;i<n;i++)
         cout<<a[i]<<" ";
    cout<<endl;
    cout<<"-----------------------------------"<<endl;
    mpsort(a,n);   // 调用函数的实参用数组名
    cout<<" 排序后 :"<<endl;
    cout<<"-----------------------------------"<<endl;
    for(i=0;i<n;i++)
        cout<<a[i]<<" ";
    cout<<endl;
    return 0;
}
```
程序运行结果如图 8-43 所示。

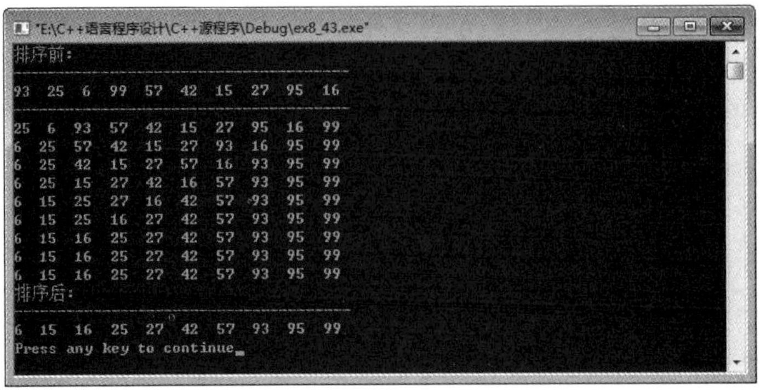

图 8-43　例 43 程序运行结果

8.8.3　实参用数组名，形参用引用

如何对数组类型使用引用方式？这里先用类型定义语句定义一个 int 型的数组类型，如下所示：

typedef int array[10];

然后，使用 array 定义数组和引用。在 C++ 语言中，常用这种调用方式。

例 44：阅读下面的 C++ 程序，写出程序运行结果（程序名为 ex8_44.cpp）。

C++ 程序如下：

```cpp
// 冒泡排序（实参用数组名，形参用引用）
// 用类型定义语句定义一个 int 型的数组类型
#include <iostream.h>
#include <windows.h>
#include <time.h>
const int n=10;      // 全局变量
typedef int array[n];
// 冒泡排序函数（从小到大）
void mpsort(array &p,int n)   // 被调函数的形参采用引用调用
{
    int i,j,k,t;
    for(i=0;i<n-1;i++)
    {
        for(j=0;j<n-1-i;j++)
            if(p[j]>p[j+1]) { t=p[j];p[j]=p[j+1];p[j+1]=t; }
        for(k=0;k<n;k++)
            cout<<p[k]<<"  ";
        cout<<endl;
```

```
        }
    }
}
// 主程序
int main()
{
    int i;
    int a[n];
    srand(time(0));
    for(i=0;i<n;i++)
        a[i]=(1+rand()%100);    // 随机产生 n 个 1 ~ 100 之间的数
    cout<<" 排序前 :"<<endl;
    cout<<"------------------------------------"<<endl;
    for(i=0;i<n;i++)
        cout<<a[i]<<"  ";
    cout<<endl;
    cout<<"------------------------------------"<<endl;
    mpsort(a,n);    // 调用函数的实参用数组名
    cout<<" 排序后 :"<<endl;
    cout<<"------------------------------------"<<endl;
    for(i=0;i<n;i++)
        cout<<a[i]<<"  ";
    cout<<endl;
    return 0;
}
```

程序运行结果如图 8-44 所示。

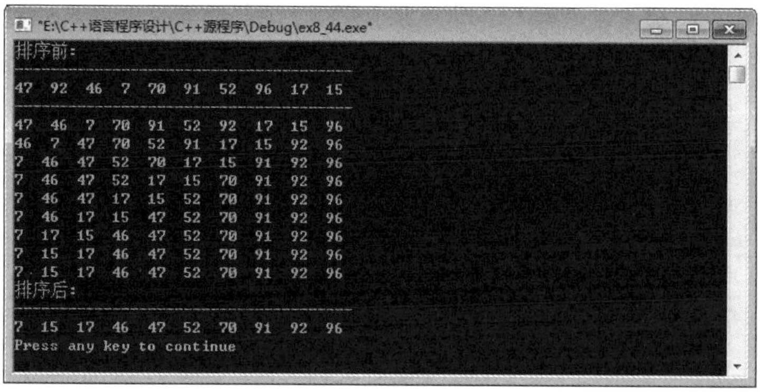

图 8-44　例 44 程序运行结果

第9章　C++语言字符与字符串编程

在计算机技术和电信技术中，一个字符是一个单位的字形、类字形单位或符号的基本信息，字符串或串是由数字、字母、下画线组成的一串字符。字符与字符串处理在编程中占据重要地位。在生活中我们已习惯于数字的处理，而对于字符与字符串处理还比较陌生。

9.1　字符与字符串的概念

9.1.1　字符

字符是指计算机中使用的字母、数字、字和符号。在 ASCII 码中，存储一个英文字母字符需要 1 个字节。

例如：

char c='a';

9.1.2　字符串

在 C++ 语言中，字符串常量是一对用双引号引起来的字符序列。字符串在存储上类似于字符数组，所以它的每一位字符都是可以提取的，如 s="aaaaabbbbb"，则 $s[0]$="a"，$s[5]$="b"。

9.1.3　C++ 语言常用的字符串处理函数

在 C++ 语言中字符与字符串的处理过程比较复杂，提供的处理函数也较多，先掌握 8 个常用的字符串处理函数，后面再通过实例加强这方面的应用。

1.puts 函数——输出字符串的函数

一般形式如下：

puts(字符串组);

作用：将一个字符串输出到终端。

2.gets 函数——输入字符串的函数

一般形式如下:

gets(字符数组);

作用:从终端输入一个字符串到字符数组,并且得到一个函数值作为字符数组的起始地址。

注意:puts 和 gets 函数只能输出或者输入一个字符串。

3.strcat 函数——字符串连接函数

一般形式如下:

strcat(字符数组 1, 字符数组 2);

作用:把两个字符串数组中的字符串连接起来,把字符串 2 连接到字符串 1 的后面。

说明:字符数组 1 必须足够大,以便容纳连接后的新字符串。

4.strcpy/strncpy 函数——字符串复制函数

一般形式如下:

strcpy(字符数组 1, 字符串 2);

作用:将字符串 2 复制到字符数组 1 中。

例如:

char str1[10],str2[]="DongTeng";

strcpy(str1,str2);

执行后的结果如下:str1 得到了 str2 复制过来的值 "DongTeng"。

注意:

(1)不能用赋值语句直接将一个字符串常量或者字符数组赋值给另一个字符数组。

(2)用 strncpy 可以赋值指定的位置的字符。例如,"strncpy(str1,str2,3);"将 str2 中的前 3 个字符复制到 str1 中。

5.strcmp 函数——字符串比较函数

一般形式如下:

strcmp(字符串 1, 字符串 2);

作用:用来比较两个字符串的差异。具有不同的比较规则。

6.strlen 函数——测字符串长度的函数

一般形式如下:

strlen(字符数组);

例如:

char str[10]="DongTeng";

cout<<strlen(str)<<endl;

得到的结果是 8。

7.strlwr 函数——转换为小写的函数

一般形式如下：

strlwr(字符串);

8.strupr 函数——转换为大写的函数

一般形式如下：

strupr(字符串);

下面通过实例掌握并加强字符与字符串处理编程技能。

9.2　字符与字符数组应用

例 1：字符与 ASCII 码转换应用（程序名为 ex9_1.cpp）。

C++ 程序如下：

```cpp
// 字符与 ASCII 码转换
#include <iostream.h>
#include <string.h>
#include <ctype.h>
int main()
{
    char a,b;          //定义字符变量
    int i;
    cout<<toascii('A')<<endl     //字符转换成 ASCII 码
    cout<<"=========================="<<endl;
    a='A';             //字符变量赋值
    b='1';
    cout<<a<<endl;     //字符变量输出
    cout<<b<<endl;
    cout<<"=========================="<<endl;
    cout<<toascii(a)<<endl;
    cout<<toascii(b)<<endl;
    cout<<"=========================="<<endl;
    for(i=1;i<=26;i++)
        cout<<char(64+i)<<" ";     //ASCII 码转换成字符
    cout<<endl;
    return 0;
}
```

程序运行结果如图 9-1 所示。

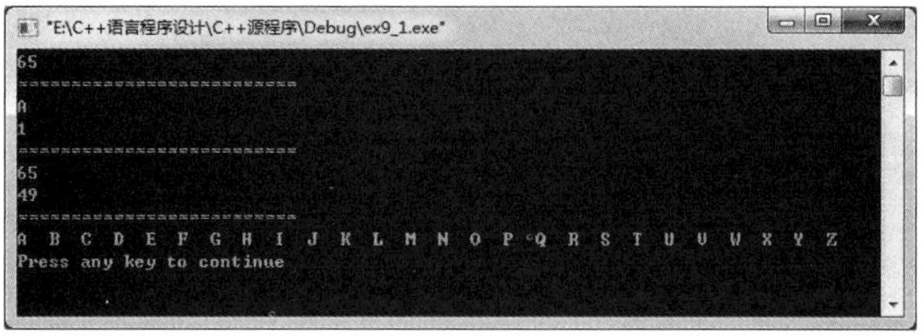

图 9-1　例 1 程序运行结果

例 2： 编写字符串输出的程序（程序名为 ex9_2.cpp）。

C++ 程序如下：

```cpp
// 字符串输出
#include <iostream.h>
int main()
{
    cout<<"abcdefghijklmnopqrstuvwxyz"<<endl;
    cout<<"ABCDEFGHIJKLMNOPQRSTUVWXYZ"<<endl;
    cout<<"=========================="<<endl;
    return 0;
}
```

程序运行结果如图 9-2 所示。

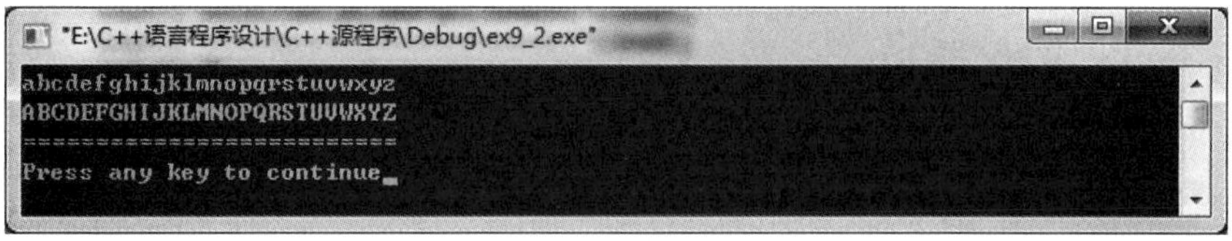

图 9-2　例 2 程序运行结果

例 3： 字符串连接（程序名为 ex9_3.cpp）。

C++ 程序如下：

```cpp
// 字符串连接
#include <iostream.h>
#include <string.h>
int main()
{
    char s1[20]="abc";          // 字符数组定义与赋初值
    char s2[20]="xyz";
    cout<<"ABC";
```

```cpp
    cout<<"XYZ"<<endl;
    cout<<"============================"<<endl;
    cout<<strcat(s1,s2)<<endl;    // 字符串连接
    cout<<"============================"<<endl;
    return 0;
}
```

程序运行结果如图 9-3 所示。

图 9-3　例 3 程序运行结果

例 4：字符串操作应用（程序名为 ex9_4.cpp）。
C++ 程序如下：

```cpp
// 字符串操作应用
#include <iostream.h>
#include <string.h>
int main()
{
    char a[20]="abc";
    char b[20]="xyz";
    cout<<strlen(a)<<endl;        //求字符串长度
    cout<<sizeof(a)<<endl;         //求字符数组的字节数
    strcat(a,b);                   //两个字符串连接
    cout<<a<<endl;
    cout<<"============================"<<endl;
    return 0;
}
```

程序运行结果如图 9-4 所示。

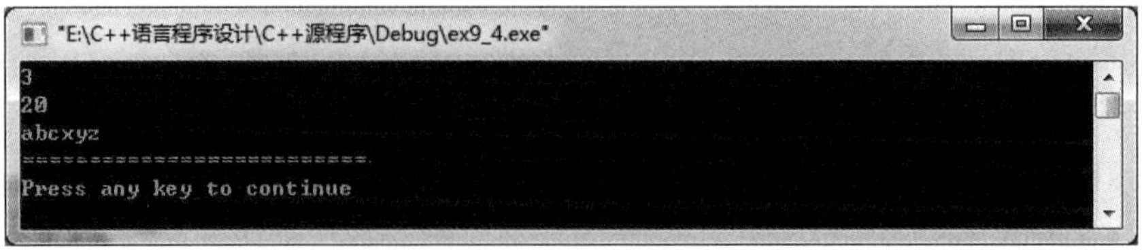

图 9-4　例 4 程序运行结果

例 5 : 字符串输入输出控制（程序名为 ex9_5.cpp）。

C++ 程序如下 :

```
// 字符串输入输出控制
#include <iostream.h>
#include <string.h>
int main()
{
    char s[10000];
    cin.getline(s,sizeof(s));     // 从键盘上输入一行字符串
    cout<<"------------------------------------"<<endl;
    cout<<strlen(s)<<endl;
    cout<<sizeof(s)<<endl;
    cout<<"------------------------------------"<<endl;
    cout<<strlen("ABCDEFGHIJKLMNabc")<<endl;    // 字符串的实际长度
    cout<<sizeof("ABCDEFGHIJKLMNabc")<<endl;    // 字符串所占的字节数
    cout<<"------------------------------------"<<endl;
    return 0;
}
```

程序运行结果如图 9-5 所示。

图 9-5　例 5 程序运行结果

例 6 : 字符串复制应用（程序名为 cx9_6.cpp）。

C++ 程序如下 :

```
// 字符串复制应用
#include <iostream.h>
#include <string.h>
int main()
{
    char a[20]="I Love You!";
    char b[20]="";
```

```
char c[20]="abcdef";
strncpy(b,a,6);        // 把字符数组 a 的前 6 个字符复制到字符数组 b
cout<<a<<endl;
cout<<"========================="<<endl;
cout<<b<<" "<<strlen(b)<<" "<<sizeof(b)<<endl;
cout<<"========================="<<endl;
strcat(b,c);
cout<<b<<" "<<strlen(b)<<" "<<sizeof(b)<<endl;
cout<<"========================="<<endl;
return 0;
}
```

程序运行结果如图 9-6 所示。

图 9-6　例 6 程序运行结果

例 7：字符数组复制与连接应用（程序名为 ex9_7.cpp）。

C++ 程序如下：

```
// 字符数组复制与连接应用
#include <iostream.h>
#include <string.h>
int main()
{
  char a[20]="I Love You!";
  char b[20]="";
  char c[20]="[";
  char d[20]="]";
  strncpy(b,a,6); // 把字符数组 a 的前 6 个字符复制到字符数组 b
  cout<<a<<endl;
  cout<<"========================="<<endl;
  cout<<b<<endl;
  cout<<"========================="<<endl;
  strcat(c,b);
```

```
    strcat(c,d);
    cout<<c<<endl;
    return 0;
}
```
程序运行结果如图 9-7 所示。

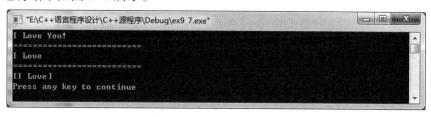

图 9-7　例 7 程序运行结果

例 8：字符串数值转换应用（程序名为 ex9_8.cpp）。
C++ 程序如下：
```
// 字符串数值转换应用
#include <iostream.h>
#include <stdlib.h>
int main()
{
    char s[100]="2000012345.789";
    double n1;
    float n2;
    int n3;
    long int n4;
    n1=atof(s);        // 字符串数值转换成浮点型数值
    n2=atof(s);
    n3=atoi(s);        // 字符串数值转换成整型数值
    n4=atol(s);        // 字符串数值转换成长整型数值
    cout<<s<<endl;
    cout<<"========================="<<endl;
    cout<<n1<<endl;
    cout<<"========================="<<endl;
    cout<<n2<<endl;
    cout<<"========================="<<endl;
    cout<<n3<<endl;
    cout<<"========================="<<endl;
```

```
        cout<<n4<<endl;
        cout<<"==========================="<<endl;
        return 0;
}
```

程序运行结果如图 9-8 所示。

图 9-8   例 8 程序运行结果

例 9：字符型数值转换成数值型数值的应用（程序名为 ex9_9.cpp）。

C++ 程序如下：

```
// 字符型数值转换成数值型数值的应用
#include <iostream.h>
#include <string.h>
#include <stdlib.h>
int main()
{
        char a[20]="12345.167";
        char b[20]="794.54";
        float x,y;
        x=atof(a);
        y=atof(b);
        cout<<x<<endl;
        cout<<"==========================="<<endl;
        cout<<y<<endl;
        cout<<"==========================="<<endl;
        cout<<x+y<<endl;
        cout<<"==========================="<<endl;
        return 0;
}
```

程序运行结果如图 9-9 所示。

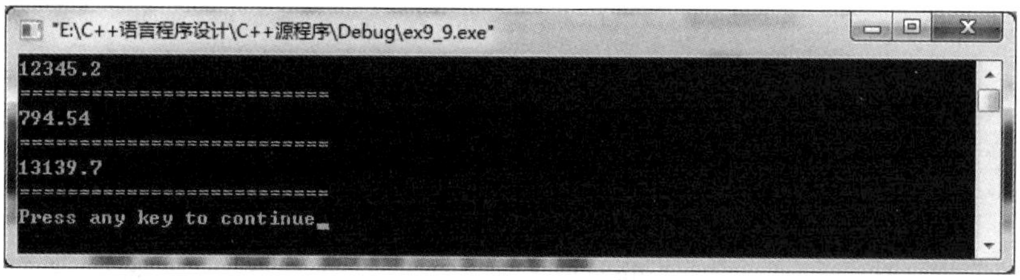

图 9-9　例 9 程序运行结果

例 10：数值型数值转换成字符型数值的应用（程序名为 ex9_10.cpp）。

C++ 程序如下：

```
// 数值型数值转换成字符型数值的应用
#include <iostream.h>
#include <string.h>
#include <stdlib.h>
int main()
{
    int a,b;
    a=12345789;
    b=723478887;
    char s1[20],s2[20];
    itoa(a,s1,10);        // 数值型数值转换成字符型数值（整型）
    itoa(b,s2,10);
    cout<<s1<<endl;
    cout<<s2<<endl;
    cout<<strcat(s1,s2)<<endl;
    cout<<"=========================="<<endl;
    a=1234567.56;
    b=7234335.79;
    itoa(a,s1,10);        // 数值型数值转换成字符型数值（丢弃小数后的整型）
    itoa(b,s2,10);
    cout<<s1<<endl;
    cout<<s2<<endl;
    cout<<strcat(s1,s2)<<endl;
    cout<<"=========================="<<endl;
    return 0;
}
```

程序运行结果如图 9-10 所示。

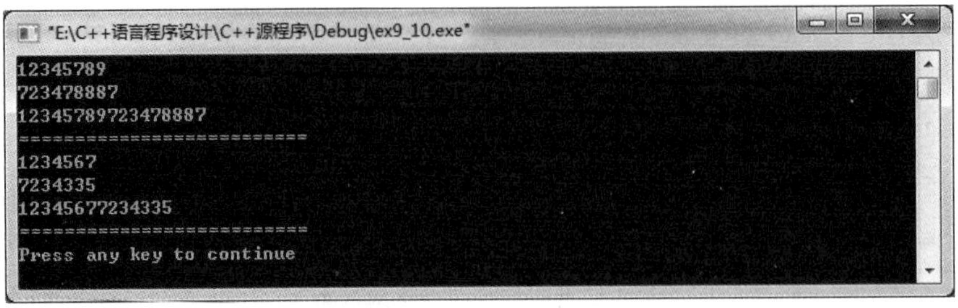

图 9-10　例 10 程序运行结果

例 11：gcvt() 应用——将浮点型数转换为字符串，遵从四舍五入原则（程序名为 ex9_11.cpp）。

C++ 程序如下：

```
//gcvt(): 将浮点型数转换为字符串（四舍五入）
//gcvt(num_double,n,str_double);
// 把浮点数 num_double 转换成字符串 str_double，n 为指定的有效数字位数
#include <iostream.h>
#include <string.h>
#include <stdlib.h>
int main()
{
    double a,b;
    a=123456.7712;
    b=727888.4569;
    char s1[20],s2[20];
    gcvt(a,10,s1);        // 把浮点数转换成字符串浮点数（有效数字保留 10 位）
    gcvt(b,8,s2); //把浮点数转换成字符串浮点数（有效数字保留 8 位，多余小数部分四舍五入）
    cout<<s1<<endl;
    cout<<s2<<endl;
    cout<<strcat(s1,s2)<<endl;
    cout<<"========================="<<endl;
    return 0;
}
```

程序运行结果如图 9-11 所示。

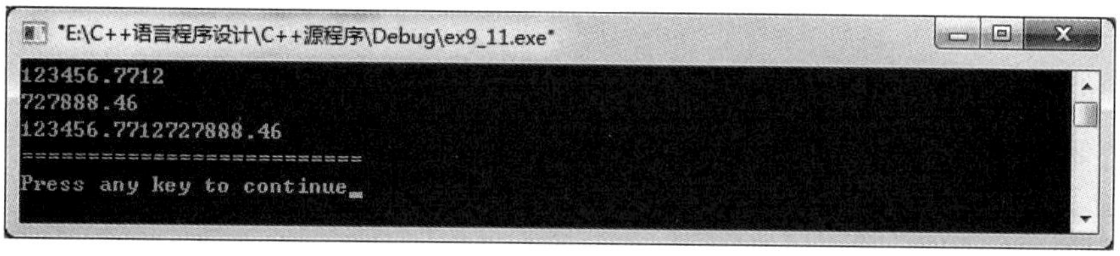

图 9-11　例 11 程序运行结果

例 12：gcvt() 函数、ecvt() 函数、fcvt() 函数应用分析举例（程序名为 ex9_12.cpp）。
C++ 程序如下：

//ecvt() 函数原型：char *ecvt(double value,int ndigIT,int *dec,int *sign);

// 函数功能：将双精度浮点型值转换为字符串，转换结果中不包含十进制小数点，如果超过 value 的数字长度，则空位补零

// 函数返回：转换后的字符串指针

// 参数说明：value 为待转换的浮点数，ndigIT 为转换后的字符串长度

//

// fcvt() 函数原型：char *fcvt(double value,int ndigIT,int *dec,int *sign)

// 函数功能：将浮点数转换为保留小数位数 ndigIT 的字符串，没有小数点，如果保留小数位数超过实际的小数位数，则将补零

// 函数返回：转换后字符串指针

// 参数说明：value 为待转换的浮点数，ndigIT 为保留小数位数

```cpp
#include <iostream>
using namespace std;
int main(int argc, char** argv)
{
    double m=1345.8796;
    int a=0, b=0;
    char szBuff[20];
    gcvt(m,1,szBuff);      // 把浮点数转换成字符串浮点数（有效数字保留 1 位，多余部分四舍五入）
    cout<<szBuff<<endl;
    gcvt(m,2,szBuff);      // 把浮点数转换成字符串浮点数（有效数字保留 2 位，多余部分四舍五入）
    cout<<szBuff<<endl;
    gcvt(m,3,szBuff);      // 把浮点数转换成字符串浮点数（有效数字保留 3 位，多余部分四舍五入）
    cout<<szBuff<<endl;
    gcvt(m,7,szBuff);      // 把浮点数转换成字符串浮点数（有效数字保留 7 位）
```

```
        cout<<szBuff<<endl;
        gcvt(m,10,szBuff);          // 把浮点数转换成字符串浮点数（有效数字保留 10 位，多
余位数不补零）
        cout<<szBuff<<endl;
        cout<<"------------------------------"<<endl;
        cout<<ecvt(m,3,&a,&b)<<endl;          // 把浮点数转换成字符串浮点数（有效数字保留
3 位，多余部分四舍五入）
        cout<<ecvt(m,4,&a,&b)<<endl;          // 把浮点数转换成字符串浮点数（有效数字保留
4 位，多余部分四舍五入）
        cout<<ecvt(m,5,&a,&b)<<endl;          // 把浮点数转换成字符串浮点数（有效数字保留
5 位，多余部分四舍五入）
        cout<<ecvt(m,6,&a,&b)<<endl;          // 把浮点数转换成字符串浮点数（有效数字保留
6 位，多余部分四舍五入）
        cout<<ecvt(m,7,&a,&b)<<endl;          // 把浮点数转换成字符串浮点数（有效数字保留
7 位，多余部分四舍五入）
        cout<<ecvt(m,8,&a,&b)<<endl;          // 把浮点数转换成字符串浮点数（有效数字保留
8 位，位数不够补 0）
        cout<<ecvt(m,10,&a,&b)<<endl;          // 把浮点数转换成字符串浮点数（有效数字保
留 10 位，位数不够补 0）
        cout<<ecvt(m,15,&a,&b)<<endl;          // 把浮点数转换成字符串浮点数（有效数字保
留 15 位，位数不够补 0）
        cout<<"------------------------------"<<endl;
        cout<<fcvt(m,-1,&a,&b)<<endl;          // 把浮点数转换成字符串浮点数（保留小数有效
数字 -1 位，多余部分四舍五入）
        cout<<fcvt(m,0,&a,&b)<<endl;          // 把浮点数转换成字符串浮点数（保留小数有效
数字 0 位，多余小数部分四舍五入）
        cout<<fcvt(m,1,&a,&b)<<endl;          // 把浮点数转换成字符串浮点数（保留小数有效
数字 1 位，多余小数部分四舍五入）
        cout<<fcvt(m,2,&a,&b)<<endl;          // 把浮点数转换成字符串浮点数（保留小数有效
数字 2 位，多余小数部分四舍五入）
        cout<<fcvt(m,3,&a,&b)<<endl;          // 把浮点数转换成字符串浮点数（保留小数有效
数字 3 位，多余小数部分四舍五入）
        cout<<fcvt(m,4,&a,&b)<<endl;          // 把浮点数转换成字符串浮点数（保留小数有效
数字 4 位）
        cout<<fcvt(m,5,&a,&b)<<endl;          // 把浮点数转换成字符串浮点数（保留小数有效
数字 5 位，位数不够补 0）
```

```
      cout<<fcvt(m,6,&a,&b)<<endl;          // 把浮点数转换成字符串浮点数（保留小数有效
数字 6 位，位数不够补 0）
      cout<<fcvt(m,10,&a,&b)<<endl;         // 把浮点数转换成字符串浮点数（保留小数有
效数字 10 位，位数不够补 0）
      cout<<fcvt(m,12,&a,&b)<<endl;         // 把浮点数转换成字符串浮点数（保留小数有
效数字 12 位，位数不够补 0）
      return 0;
}
```

程序运行结果如图 9-12 所示。

图 9-12　例 12 程序运行结果

例 13：编写一个子程序应用程序，实现在字符串的第 *n* 位后面插入某个字符串（程序名为 ex9_13.cpp）。

C++ 程序如下：

```
// 子程序说明、定义、调用（在字符串的第 n 位后面插入某个字符串）
#include <iostream.h>
#include <string.h>
#include <stdlib.h>
void strinsertstring( char s[],char s1[],char s2[],int n);// 子程序说明
int main()
{
    char s[50]="12345678";
    char mys[100]="";      // 要求取的字符串初值为空
    cout<<s<<endl;
```

```
    cout<<mys<<endl;
    cout<<"========================="<<endl;
    strinsertstring(s,mys,"abcd",3);
    cout<<s<<endl;
    cout<<mys<<endl;
    cout<<"========================="<<endl;
    strinsertstring(s,mys,"abcd",1);
    cout<<s<<endl;
    cout<<mys<<endl;
    cout<<"========================="<<endl;
    strinsertstring(s,mys,"abcd",9);
    cout<<s<<endl;
    cout<<mys<<endl;
    cout<<"========================="<<endl;
    return 0;
}
// 子程序定义（在字符串的第 n 位后面插入某个字符串）
void strinsertstring( char s[],char s1[],char s2[],int n)
{
    int i,j;
    for(i=0;s[i]!='\0',i<=n-1;i++)
        s1[i]=s[i];
    for(j=0;s2[j]!='\0';j++)
    {s1[i]=s2[j]; i++;}
    for(j=n;s[j]!='\0';j++)
    {s1[i]=s[j]; i++;}
    s1[i]='\0';
}
```

程序运行结果如图 9-13 所示。

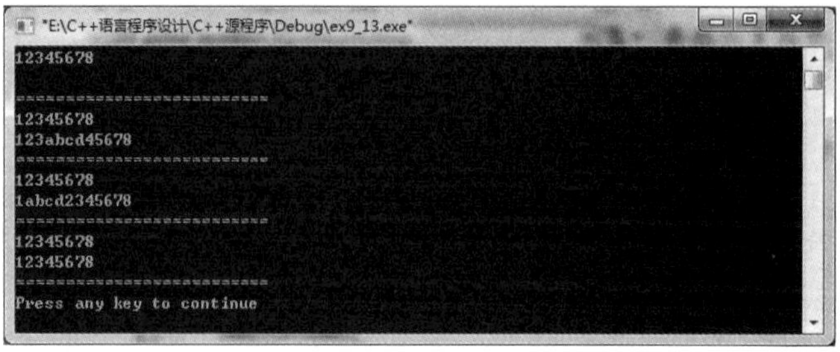

图 9-13　例 13 程序运行结果

例 14：编写一个子程序应用程序，实现删除字符串中从第 *n* 位开始的 *k* 个字符（程序名为 ex9_14.cpp）。

C++ 程序如下：

```cpp
// 子程序说明、定义、调用（删除字符串中从第 n 位开始的 k 个字符）
#include <iostream.h>
#include <string.h>
#include <stdlib.h>
void strdeletestring( char s[],char s1[],int n,int k);   // 子程序说明
int main()
{
    char s[50]="12abcd34567";
    char mys[100]="";        // 要求取的字符串初值为空
    cout<<s<<endl;
    cout<<mys<<endl;
    cout<<"========================="<<endl;
    strdeletestring(s,mys,3,4);
    cout<<s<<endl;
    cout<<mys<<"  "<<strlen(mys)<<endl;
    cout<<"========================="<<endl;
    strdeletestring(s,mys,1,10);
    cout<<s<<endl;
    cout<<mys<<"  "<<strlen(mys)<<endl;
    cout<<"========================="<<endl;
    strdeletestring(s,mys,7,5);
    cout<<s<<endl;
    cout<<mys<<"  "<<strlen(mys)<<endl;
    cout<<"========================="<<endl;
    strdeletestring(s,mys,1,20);
    cout<<s<<endl;
    cout<<mys<<"  "<<strlen(mys)<<endl;
    cout<<"========================="<<endl;
    return 0;
}
// 子程序定义（删除字符串中从第 n 位开始的 k 个字符）
void strdeletestring(char s[],char s1[],int n,int k)
{
```

```
int i,j;
for(i=0;s[i]!='\0',i<=n-2;i++)
    s1[i]=s[i];
for(j=n+k-1;s[j]!='\0';j++)
{s1[i]=s[j]; i++;}
s1[i]='\0';
}
```

程序运行结果如图 9-14 所示。

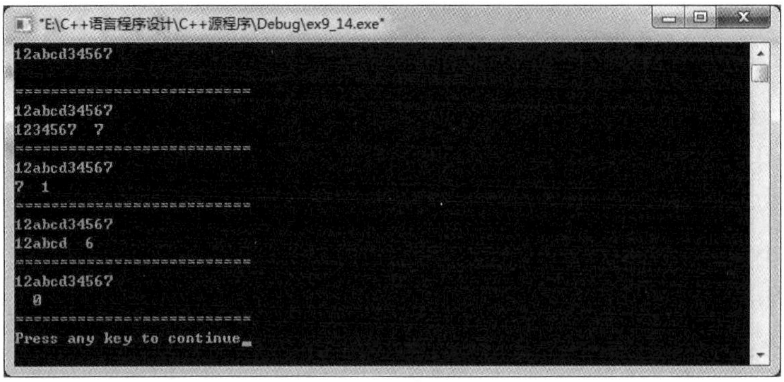

图 9-14　例 14 程序运行结果

例 15：编写一个子程序应用程序，实现查找字符在字符串中的序号（程序名为 ex9_15.cpp）。

C++ 程序如下：

```
//pos( char s[],char ch) 语句可以查找字符在字符串中的序号
#include <iostream.h>
#include <string.h>
int pos( char s[],char ch);// 子程序说明
int main()
{
    char s[100]="abcdefghij";
    cout<<s<<endl;
    cout<<"=========================="<<endl;
    cout<<s<<"  "<<strchr(s,'e')<<endl;     // 子串
    cout<<"=========================="<<endl;
    cout<<s<<"  "<<strchr(s,'g')<<endl;     // 子串
    cout<<"=========================="<<endl;
    cout<<pos(s,'e')<<endl;
    cout<<"=========================="<<endl;
```

```
        cout<<pos(s,'j')<<endl;
        cout<<"========================="<<endl;
        cout<<pos(s,'p')<<endl;
        cout<<"========================="<<endl;
        return 0;
}
// 子程序定义（查找字符在字符串中的序号）
int pos( char s[],char ch)
{
        int i;
        int n=0;
        for(i=0;s[i]!='\0';i++)
        {   if (s[i]==ch )
            { n=i+1;  break;}
        }
        return n;
}
```

程序运行结果如图 9-15 所示。

图 9-15　例 15 程序运行结果

例 16：字符串操作应用（程序名为 ex9_16.cpp）。

C++ 程序如下：

```
// 字符串操作应用
#include <iostream.h>
#include <string.h>
int pos( char s[],char ch);        // 子程序说明
void strdeletechar( char s[],char s1[],int n);
void strdeletestring( char s[],char s1[],int n,int k);
int main()
```

```
{
  char s[100]="123456efg";
  char s1[100]="";
  int n;
  cout<<s<<endl;
  cout<<"============================"<<endl;
  cout<<pos(s,'e')<<endl;
  cout<<"============================"<<endl;
  n=pos(s,'e');
  strdeletechar(s,s1,n);
  cout<<s<<" "<<s1<<"  "<<strlen(s1)<<endl;
  cout<<"============================"<<endl;
  strdeletestring(s,s1,n,3);
  cout<<s<<" "<<s1<<"  "<<strlen(s1)<<endl;
  cout<<"============================"<<endl;
  return 0;
}
// 子程序定义（查找字符在字符串中的序号）
int pos( char s[],char ch)
{
  int i;
  int n=0;
  for(i=0;s[i]!='\0';i++)
  {  if (s[i]==ch )
     { n=i+1;  break;}
  }
  return n;
}
// 子程序定义（删除字符串中从第 n 位开始的 k 个字符）
void strdeletestring(char s[],char s1[],int n,int k)
{
  int i,j;
  for(i=0;s[i]!='\0',i<=n-2;i++)
     s1[i]=s[i];
  for(j=n+k-1;s[j]!='\0';j++)
  {s1[i]=s[j]; i++;}
```

```
    s1[i]='\0';
}
// 子程序定义（删除字符串中的某个字符）
void strdeletechar( char s[],char s1[],int n)
{
    int i,j;
    for(i=0;s[i]!='\0',i<=n-2;i++)
    { s1[i]=s[i];}

    for(j=n;s[j]!='\0';j++)
    {s1[i]=s[j]; i++;}
    s1[i]='\0';
}
```

程序运行结果如图 9-16 所示。

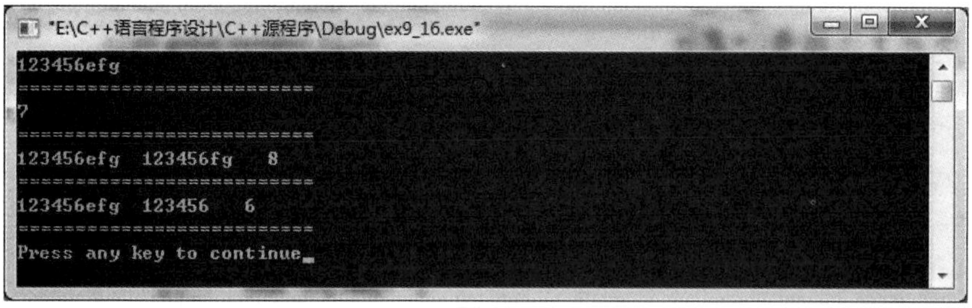

图 9-16　例 16 程序运行结果

例 17：编写删除一个字符串中所有的字符"g"的程序（程序名为 ex9_17.cpp）。
C++ 程序如下：

```
// 字符游戏（一）：删除一个字符串中所有的字符"g"
#include <iostream.h>
#include <string.h>
void strdeletestring( char s[],char s1[],int n,int k);
int main()
{
    char s[100]="abcdefg123efgg456";
    char s1[100];
    cout<<s<<"  总长度 :"<<strlen(s)<<endl;
    cout<<"================================"<<endl;
    int i,y;
    y=0;
```

```
        while(y==0 && strlen(s1)>0)
        {            for(i=0;s[i]!='\0';i++)
                 {  if(s[i]=='g')
                     { strdeletestring(s,s1,i+1,1); strcpy(s,s1); y=0;
                       cout<<i+1<<" "<<s<<"  "<<strlen(s)<<endl;
                       break;
                     }
                   y=1;
                 }
        }
        cout<<"s:"<<s<<endl;
        cout<<"s1:"<<s1<<endl;
        cout<<" 总长度 :"<<strlen(s1)<<endl;
        cout<<"==================================="<<endl;
        return 0;
    }
// 子程序定义（删除字符串中从第 n 位开始的 k 个字符）
void strdeletestring(char s[],char s1[],int n,int k)
{
    int i,j;
    for(i=0;s[i]!='\0',i<=n-2;i++)
        s1[i]=s[i];
    for(j=n+k-1;s[j]!='\0';j++)
    {s1[i]=s[j]; i++;}
    s1[i]='\0';
}
```

程序运行结果如图 9-17 所示。

图 9-17　例 17 程序运行结果

例 18：编写删除一个字符串中所有的字符"g"的程序（特例）（程序名为 ex9_18.cpp）。
字符串操作应用中有一种特例，即字符串中全部是字符"g"。
C++ 程序如下：

```
// 字符游戏（二）：删除一个字符串中所有的字符"g"
#include <iostream.h>
#include <string.h>
void strdeletestring( char s[],char s1[],int n,int k);
int main()
{
    char s[100]="ggggggggggggggggggggggg";
    char s1[100];
    cout<<s<<" 总长度 :"<<strlen(s)<<endl;
    cout<<"================================="<<endl;
    int i,y;
    y=0;
    while(y==0 && strlen(s1)>0)
    {       for(i=0;s[i]!='\0';i++)
            {  if(s[i]=='g')
               { strdeletestring(s,s1,i+1,1); strcpy(s,s1); y=0;
                 cout<<i+1<<" "<<s<<"  "<<strlen(s)<<endl;
                  break;
               }
               y=1;
            }
    }
    cout<<"s:"<<s<<endl;
    cout<<"s1:"<<s1<<endl;
    cout<<" 总长度 :"<<strlen(s1)<<endl;
    cout<<"================================="<<endl;
    return 0;
}
// 子程序定义（删除字符串中从第 n 位开始的 k 个字符）
void strdeletestring(char s[],char s1[],int n,int k)
{
    int i,j;
    for(i=0;s[i]!='\0',i<=n-2;i++)
```

```
      s1[i]=s[i];
   for(j=n+k-1;s[j]!='\0';j++)
   {s1[i]=s[j]; i++;}
   s1[i]='\0';
}
```

程序运行结果如图 9-18 所示。

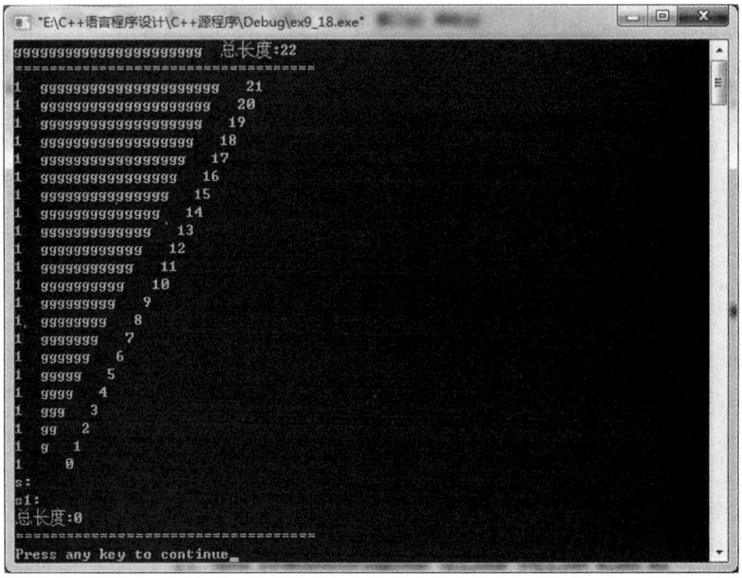

图 9-18 例 18 程序运行结果

例 19：编写删除一个字符串中所有的字符串"abc"的程序（程序名为 ex9_19.cpp）。
C++ 程序如下：

```
// 字符游戏（三）：删除一个字符串中所有的字符串"abc"
#include <iostream.h>
#include <string.h>
void strdeletestring( char s[],char s1[],int n,int k);
int main()
{
   char s[100]="abcnndefabcaaassabcab";
   char s1[100];
   cout<<s<<" 总长度 :"<<strlen(s)<<endl;
   cout<<"========================="<<endl;
   int i,y;
   y=0;
   while(y==0 && strlen(s1)>0)
```

```
{ for(i=0;s[i]!='\0';i++)
    { if (s[i]=='a' && s[i+1]=='b' && s[i+2]=='c')
      { strdeletestring(s,s1,i+1,3); strcpy(s,s1); y=0;
        cout<<i+1<<" "<<s<<" "<<strlen(s)<<endl;
        break;}
      y=1;
    }
}
cout<<"s:"<<s<<"  s1:"<<s1<<" 总长度 :"<<strlen(s1)<<endl;
cout<<"=========================="<<endl;
return 0;
}
// 子程序定义（删除字符串中从第 n 位开始的 k 个字符）
void strdeletestring(char s[],char s1[],int n,int k)
{
    int i,j;
    for(i=0;s[i]!='\0',i<=n-2;i++)
        s1[i]=s[i];
    for(j=n+k-1;s[j]!='\0';j++)
    {s1[i]=s[j]; i++;}
    s1[i]='\0';
}
```

程序运行结果如图 9-19 所示。

图 9-19　例 19 程序运行结果

例 20：编写删除一个字符串中所有的字符串 "abc" 的程序（特例）（程序名为 ex9_20.cpp）。

C++ 程序如下：

// 字符游戏（四）：删除一个字符串中所有的字符串 "abc"
#include <iostream.h>
#include <string.h>

```cpp
void strdeletestring( char s[],char s1[],int n,int k);
int main()
{
    char s[100]="abcabcabcabcababcc";
    char s1[100];
    cout<<s<<" 总长度 :"<<strlen(s)<<endl;
    cout<<"========================="<<endl;
    int i,y;
    y=0;
    while(y==0 && strlen(s1)>0)
    { for(i=0;s[i]!='\0';i++)
            { if(s[i]=='a' && s[i+1]=='b' && s[i+2]=='c')
                { strdeletestring(s,s1,i+1,3); strcpy(s,s1); y=0;
                    cout<<i+1<<" "<<s<<" "<<strlen(s)<<endl;
                    break;
                }
                y=1;
            }
    }
    cout<<"s:"<<s<<"  s1:"<<s1<<" 总长度 :"<<strlen(s1)<<endl;
    cout<<"========================="<<endl;
    return 0;
}
// 子程序定义（删除字符串中从第 n 位开始的 k 个字符）
void strdeletestring(char s[],char s1[],int n,int k)
{
    int i,j;
    for(i=0;s[i]!='\0',i<=n-2;i++)
        s1[i]=s[i];
    for(j=n+k-1;s[j]!='\0';j++)
    {s1[i]=s[j]; i++;}
    s1[i]='\0';
}
```

程序运行结果如图 9-20 所示。

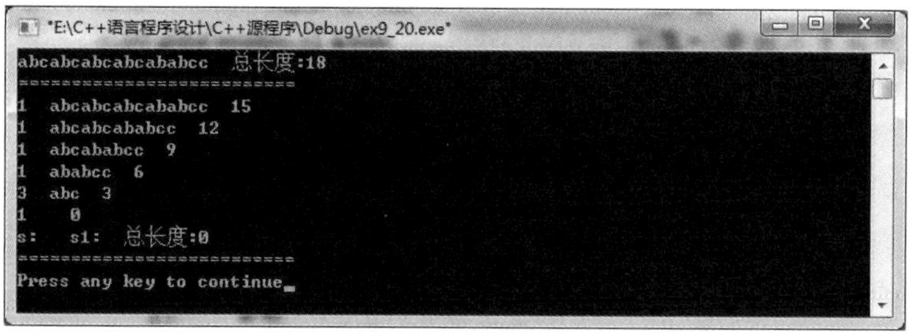

图 9-20　例 20 程序运行结果

9.3　用 string 类处理字符串

在 C++ 中，标准库同时提供了 cstring 和 string，这两个库都可以用来处理字符串，并且可以联合起来一起使用。虽然可以通过 cstring 中的字符串函数处理字符串，但当字符串长度不固定时，需要用 new 动态创建字符数组，最后用 delete 释放，这些操作都相当烦琐。C++ 风格更倾向于使用 string 类型。有了 string 类型，程序员就不用再关心存储的分配，也无须处理繁杂的 NULL 结束符，这些操作都将由系统自动完成。由于字符串的使用较为广泛，因此用 string 定义字符串，操作方便且简单。

在 C++ 中，string 类型其实是一个类，它包含在头文件 string 中，类的概念会在后面章节介绍，此处将 string 类看作一种数据类型。

例如，定义 string 类型的变量如下：

string s1;　　　　// 定义字符串变量 s1，默认值为空

string s2="hello";　　// 定义字符串变量 s2，并且用字符串常量 "hello" 初始化

string s3=s2;　　　// 定义字符串变量 s3，并且用 s2 对其初始化

C++ 语言针对 string 类型提供了丰富的操作符，通过前面介绍的赋值运算、加法运算、关系运算和逻辑运算等，可以方便地完成字符串的赋值、连接和比较等操作，而无须使用字符串函数。

例 21：用 string 类处理字符串应用实例（一）（程序名为 ex9_21.cpp）。

C++ 程序如下：

```
// 用 string 类处理字符串应用实例（一）
#include <iostream>
#include <string>
using namespace std;
int main()
{
    string s1="C++ Programming";    // 定义字符串变量并赋初值
```

```
    string s2="I Like ";
    string s3,s4,s5,s6;          // 定义字符串变量
    cout<<"s1="<<s1<<endl;
    cout<<"s2="<<s2<<endl;
    cout<<"s1+s2="<<s2+s1<<endl;          //string 类加法运算
    cout<<"========================="<<endl;
    s3=s1;                //string 类更新操作
    cout<<"s3="<<s3<<endl;
    s4="123456";          //string 类赋值操作
    cout<<"s4="<<s4<<endl;
    cout<<"========================="<<endl;
    cout<<" 请输入一个字符串 :";
    cin>>s5;
    cout<<"s5="<<s5<<endl;
    s6=s4+s5;                //string 类连接操作
    cout<<"s6="<<s6<<endl;
    cout<<"========================="<<endl;
    cout<<" 串 s1 与串 s2";
    if(s1==s2)            // 判断操作
        cout<<" 相等。"<<endl;
    else
        cout<<" 不相等。"<<endl;

    cout<<" 串 s1";
    if(s1>=s2)            // 比较操作
        cout<<" 大于等于串 s2。"<<endl;
    else
        cout<<" 小于串 s2。"<<endl;
    cout<<"========================="<<endl;
    return 0;
}
```
程序运行结果如图 9-21 所示。

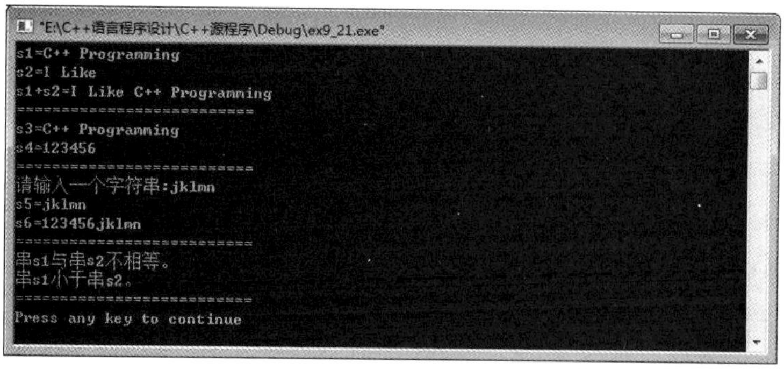

图 9-21　例 21 程序运行结果

例 22：用 string 类处理字符串应用实例（二）（程序名为 ex9_22.cpp）。

C++ 程序如下：

```cpp
// 用 string 类处理字符串应用实例（二）
#include <iostream>
#include <string>
using namespace std;
int main()
{
    string s1="C++ Programming";    // 定义字符串变量并赋初值
    string s2="I Like ";
    string s3,s4,s5,s6;             // 定义字符串变量
    int i;
    cout<<"s1="<<s1<<endl;
    cout<<"s2="<<s2<<endl;
    cout<<"s1="<<s1<<endl;
    cout<<"========================="<<endl;
    cout<<" 串 s1 的长度 ="<<s1.length()<<endl;    // 求 string 类的长度
    cout<<" 字符串分离："<<endl;
    for(i=0;i<s1.length();i++)
        cout<<s1.substr(i,1);           // 取子串操作（截取串 s1 第 i+1 号开始的 1 个字符）
    cout<<endl;
    cout<<"========================="<<endl;
    cout<<" 将串 s1 与串 s2 进行交换："<<endl;
    s1.swap(s2);
    cout<<"s1="<<s1<<endl;
    cout<<"s2="<<s2<<endl;
```

```
    s3=s2.substr(4,11);          // 取子串操作（截取串 s2 第 5 字符开始的 11 个字符）
    cout<<"s2="<<s2<<endl;          // 串 s2 的原值保留
    cout<<"s3="<<s3<<endl;
    cout<<"========================="<<endl;
    s4=s1.erase(0,2);          // 删除子串操作（删除串 s1 第 1 字符开始的 2 个字符）
    cout<<"s1="<<s1<<endl;          // 注意串 s1 的原值没有保留
    cout<<"s4="<<s4<<endl;
    s5=s1.insert(0,"You and I ");  // 插入子串操作
    cout<<"s1="<<s1<<endl;          // 注意串 s1 的原值没有保留
    cout<<"s5="<<s5<<endl;
    s6=s2.replace(4,11," 程序设计 ");        // 替换字符串操作（用"程序设计"字符串
替换串 s2 第 5 字符开始的 11 个字符）
    cout<<"s2="<<s2<<endl;              // 注意串 s2 的原值没有保留
    cout<<"s6="<<s6<<endl;
    cout<<"========================="<<endl;
    return 0;
}
```

程序运行结果如图 9-22 所示。

图 9-22   例 22 程序运行结果

例 23：字符游戏（一）：删除一个字符串中所有的字符"g"，用 string 类处理字符串（程序名为 ex9_23.cpp）。

C++ 程序如下：

```
// 字符游戏（一）：删除一个字符串中所有的字符"g"
// 用 string 类处理字符串
#include <iostream>
#include <string>
```

```
using namespace std;
int main()
{
    string s="abgsfgsgghsbafffgggkmnbaggg";    // 定义字符串变量并赋初值
    string s1;
    cout<<s<<" 总长度 :"<<s.length()<<endl;
    cout<<"========================="<<endl;
    int i,y;
    y=0;
    while(y==0 && s.length()>0)
    { for(i=0;i<s.length();i++)
          {  if(s.substr(i,1)=="g" )
                 {
                         s1=s.erase(i,1);
                         s=s1;
                         cout<<i+1<<" "<<s<<" "<<s.length()<<endl;
                         y=0;
                         break;
                 }
                 y=1;
          }
    }
    cout<<"s:"<<s<<"  s1:"<<s1<<" 总长度 :"<<s.length()<<endl;
    cout<<"========================="<<endl;
    return 0;
}
```

程序运行结果如图 9-23 所示。

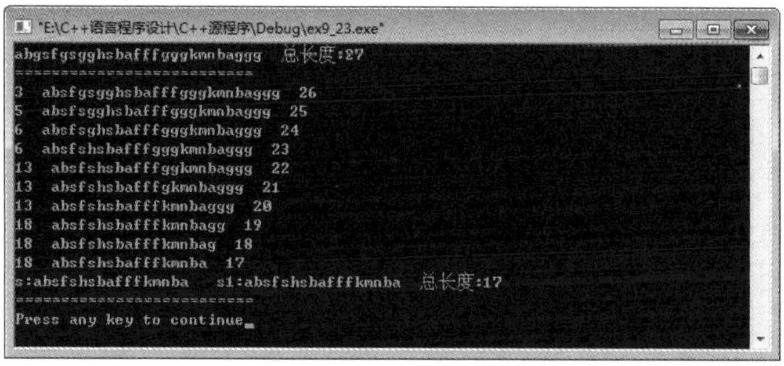

图 9-23　例 23 程序运行结果

例 24：字符游戏（二）：删除一个字符串中所有的字符"g"（特例：字符串中所有的字符都为"g"），用 string 类处理字符串（程序名为 ex9_24.cpp）。

C++ 程序如下：

// 字符游戏（二）：删除一个字符串中所有的字符"g"（特例：字符串中所有的字符都为"g"）

// 用 string 类处理字符串

```cpp
#include <iostream>
#include <string>
using namespace std;
int main()
{
    string s="gggggggggggggggggggggggg";        // 定义字符串变量并赋初值
    string s1;
    cout<<s<<" 总长度 :"<<s.length()<<endl;
    cout<<"========================"<<endl;
    int i,y;
    y=0;
    while(y==0 && s.length()>0)
    { for(i=0;i<s.length();i++)
        {  if(s.substr(i,1)=="g" )
            {
                    s1=s.erase(i,1);
                    s=s1;
                    cout<<i+1<<" "<<s<<" "<<s.length()<<endl;
                    y=0;
                    break;
            }
            y=1;
        }
    }
    cout<<"s:"<<s<<"  s1:"<<s1<<" 总长度 :"<<s.length()<<endl;
    cout<<"========================"<<endl;
    return 0;
}
```

程序运行结果如图 9-24 所示。

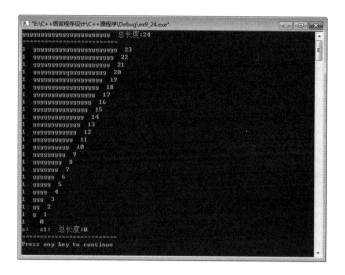

图 9-24　例 24 程序运行结果

例 25：字符游戏（三）：删除一个字符串中所有的字符串"abc"，用 string 类处理字符串（程序名为 ex9_25.cpp）。

C++ 程序如下：

```cpp
// 字符游戏（三）：删除一个字符串中所有的字符串"abc"
// 用 string 类处理字符串
#include <iostream>
#include <string>
using namespace std;
int main()
{
    string s="abcnndefabcaaassabcab";    //定义字符串变量并赋初值
    string s1;
    cout<<s<<" 总长度 :"<<s.length()<<endl;
    cout<<"========================="<<endl;
    int i,y;
    y=0;
    while(y==0 && s.length()>0)
    { for(i=0;i<s.length();i++)
        { if(s.substr(i,1)=="a" && s.substr(i+1,1)=="b" && s.substr(i+2,1)=="c")
            {
                s1=s.erase(i,3);
                s=s1;
                cout<<i+1<<" "<<s<<" "<<s.length()<<endl;
```

```
                    y=0;
                    break;
                }
                y=1;
            }
        }
    cout<<"s:"<<s<<"   s1:"<<s1<<"  总长度 :"<<s.length()<<endl;
    cout<<"========================="<<endl;
    return 0;
}
```

程序运行结果如图 9-25 所示。

图 9-25   例 25 程序运行结果

例 26：字符游戏（四）：删除一个字符串中所有的字符串"abc"（特例），用 string 类处理字符串（程序名为 ex9_26.cpp）。

C++ 程序如下：

```
// 字符游戏（四）：删除一个字符串中所有的字符串"abc"（特例）
// 用 string 类处理字符串
#include <iostream>
#include <string>
using namespace std;
int main()
{
    string s="abcabcabcabcababcc";      // 定义字符串变量并赋初值
    string s1;
    cout<<s<<"  总长度 :"<<s.length()<<endl;
    cout<<"========================="<<endl;
    int i,y;
    y=0;
    while(y==0 && s.length()>0)
    { for(i=0;i<s.length();i++)
```

```
    { if(s.substr(i,1)=="a" && s.substr(i+1,1)=="b" && s.substr(i+2,1)=="c")
        {
                s1=s.erase(i,3);
                s=s1;
                cout<<i+1<<" "<<s<<" "<<s.length()<<endl;
                y=0;
                break;
        }
        y=1;
        }
    }
    cout<<"s:"<<s<<" s1:"<<s1<<" 总长度:"<<s.length()<<endl;
    cout<<"========================="<<endl;
    return 0;
}
```

程序运行结果如图 9-26 所示。

图 9-26　例 26 程序运行结果

例 27：字符串分离。对输入的一行字符串做如下操作：将大写字母反向连成字符串，将小写字母正向连成字符串，最后输出合并后的新字符串（程序名为 ex9_27.cpp）。

输入要求：一行，包含若干个字符（个数不超过 255）。

输出要求：一行，包含所有分离后符合条件的字符连接成的字符串。

输入样例：7DVesb#Ft%。

输出样例：FVDesbt。

C++ 程序如下：

```
// 字符串分离
#include <iostream>
#include <string>
using namespace std;
```

```
int main()
{
    string st,st1,st2;
    cin>>st;
    for(int i=0;i<st.size();i++)
    {
            if(islower(st[i]))  st1=st1+st[i];    // 小写字母正向连成字符串
            if(isupper(st[i]))  st2=st[i]+st2;    // 大写字母反向连成字符串
    }
    cout<<st2<<st1<<endl;        // 输出分离合并后的字符串
    return 0;
}
```

程序运行结果如图 9-27 所示。

图 9-27　例 27 程序运行结果

例 28：判断是否构成回文（程序名为 ex9_28.cpp）。

时间限制：1 秒，内存限制：64 MB。

输入一串字符，字符个数不超过 100，且以 "."结束。判断它们是否构成回文。

输入要求：一行，包括一串字符。

输出要求：一行，TRUE 或者 FALSE。

输入样例：1122338332211。

输出样例：TRUE。

C++ 程序如下：

```
// 判断是否构成回文
#include <iostream>
#include <string>
using namespace std;
int main()
{
    string st,s="";
    cin>>st;
    for(int i=0;i<st.size()-1;i++)
```

```
    {
        s=st[i]+s;    // 反向连成字符串
    }
    s=s+'.';
    //cout<<s<<endl;    // 输出反向形成的字符串
    if(st==s)  cout<<"TRUE"<<endl;
    else  cout<<"FALSE"<<endl;
    return 0;
}
```

程序运行结果如图 9-28 所示。

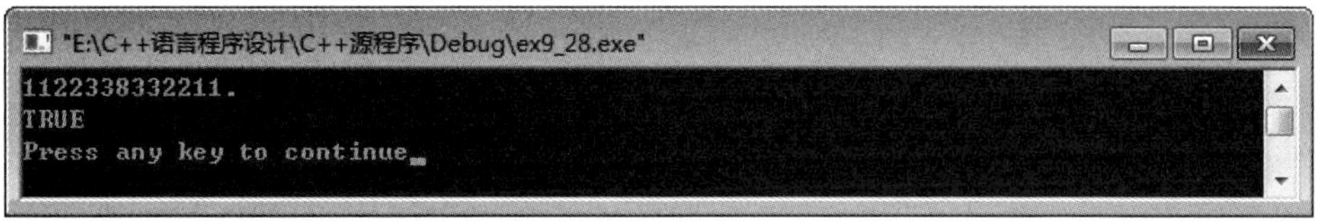

图 9-28　例 28 程序运行结果

例 29：十进制转换成任意进制（程序名为 ex9_29.cpp）。

时间限制：1 秒，内存限制：64 MB。

将十进制整数 n 转换成 b 进制。

输入要求：一行，两个整数 n 和 b（$1 \leqslant n \leqslant 32\,767$，$2 \leqslant b \leqslant 20$）。

输出要求：一行，为整数 n 转换成 b 进制后的数。

输入样例 1：19 8。

输出样例 1：23。

输入样例 2：1229 16。

输出样例 2：4CD。

C++ 程序如下：

```
// 十进制转换成任意进制
#include <iostream>
#include <string>
using namespace std;
string turn(int n,int x)
{
    int yu;
    string s="";
    if(n==0)  return "0";
    while(n!=0)
```

```
    {
            yu=n%x;
            if(yu<10)  s=char(yu+48)+s;
            else  s=char(yu+55)+s;
            n=n/x;
    }
    return s;
}
int main()
{
    int n,k;
    cin>>n>>k;
    cout<<turn(n,k)<<endl;
    return 0;
}
```

程序运行结果如图 9-29 所示。

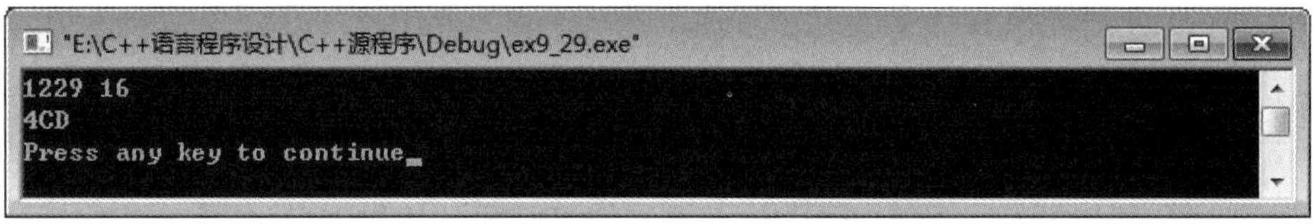

图 9-29　例 29 程序运行结果

例 30：输入一个不超过 30 位的二进制数，将其转化为十进制数并输出（程序名为 ex9_30.cpp）。

输入要求：一行，长度不超过 30 位的二进制数。

输出要求：一行，一个整数，即相应的十进制数。

输入样例 1：11。

输出样例 1：3。

输入样例 2：11111111000111111000

输出样例 2：1044984

C++ 程序如下：

```
// 二进制数转化为十进制数并输出
#include <iostream>
#include <string>
using namespace std;
int turn2(string s)
```

```
{
    int t=0;
    for(int i=0;i<s.size();i++)
    {
            t=t*2+s[i]-48;
    }
    return t;
}
int main()
{
    string s;
    cin>>s;
    cout<<turn2(s)<<endl;
    return 0;
}
```

程序运行结果如图 9-30 所示。

图 9-30　例 30 程序运行结果

例 31：快速求和（程序名为 ex9_31.cpp）。

输入数据只由 26 个大写字母和空格组成，并且开始和结束的字符一定是大写字母。除此之外，它可以任意组合，可以连续出现多个空格。求和的算法是每个字母的位置号和字母值乘积的总和。空格的值为 0，字母的值按照字母表顺序取值，比如 A=1，B=2。下面是 "ACM" 和 "MID CENTRAL" 计算和的例子。

ACM：$1 \times 1 + 2 \times 3 + 3 \times 13 = 46$。

MID CENTRAL：$1 \times 13 + 2 \times 9 + 3 \times 4 + 4 \times 0 + 5 \times 3 + 6 \times 5 + 7 \times 14 + 8 \times 20 + 9 \times 18 + 10 \times 1 + 11 \times 12 = 650$。

时间限制：1 秒，内存限制：64 MB。

输入要求：一行，由大写字母或空格组成，最多有 255 个字符。

输出要求：一行，计算出的和。

输入样例 1：ACM。

输出样例 1：46。

输入样例 2：MID CENTRAL。

输出样例 2：650。

C++ 程序如下：

```cpp
// 快速求和
#include <iostream>
#include <string>
using namespace std;
int main()
{
    string s;
    int sz=0;
    getline(cin,s);      // 输入数据只由 26 个大写字母和空格组成，并且开始和结束的字
符一定是大写字母
    for(int i=0;i<s.size();i++)
    {
            if(isupper(s[i]))  sz=sz+(s[i]-64)*(i+1);
    }
    cout<<sz<<endl;
    return 0;
}
```

程序运行结果如图 9-31 所示。

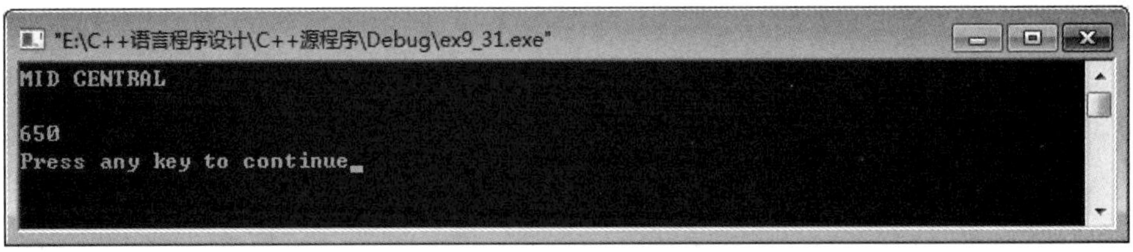

```
■ "E:\C++语言程序设计\C++源程序\Debug\ex9_31.exe"
MID CENTRAL

650
Press any key to continue
```

图 9-31　例 31 程序运行结果

例 32：大小写字母互换。把一个字符串中出现的所有大写字母都替换成小写字母，同时把小写字母都替换成大写字母（程序名为 ex9_32.cpp）。

输入：一行，待互换的字符串。

输出：一行，完成互换的字符串（字符串长度小于 80）。

输入样例：If so, you already have a Google Account. You can sign in on the right.

输出样例：iF SO, YOU ALREADY HAVE A gOOGLE aCCOUNT. yOU CAN SIGN IN ON THE RIGHT.

C++ 程序如下：

```cpp
// 大小写字母互换
```

```
#include <iostream>
#include <string>
using namespace std;
int main()
{
    string s;
    getline(cin,s);
    for(int i=0;i<s.size();i++)
    {
            if(isupper(s[i]))  s[i]=tolower(s[i]);
            else   s[i]=toupper(s[i]);
    }
    cout<<s<<endl;
    return 0;
}
```

程序运行结果如图 9-32 所示。

图 9-32　例 32 程序运行结果

例 33：文本编码（递归）（调试程序）（程序名为 ex9_33.cpp）。

有一种编码方式如下：首先写下文本中间的字符，如果文本中的字符编号为 $1 \sim n$，那么中间一个字符的编号为 $(n+1)\ /\ 2$，其中"/"表示整除，然后用这个方法递归地写下左半部分的相应字符，最后再按这个方法递归地写下右半部分的相应字符。例如，文本为"orthography"，则其编码为"gtorhoprahy"。即先写中间的那个字符"g"，再对"ortho"递归地编码，最后将"raphy"递归地编码，就得到了编码文本"gtorhoprahy"。要求给出一个文本，求出编码后的文本。

输入要求：一行字符，表示原始的文本内容。

输出要求：一行字符，表示编码后的文本内容。

输入样例：orthography。

输出样例：gtorhoprahy。

C++ 程序如下：

```
// 递归（文本编码）（调试程序）
#include <iostream>
```

```cpp
#include <string>
using namespace std;
string s,ss;
void dgm(string s,string &ss)   //&ss 为函数的引用调用，ss 的值被带回来
{
    int n,m;
    string s1,s2;
    n=s.length();
    m=(n+1) / 2;
    cout<<n<<" "<<m<<endl;
    if(n==1)  ss=ss+s;
    if(n==2)  ss=ss+s;
    if(n>2)
    {
            ss=ss+s.substr(m-1,1);
            cout<<"========================"<<endl;
            cout<<ss<<endl;
            s1=s.substr(0,m-1);     // 左半部分内容
            cout<<s1<<endl;
            s2=s.substr(m,n-m);     // 右半部分内容
            cout<<s2<<endl;
            dgm(s1,ss);         // 递归左半部分
            dgm(s2,ss);         // 递归右半部分
    }
}
// 主程序
int main()
{
    string s,ss;
    s="orthography";
    cout<<s<<endl;
    cout<<"========================"<<endl;
    ss="";
    dgm(s,ss);
    cout<<ss<<endl;
    cout<<"========================"<<endl;
```

```
        return 0;
}
```

程序运行结果如图 9-33 所示。

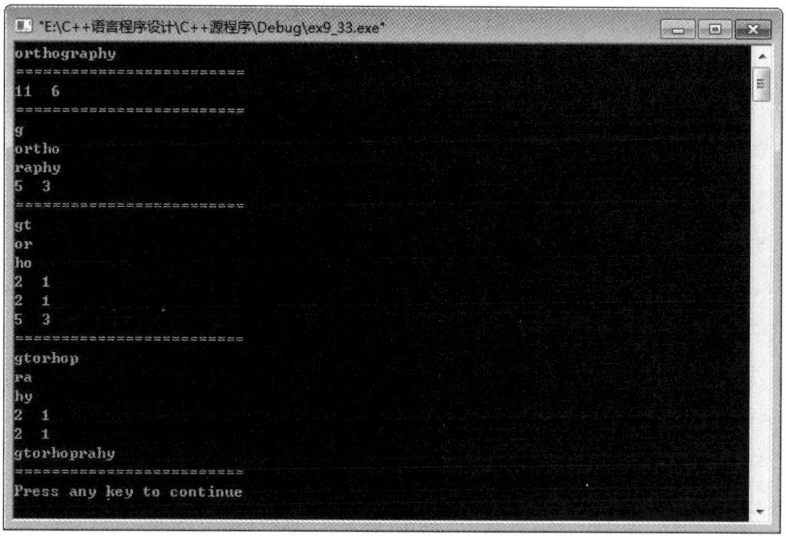

图 9-33　例 33 程序运行结果

例 34：文本编码（递归）（完整版）（程序名为 ex9_34.cpp）。

C++ 程序如下：

```
// 递归（文本编码）（完整版）
#include <iostream>
#include <string>
using namespace std;
string s,ss;
void dgm(string s,string &ss)   //&ss 为函数的引用调用，ss 的值被带回来
{
    int n,m;
    string s1,s2;
    n=s.length();
    m=(n+1) / 2;
    if(n==1)  ss=ss+s;
    if(n==2)  ss=ss+s;
    if(n>2)
    {
        ss=ss+s.substr(m-1,1);
        s1=s.substr(0,m-1);     // 左半部分内容
```

```
            s2=s.substr(m,n-m);      // 右半部分内容
            dgm(s1,ss);        // 递归左半部分
            dgm(s2,ss);        // 递归右半部分
        }
    }
    // 主程序
    int main()
    {
        string s,ss;
        cin>>s;
        ss="";
        dgm(s,ss);
        cout<<ss<<endl;
        cout<<"=========================="<<endl;
        return 0;
    }
```

程序运行结果如图 9-34 所示。

图 9-34 例 34 程序运行结果

第 10 章　C++ 语言编程联合调试能力训练

编程联合调试能力训练是提高编程能力的重要环节。调试涉及许多知识和能力。联合调试的目的是检查程序的整体系统功能是否完善，发现需要优化的地方，是程序交付用户使用前的必要环节。

本章通过实例帮助思维训练启蒙者掌握程序联合调试的基本技能。

10.1　编程联合调试能力基本技能训练

例 1：编写一个程序，输出 1 ～ *number* 之间的所有质数，即素数（程序名为 ex10_1.cpp）。

C++ 程序如下：

```cpp
// 输出 1 ～ number 之间的所有质数
#include <iostream>
#include<iomanip>
using namespace std;
// 判断是否为质数（素数）
int ps(int x)
{
    int f=1;           // 假设 x 不是质数
    int s=0;
    for(int j=1;j<=x;j++)
        if(x%j==0) s++;
    if(s==2)  f=0;      // 判别是否为质数（除了 1 和自己本身外不能被其他数整除）
    return f;           // 是质数返回 f=0
}
// 主程序
int main()
{
    int n=0;
```

```cpp
    int number;
    cout<<" 请输入所求质数的范围 :";
    cin>>number;
    for(int i=2;i<=number;i++)    // 特别注意：1 和 0 不是质数（素数），也不是合数
    {
            if(ps(i)==0)     // 判别是否为质数
            {
                    n++;
                    cout<<i<<" ";
                    if(n%10==0) cout<<endl;
            }
    }
    cout<<endl;
    return 0;
}
```

程序运行结果如图 10-1 所示。

图 10-1　例 1 程序运行结果

例 2：编写一个程序，输出 2 ～ 100 000 以内的所有既是质数（素数）又是回文数的数（程序名为 ex10_2.cpp）。

C++ 程序如下：

```cpp
// 输出 2 ～ 100 000 以内的所有既是质数（素数）又是回文数的数
#include <iostream>
#include<iomanip>
using namespace std;
// 判断是否为质数（素数）
int ps(int x)
{
    int f=1;          // 假设 x 不是质数
```

```
    int s=0;
    for(int j=1;j<=x;j++)
        if(x%j==0) s++;
    if(s==2)  f=0;              //判别是否为质数（除了1和自己本身外不能被其他数整除）
    return f;                   // 是质数返回 f=0
}
// 把数倒置
int hws(int x)
{
    int m,y;
    m=x;
    y=0;
    while(m!=0)
    {
            y=y*10+m%10;
            m=m/10;
    }
    return y;
}
// 主程序
int main()
{
    int i;
    for(i=2;i<=100000;i++)    // 特别注意：1 和 0 不是质数（素数），也不是合数
        if(ps(i)==0 && i==hws(i)) cout<<setfill(' ')<<setw(8)<<i;   // 每个回文数以 8 位
宽度显示
    cout<<endl;
    return 0;
}
```

程序运行结果如图 10-2 所示。

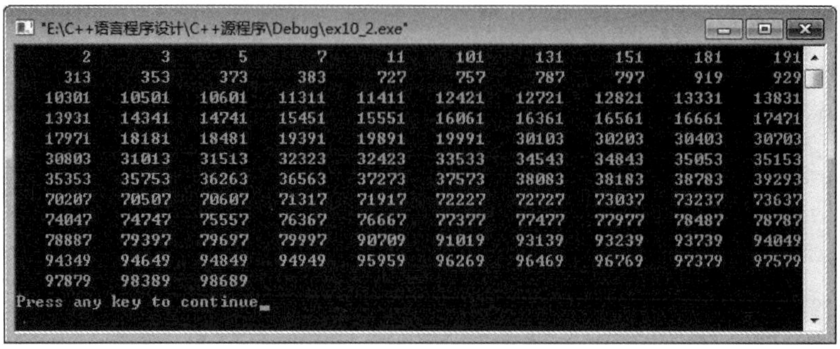

图 10-2　例 2 程序运行结果

数据多了，就涉及程序效率问题，下面对例 2 程序进行运行效率方面的优化。

例 3：编写一个程序，输出 2 ～ 100 000 以内的所有既是质数（素数）又是回文数的数（程序名为 ex10_3.cpp）。

C++ 程序如下：

```cpp
// 输出 2 ～ 100 000 以内的所有既是质数（素数）又是回文数的数
#include <iostream>
#include<iomanip>
using namespace std;
// 判断是否为质数（素数）（优化）
int ps(int x)
{
    int f,i;
    f=0;            // 假设 x 是质数
    for(i=2;i<=x-1;i++)
        if(x % i==0)  {f=1; break;}  // 除了 1 和自己本身外不能被其他数整除，否则推
翻原假设
    return f;        // 是质数返回 f=0
}
// 把数倒置
int hws(int x)
{
    int m,y;
    m=x;
    y=0;
    while(m!=0)
    {
        y=y*10+m%10;
```

```
            m=m/10;
        }
        return y;
}
// 主程序
int main()
{
    int i;
    for(i=2;i<=100000;i++)    // 特别注意：1 和 0 不是质数（素数），也不是合数
        if(ps(i)==0 && i==hws(i)) cout<<setfill(' ')<<setw(8)<<i;    // 每个回文数以 8 位
宽度显示
    cout<<endl;
    return 0;
}
```

程序运行结果如图 10-3 所示（程序运行快多了，这是解决此问题的两种思路）。

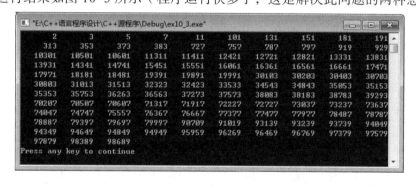

图 10-3　例 3 程序运行结果

例 4：编写一个程序，输出 1 ～ 10 000 以内平方是回文数的所有数及其平方（程序名为 ex10_4.cpp）。

C++ 程序如下：

```
// 输出 1 ～ 10 000 以内平方是回文数的所有数及其平方
#include <iostream>
#include<iomanip>
using namespace std;
// 把数倒置
int hws(int x)
{
    int m,y;
    m=x;
```

```
        y=0;
        while(m!=0)
        {
                y=y*10+m%10;
                m=m/10;
        }
        return y;
}
// 主程序
int main()
{
    int i;
    for(i=1;i<=10000;i++)
        if(hws(i*i)==i*i) cout<<setfill(' ')<<setw(10)<<i<<setw(10)<<i*i<<endl;    // 每
个回文数以 10 位宽度显示
    cout<<"==========================="<<endl;
    return 0;
}
```

程序运行结果如图 10-4 所示。

图 10-4 例 4 程序运行结果

例 5：编写一个程序，输出 1 ～ 10 000 以内所有的三重回文数（程序名为 ex10_5.cpp）。
三重回文数是指 a、a^2、a^3 都是回文数。

C++ 程序如下：

```
#include<iomanip>
using namespace std;
```

```cpp
// 把数倒置
int hws(int x)
{
    int m,y;
    m=x;
    y=0;
    while(m!=0)
    {
            y=y*10+m%10;
            m=m/10;
    }
    return y;
}
// 主程序
int main()
{
    int i;
    for(i=1;i<=10000;i++)
        if(hws(i)==i && hws(i*i)==i*i && hws(i*i*i)==i*i*i)
                cout<<setfill(' ')<<setw(10)<<i<<setw(15)<<i*i<<setw(15)<<i*i*i<<
endl;
    cout<<"====================================="<<endl;
    return 0;
}
```

程序运行结果如图 10-5 所示。

图 10-5　例 5 程序运行结果

例 6：哥德巴赫猜想（特例）（程序名为 ex10_6.cpp）。

1742 年 6 月 7 日，哥德巴赫写信给当时的大数学家欧拉，正式提出了以下猜想：任何一个大于 9 的奇数都可以表示成 3 个质数之和。质数是指除 1 和本身之外没有其他约数的数，如 2 和 11 都是质数，而 6 不是质数，因为 6 除约数 1 和 6 之外还有约数 2 和 3。需要特别说明的是 1 不是质数。这就是哥德巴赫猜想。欧拉在回信中说，他相信这个猜想是正确的，但他不能证明。从此这道数学难题引起了几乎所有数学家的注意。哥德巴赫猜想由此成为数学皇冠上一颗可望不可及的明珠。现在请你编写一个程序验证哥德巴赫猜想。

输入要求：一个正奇数 n（$9 < n < 10\,000$）。

输出要求：仅有一行，输出 3 个质数，这 3 个质数之和等于输入的奇数。相邻两个质数之间用一个空格隔开，最后一个质数后面没有空格。如果表示方法不唯一，请输出第一个数最小的方案，如果第一个数最小的方案还不唯一，请输出第二个数最小的方案。

输入样例：2009。

输出样例：3 3 2003。

C++ 程序如下：

```cpp
#include <iostream.h>
// 判断是否为质数（素数）（优化）
int ps(int x)
{
    int f,i;
    f=0;            // 假设 x 是质数
    for(i=2;i<=x-1;i++)
        if(x % i==0) {f=1; break;}  // 除了 1 和自己本身外不能被其他数整除，否则推翻原假设
    return f;       // 是质数返回 f=0
}
// 主程序
int main()
{
    int n,a,b;
    cin>>n;
    for(a=2;a<=(n/3);a++)
    {
        for(b=a;b<=(n-a)/2;b++)
            if(ps(a)==0 && ps(b)==0 && ps(n-a-b)==0)
            {
                cout<<a<<' '<<b<<' '<<n-a-b<<endl;
                cout<<endl;
                return 0;
```

```
        }
    }
    return 0;
}
```

程序运行结果如图 10-6 所示。

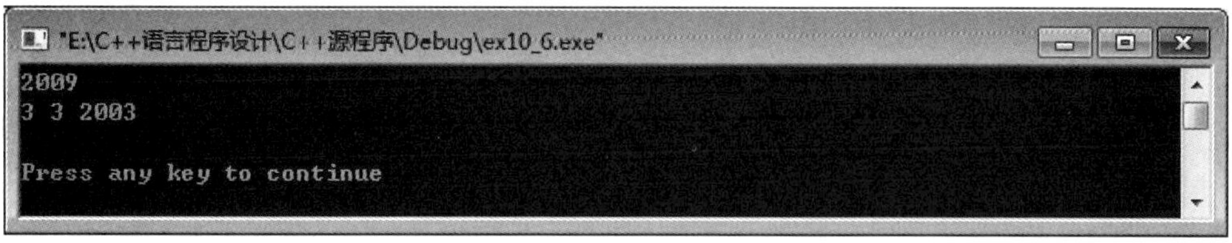

图 10-6　例 6 程序运行结果

例 7：哥德巴赫猜想的所有解（程序名为 ex10_7.cpp）。

求出哥德巴赫猜想的所有解（将一个大于 9 的奇数拆分成 3 个素数之和），并按从小到大的顺序输出。

输入要求：一个大于 9 的奇数。

输出要求：第一行为整数，表示解的总数；其下每行输出一个解。

输入样例：15。

输出样例：

3

15=2+2+11

15=3+5+7

15=5+5+5

C++ 程序如下：

```
#include <iostream.h>
// 判断是否为质数（素数）（优化）
int ps(int x)
{
    int f,i;
    f=0;          // 假设 x 是质数
    for(i=2;i<=x-1;i++)
        if(x % i==0)  {f=1; break;} // 除了 1 和自己本身外不能被其他数整除，否则推
翻原假设
    return f;       // 是质数返回 f=0
}
// 主程序
```

```
int main()
{
    int k1[100],k2[100],k3[100];
    int n;
    int i,j;
    int k=0;
    cin>>n;
    for(i=2;i<=(n/3);i++)
    {
            for(j=i;j<=(n-i)/2;j++)
            {
                if(ps(i)==0 && ps(j)==0 && ps(n-i-j)==0)
                { k=k+1; k1[k]=i;k2[k]=j;k3[k]=n-i-j; }
            }
    }
    cout<<k<<endl;
    for(i=1;i<=k;i++)
    {
            cout<<n<<'='<<k1[i]<<'+'<<k2[i]<<'+'<<k3[i]<<endl;
    }
    return 0;
}
```

程序运行结果如图 10-7 所示。

图 10-7　例 7 程序运行结果

10.2　编程联合调试能力强化训练

本节将讲解问题的分解和重新组合训练方法。

例 8：编写一个将十进制数转换成二进制数并将其输出的程序（程序名为 ex10_8.cpp）。
C++ 程序如下：

```cpp
// 十进制数转化为二进制数
#include <iostream>
using namespace std;
const int n=100;
// 十进制数转化为二进制数
void dtob(int x)
{
    int i,j;
    int a[n];
    i=0;
    while(x>0)
    {
        a[i]=x % 2;
        x=x / 2;
        i=i+1;
    }
    for(j=i-1;j>=0;j--)
        cout<<a[j];
    cout<<endl;
}
// 主程序
int main()
{
    long int x;
    cin>>x;
    dtob(x);
    return 0;
}
```

程序运行结果如图 10-8 所示。

图 10-8　例 8 程序运行结果

例 9：编写输入一个二进制数，将其转换成十进制数的程序（程序名为 ex10_9.cpp）。

C++ 程序如下：

```cpp
// 二进制数转化为十进制数
#include <iostream>
using namespace std;
// 二进制数转化为十进制数
int btod(char s[])
{
    int i,j,m;
    i=1;
    j=strlen(s);
    j=j-1;
    m=0;
    while(j>=0)
    {
            if(s[j]=='1')  {m=m+i;}
            i=i*2;
            j=j-1;
    }
    return m;
}
// 主程序
int main()
{
    char s[100];
    cin>>s;
    cout<<s<<endl;
    cout<<"--------------------------"<<endl;
    cout<<btod(s)<<endl;
    cout<<"--------------------------"<<endl;
```

```
    return 0;
}
```

程序运行结果如图 10-9 所示。

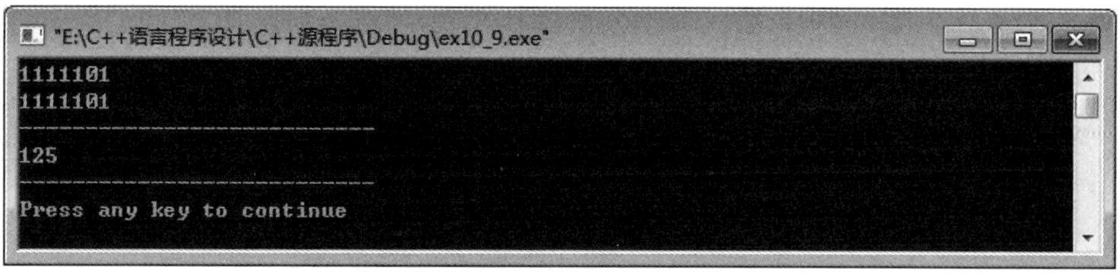

图 10-9　例 9 程序运行结果

例 10：编写一个程序，实现输入两个数 a 和 b，输出此两数的最大公约数（程序名为 ex10_10a.cpp）。

两个数的最小公倍数与最大公约数有如下关系：

最小公倍数 = 两数乘积 / 最大公约数

方法一：采用辗转相除法。

C++ 程序如下：

```cpp
// 求两个数的最大公约数和最小公倍数
#include <iostream>
using namespace std;
// 求两个数的最大公约数（辗转相除法）
int gcd(int m,int n)
{
    int r,t;
    if(n>m) {t=m; m=n; n=t;}
    while(n>0)
    {
        r=m % n ;
        m=n;
        n=r;
    }
    return m;
}
// 主程序
int main()
{
    int g,l;
```

```cpp
    int a,b;
    cin>>a>>b;        // 输入两个数
    g=gcd(a,b);       // 求两个数的最大公约数
    l=(a*b)/g;        // 求两个数的最小公倍数
    cout<<g<<"    "<<l<<endl;
    cout<<"======================="<<endl;
    return 0;
}
```

程序运行结果如图 10-10 所示。

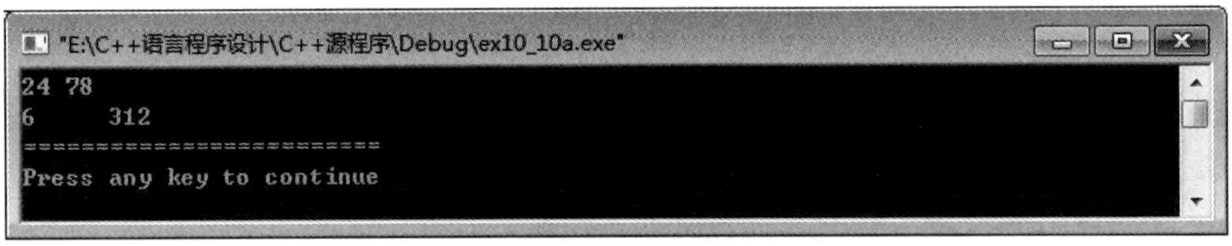

图 10-10　例 10 程序运行结果

方法二：采用递归法（程序名为 ex10_10b.cpp）。

C++ 程序如下：

```cpp
// 求两个数的最大公约数和最小公倍数
#include <iostream>
using namespace std;
// 求两个数的最大公约数（递归法）
int gcd(int m,int n)
{
    int r;
    r=m % n ;
    if(r==0) {return n; }
    else {return gcd(n,r); }
}
// 主程序
int main()
{
    int g,l;
    int a,b;
    cin>>a>>b;        // 输入两个数
    g=gcd(a,b)        // 求两个数的最大公约数
    l=(a*b)/g;        // 求两个数的最小公倍数
```

```
    cout<<g<<"    "<<l<<endl;
    cout<<"======================="<<endl;
    return 0;
}
```

例 11：编写一个程序，输入两个数 *a* 和 *b*，输出此两数的最大公约数、最小公倍数，再以二进制数形式显示出来（程序名为 ex10_11.cpp）。

本例要把求两数的最大公约数、最小公倍数和十进制数转换成二进制数两个问题结合起来，实质是如何把两个子程序和主程序连在一起进行调试的问题。

C++ 程序如下：

```
// 求两个数的最大公约数和最小公倍数并以二进制数的形式表示出来
#include <iostream>
using namespace std;
const int n=100;
// 求两个数的最大公约数
int gcd(int m,int n)
{
    int r;
    r=m % n ;
    if(r==0) {return n; }
    else {return gcd(n,r); }
}
// 十进制数转化为二进制数
void dtob(int x)
{
    int i,j;
    int a[n];
    i=0;
    while(x>0)
    {
        a[i]=x % 2;
        x=x / 2;
        i=i+1;
    }
    for(j=i-1;j>=0;j--)
        cout<<a[j];
    cout<<endl;
```

```
    }
    // 主程序
    int main()
    {
        int g,l;
        int a,b;
        cin>>a>>b;        // 输入两个数
        g=gcd(a,b);       // 求两个数的最大公约数
        l=(a*b)/g;        // 求两个数的最小公倍数
        cout<<g<<"    "<<l<<endl;
        cout<<"------------------------------"<<endl;
        dtob(g);          // 最大公约数以二进制数的形式表示出来
        dtob(l);          // 最小公倍数以二进制数的形式表示出来
        return 0;
    }
```

程序运行结果如图 10-11 所示。

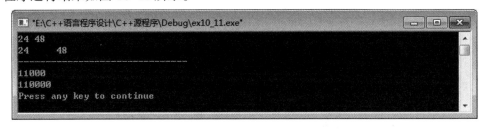

图 10-11　例 11 程序运行结果

例 12：编程实现输入两个二进制数 $s1$ 和 $s2$，输出此两数的最大公约数、最小公倍数，再以二进制数形式显示出来（程序名为 ex10_12.cpp）。

同例 11 一样，本例也是把求两数的最大公约数、最小公倍数和十进制数转换成二进制数两个问题结合起来，实质是如何把多个子程序和主程序连在一起进行调试的问题。

C++ 程序如下：

```
// 输入两个二进制数，求出最大公约数和最小公倍数，并以二进制数的形式表示出来
#include <iostream>
using namespace std;
const int n=100;
// 求出最大公约数
int gcd(int m,int n)
{
    int r;
```

```cpp
        r=m % n ;
        if (r==0) { return n;}
        else { return gcd(n,r); }
}
// 二进制数转化为十进制数
int btod(char s[])
{
    int i,j,m;
    i=1;
    j=strlen(s);
    j=j-1;
    m=0;
    while(j>=0)
    {
        if(s[j]=='1') { m=m+i;}
        i=i*2;
        j=j-1;
    }
    return m;
}
// 十进制数转化为二进制数
void dtob(int x)
{
    int i,j;
    int a[n];
    i=0;
    while(x>0)
    {
        a[i]=x % 2;
        x=x / 2;
        i=i+1;
    }
    for(j=i-1;j>=0;j--)
        cout<<a[j];
    cout<<endl;
}
```

```cpp
// 主程序
int main()
{
    char s1[100];
    char s2[100];
    int a,b;
    int g,l;
    cin>>s1;
    cin>>s2;
    a=btod(s1);      // 将两个二进制数转换为十进制数
    b=btod(s2);
    cout<<a<<"     "<<b<<endl;
    cout<<"--------------------------"<<endl;
    g=gcd(a,b);      // 求出两数的最大公约数
    l=(a*b)/g;       // 求出两数的最小公倍数
    cout<<g<<"     "<<l<<endl;
    cout<<"--------------------------"<<endl;
    dtob(g);         // 最大公约数以二进制数的形式表示出来
    dtob(l);         // 最小公倍数以二进制数的形式表示出来
    return 0;
}
```

程序运行结果如图 10-12 所示。

图 10-12　例 12 程序运行结果

例 13：编写一个程序，实现输入一个字符串，统计其中字符 a ～ z 的个数（调试程序）（程序名为 ex10_13.cpp）。

C++ 程序如下：

```cpp
// 输入一个字符串，统计其中字符 a ～ z 的个数（调试程序）
#include <iostream.h>
#include <string.h>
#include <ctype.h>
```

```
int main()
{
    static char s[100]="abcdefghaaafghwxyzxyz",s1[100];
    static int a[26];        // 对应 a~z 字符存放的数目
    int i,n=0;
    cout<<s<<"  总长度 :"<<strlen(s)<<endl;
    for(i=0;s[i]!='\0';i++)
    {
        n=toascii(s[i])-97;   // 计算对应字符的位置（a:0，b:1，c:2，…，z:25）
        cout<<s[i]<<"   "<<toascii(s[i])<<"   "<<n<<endl;
        a[n]++;        // 对应 a~z 字符存放的数目增 1
    }
    for(i=0;i<26;i++)
        cout<<a[i]<<" ";
    cout<<endl;
    cout<<"================================="<<endl;
    return 0;
}
```

程序运行结果如图 10-13 所示。

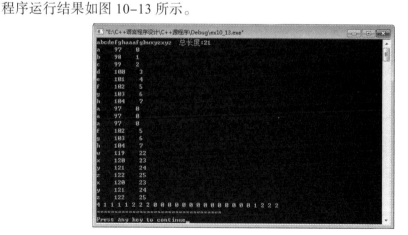

图 10-13　例 13 程序运行结果

例 14：编写一个程序，实现输入一个字符串，统计其中字符 a ～ z 的个数，并删除字符串中数目最多的那个字符（调试程序）（程序名为 ex10_14.cpp）。

C++ 程序如下：

// 输入一个字符串，统计其中字符 a ～ z 的个数，并删除字符串中数目最多的那个字符（调试程序）

#include <iostream.h>

247

```
#include <string.h>
#include <ctype.h>
int main()
{
    static char s[100]="abbbcdeeeeeeefghaaafgheewxyzxyz",s1[100];
    static int a[26];        // 对应 a~z 字符存放的数目
    int i,n=0;
    int max,k;
    cout<<s<<" 总长度 :"<<strlen(s)<<endl;
    for(i=0;s[i]!='\0';i++)
    {
        n=toascii(s[i])-97;  // 计算对应字符的位置（a:0，b:1，c:2，…，z:25）
        a[n]++;              // 对应 a~z 字符存放的数目增 1
    }
    for(i=0;i<26;i++)
        cout<<a[i]<<" ";     // 调试时可用于观察哪个字符最多
    cout<<endl;
    cout<<"================================="<<endl;
    max=0;
    for(i=0;i<26;i++)
        if(a[i]>max) {max=a[i]; k=i; }
    cout<<max<<" "<<k<<" "<<char(k+97)<<endl;    // 最多字符 ASCII 码转换成字符
    n=0;
    for(i=0;s[i]!='\0';i++)
        if(s[i]!=char(k+97)) {s1[n]=s[i]; n++; }  // 把最多的那个字符分离出来
    cout<<"s:"<<s<<" 总长度 :"<<strlen(s)<<endl;
    cout<<"s1:"<<s1<<" 总长度 :"<<strlen(s1)<<endl;
    return 0;
}
```

程序运行结果如图 10-14 所示。

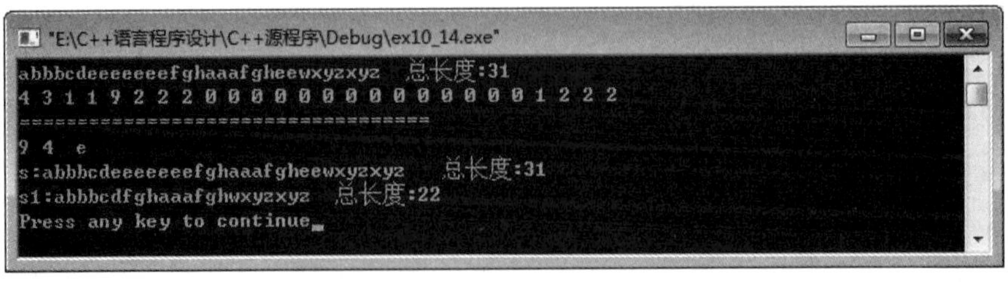

图 10-14 例 14 程序运行结果

例 15：牛的速记（程序名为 ex10_15.cpp）。

奶牛们误解了速记的含义。它们是这样理解的：给出一个少于 250 个小写字母的字符串，找到其中出现次数最多的字母，将字符串中的该字母从字符串中全部删去。如果出现次数最多的字母不止一个，就删去在字母表中靠前的一个，即序号小的那个字母。已知 a 的序号为 97，b 的序号为 98，c 的序号为 99，以此类推。然后输出这个字符串，重复上面的操作，直到字符串中没有字符。当然，你不应该输出最后的空串。虽然奶牛们误解了速记的含义，但这却是一个非常好的设计题目。编写程序实现这个过程：输入一行不超过 250 个小写字母的字符串；输出每一次删去出现次数最多的字母后剩余的字符串，每行输出一个字符串。

C++ 程序如下：

```cpp
// 牛的速记（调试程序）
// 输入一个字符串，统计其中字符 a ~ z 的个数，并删除字符串中出现次数最多的那个字符
// 依次再删除剩余字符串中出现次数最多的那个字符
// 按照这个思路，直到删除最后一个字符
#include <iostream.h>
#include <string.h>
#include <ctype.h>
int main()
{
    char s[100];
    char s1[100];
    int a[26]={0};        // 对应 a~z 字符存放的数目初始为 0
    int i,n;
    int max,k;
    cout<<" 请输入一个字符串 :";
    cin>>s;
    while(strlen(s)!=0)
    {
        cout<<s<<" 总长度 :"<<strlen(s)<<endl;
        for(i=0;i<26;i++)
            a[i]=0;            // 对应 a~z 字符存放的数目清 0
        n=0;
        for(i=0;s[i]!='\0';i++)
        {
            n=toascii(s[i])-97;  // 计算对应字符的位置（a:0，b:1，c:2，…，z:25）
```

```
            a[n]++;                    // 对应 a~z 字符存放的数目增 1
        }
        for(i=0;i<26;i++)
            cout<<a[i]<<" ";        // 调试时可用于观察哪个字符最多
        cout<<endl;
        max=0;
        for(i=0;i<26;i++)
            if(a[i]>max) {max=a[i]; k=i; }
        //cout<<max<<" "<<k<<" "<<char(k+97)<<endl;// 最多字符 ASCII 码转换成字符
        n=0;
        for(i=0;s[i]!='\0';i++)
            if(s[i]!=char(k+97)) {s1[n]=s[i]; n++; }    // 把最多的那个字符分离出来
        s1[n]='\0';
        cout<<"s:"<<s<<"  总长度 :"<<strlen(s)<<endl;
        cout<<"s1:"<<s1<<"  总长度 :"<<strlen(s1)<<endl;
        cout<<"================================="<<endl;
        strcpy(s,s1);
    }
    return 0;
}
```

程序运行结果如图 10-15 所示。

图 10-15　例 15 程序运行结果

例 16：牛的速记（程序名为 ex10_16.cpp）。

去掉不必要的输出，形成最后完整版的程序，这是调试程序过程的训练。

C++ 程序如下：

```
// 牛的速记（最后完整版）
// 输入一个字符串，统计其中字符 a ～ z 的个数，并删除字符串中出现次数最多的那
个字符
// 依次再删除剩余字符串中出现次数最多的那个字符
// 按照这个思路，直到删除最后一个字符
#include <iostream.h>
#include <string.h>
#include <ctype.h>
int main()
{
    char s[100];
    char s1[100];
    int a[26]={0};        // 对应 a~z 字符存放的数目初始为 0
    int i,n;
    int max,k;
    cout<<" 请输入一个字符串 :";
    cin>>s;
    while(strlen(s)!=0)
    {
        cout<<s<<" 总长度 :"<<strlen(s)<<endl;
        for(i=0;i<26;i++)
            a[i]=0;            // 对应 a~z 字符存放的数目清 0
        n=0;
        for(i=0;s[i]!='\0';i++)
        {
            n=toascii(s[i])-97;  // 计算对应字符的位置（a:0，b:1，c:2，…，z:25）
            a[n]++;             // 对应 a~z 字符存放的数目增 1
        }
        max=0;
        for(i=0;i<26;i++)
            if(a[i]>max) {max=a[i]; k=i; }
        n=0;
        for(i=0;s[i]!='\0';i++)
            if(s[i]!=char(k+97)) {s1[n]=s[i]; n++; }  // 把最多的那个字符分离出来
        s1[n]='\0';
```

```
        strcpy(s,s1);
    }
    return 0;
}
```

程序运行结果如图 10-16 所示。

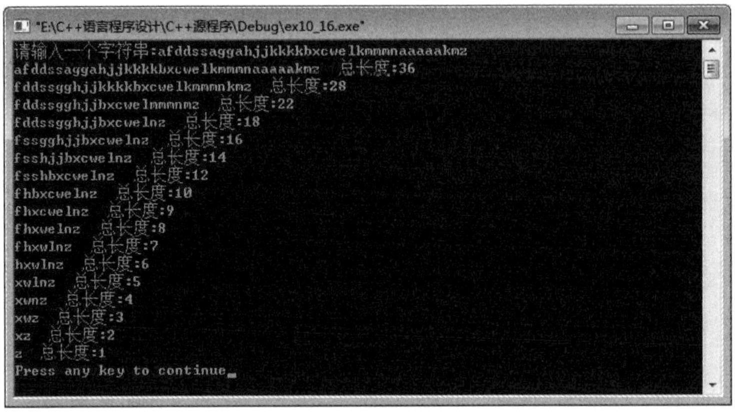

图 10-16 例 16 程序运行结果

例 17：编写一个程序，实现把一个字符串中的数字分离出来（调试程序）（程序名为 ex10_17.cpp）。

C++ 程序如下：

```
// 把一个字符串中的数字分离出来（调试程序）
#include <iostream.h>
#include <string.h>
int main()
{
    static char s[100]="1ab54cdefg123efgg456",s1[100];
    int i,n=0;
    cout<<s<<" 总长度 :"<<strlen(s)<<endl;
    for(i=0;s[i]!='\0';i++)
    {
        if(s[i]>='0' && s[i]<='9')
        {   cout<<s[i]<<endl;
            s1[n]=s[i];
            n++;
        } // 把数字字符分离出来并拼起来
    }
    s1[n]='\0';  // 把数字字符分离出来并拼起来，最后加一个字符串结束符
```

```
cout<<"s:"<<s<<"  总长度 :"<<strlen(s)<<endl;
cout<<"s1:"<<s1<<"  总长度 :"<<strlen(s1)<<endl;
cout<<"================================="<<endl;
return 0;
}
```

程序运行结果如图 10-17 所示。

图 10-17 例 17 程序运行结果

例 18：编写一个程序，实现把一个字符串中的数字分离出来，并把它转换为数值型数值（调试程序）（程序名为 ex10_18.cpp）。

C++ 程序如下：

```
// 把一个字符串中的数字分离出来，并把它转换为数值型数值（调试程序）
#include <iostream.h>
#include <string.h>
#include <stdlib.h>
int main()
{
    static char s[100]="1ab54cdefg123efgg456",s1[100];
    double n1;
    float n2;
    int n3;
    long int n4;
    int i,n=0;
    cout<<s<<"  总长度 :"<<strlen(s)<<endl;
    for(i=0;s[i]!='\0';i++)
    {
        if(s[i]>='0' && s[i]<='9')
        {    cout<<s[i]<<endl;
```

```
            s1[n]=s[i];
            n++;
        }   // 把数字字符分离出来并拼起来
    }
    s1[n]='\0';   // 把数字字符分离出来并拼起来，最后加一个字符串结束符
    cout<<"s:"<<s<<" 总长度 :"<<strlen(s)<<endl;
    cout<<"s1:"<<s1<<" 总长度 :"<<strlen(s1)<<endl;
    cout<<"=================================="<<endl;
    n1=atof(s1);        // 字符串数值转换成浮点型数值
    n2=atof(s1);
    n3=atoi(s1);        // 字符串数值转换成整型数值
    n4=atol(s1);        // 字符串数值转换成长整型数值
    cout<<n1<<endl;
    cout<<"=================================="<<endl;
    cout<<n2<<endl;
    cout<<"=================================="<<endl;
    cout<<n3<<endl;
    cout<<"=================================="<<endl;
    cout<<n4<<endl;
    cout<<"=================================="<<endl;
    return 0;
}
```

程序运行结果如图 10-18 所示。

图 10-18   例 18 程序运行结果

例 19：编写一个程序，实现输入一个字符串，把其中的数字分离出来，并把它转换为数值型数值（调试程序）（程序名为 ex10_19.cpp）。

C++ 程序如下：

```cpp
// 输入一个字符串，把其中的数字分离出来，并把它转换为数值型数值（调试程序）
#include <iostream.h>
#include <string.h>
#include <stdlib.h>
int main()
{
    static char s[100],s1[100];
    double n1;
    float n2;
    int n3;
    long int n4;
    int i,n=0;
    cout<<" 请输入一个含数字的字符串 :";
    cin>>s;
    cout<<s<<" 总长度 :"<<strlen(s)<<endl;
    for(i=0;s[i]!='\0';i++)
    {
        if(s[i]>='0' && s[i]<='9')
        {   cout<<s[i]<<endl;
            s1[n]=s[i];
            n++;
        }  // 把数字字符分离出来并拼起来
    }
    s1[n]='\0';  // 把数字字符分离出来并拼起来，最后加一个字符串结束符
    cout<<"s:"<<s<<" 总长度 :"<<strlen(s)<<endl;
    cout<<"s1:"<<s1<<" 总长度 :"<<strlen(s1)<<endl;
    cout<<"================================"<<endl;
    n1=atof(s1);        // 字符串数值转换成浮点型数值
    n2=atof(s1);
    n3=atoi(s1);        // 字符串数值转换成整型数值
    n4=atol(s1);        // 字符串数值转换成长整型数值
    cout<<n1<<endl;
    cout<<"================================"<<endl;
```

```cpp
        cout<<n2<<endl;
        cout<<"================================="<<endl;
        cout<<n3<<endl;
        cout<<"================================="<<endl;
        cout<<n4<<endl;
        cout<<"================================="<<endl;
        return 0;
}
```

程序运行结果如图 10-19 所示。

图 10-19　例 19 程序运行结果

例 20： 编写一个子程序用来分离一个字符串中的数字并连接起来转换成数值，在主程序中调用这个子程序（调试程序）（程序名为 ex10_20.cpp）。

C++ 程序如下：

// 编写一个子程序用来分离一个字符串中的数字并将其连接起来转换成数值，在主程序中调用这个子程序（调试程序）

```cpp
#include <iostream.h>
#include <string.h>
#include <stdlib.h>
void zh(char s[],char s1[])
{
    int i,n=0;
    for(i=0;s[i]!='\0';i++)
    {
        if(s[i]>='0' && s[i]<='9')
```

```
        {   cout<<s[i]<<endl;
            s1[n]=s[i];
            n++;
        }  // 把数字字符分离出来并拼起来
    }
    s1[n]='\0';  // 把数字字符分离出来并拼起来，最后加一个字符串结束符
}
int main()
{
    char s[100],s1[100];
    double n1;
    float n2;
    int n3;
    long int n4;
    cout<<" 请输入一个含数字的字符串 :";
    cin>>s;
    cout<<s<<" 总长度 :"<<strlen(s)<<endl;
    zh(s,s1);
    cout<<"s:"<<s<<" 总长度 :"<<strlen(s)<<endl;
    cout<<"s1:"<<s1<<" 总长度 :"<<strlen(s1)<<endl;
    cout<<"================================"<<endl;
    n1=atof(s1);        // 字符串数值转换成浮点型数值
    n2=atof(s1);
    n3=atoi(s1);        // 字符串数值转换成整型数值
    n4=atol(s1);        // 字符串数值转换成长整型数值
    cout<<n1<<endl;
    cout<<"================================"<<endl;
    cout<<n2<<endl;
    cout<<"================================"<<endl;
    cout<<n3<<endl;
    cout<<"================================"<<endl;
    cout<<n4<<endl;
    cout<<"================================"<<endl;
    return 0;
}
```

程序运行结果如图 10-20 所示。

图 10-20　例 20 程序运行结果

例 21：编写一个子程序用来分离出一个字符串中的数字并将其连接起来，在主程序中调用这个子程序，把字符数字转换成数值型数值，再求出若干个字符串中的数字形成的数值之和（程序名为 ex10_21.cpp）。

C++ 程序如下：

// 编写一个子程序用来分离出一个字符串中的数字并连接起来，在主程序中调用这个子程序，把字符数字转换成数值型数值

// 求出若干个字符串中的数字形成的数值之和

```cpp
#include <iostream.h>
#include <string.h>
#include <stdlib.h>
void zh(char s[],char s1[])
{
    int i,n=0;
    for(i=0;s[i]!='\0';i++)
    {
        if(s[i]>='0' && s[i]<='9')
        {
            //cout<<s[i]<<endl;
            s1[n]=s[i];
            n++;
        } // 把数字字符分离出来并拼起来
    }
```

```
    s1[n]='\0';   // 把数字字符分离出来并拼起来，最后加一个字符串结束符
}
// 主程序
int main()
{
    char s[100],s1[100];
    long int f,sum=0;
    int j,num;
    cout<<" 请输入字符串的个数 num:";
    cin>>num;
    for(j=1;j<=num;j++)
    {
        cin>>s;
        zh(s,s1);
        cout<<"s1:"<<s1<<"  总长度 :"<<strlen(s1)<<endl;
        f=atol(s1);      // 字符串数值转换成长整型数值
        sum=sum+f;       // 求和
    }
    cout<<" 若干个字符串中的数字之和 ="<<sum<<endl;
    cout<<"==============================="<<endl;
    return 0;
}
```

程序运行结果如图 10-21 所示。

图 10-21　例 21 程序运行结果

第 11 章 C++ 语言编程应用拓展训练

C++ 语言编程的应用范围广泛，涉及许多领域。解决问题是学习编程的根本目的，程序语法结构是固定的，但程序应用千变万化。编程经验的积累可以在解决实际问题的过程中实现。

本章选取一些 C++ 语言编程应用的训练实例，帮助思维训练者提高解决实际问题的能力。

11.1 编程应用拓展训练（一）

例 1：字符串展开（小鸟的密码文件）（调试程序）（程序名为 ex11_1.cpp）。

小鸟们收到了一串由字符组成的密码文件，在收到的字符串中含有类似于"d-h"或者"4-8"的字符子串，这是一种简写，输出时用连续递增的字母或数字串替代其中的减号，即将上面两个子串分别输出为"defgh"和"45678"。具体约定如下。

（1）遇到下面的情况时需要对字符串进行展开：在输入的字符串中出现了减号"-"，减号两侧同为小写字母或同为数字，且按照 ASCII 码的顺序，减号右边的字符严格大于左边的字符。

（2）如果减号右边的字符恰好是左边字符的后继，只删除中间的减号，例如，"d-e"应输出为"de"，"3-4"应输出为"34"。如果减号右边的字符按照 ASCII 码的顺序小于或等于左边字符，输出时要保留中间的减号，例如，"d-d"应输出为"d-d"，"3-1"应输出为"3-1"。

输入要求：仅有一行，包含一个长度不超过 200 的字符串，仅由数字、小写字母和减号"-"组成。行首和行末均无空格。

输出要求：仅有一行，为展开后的字符串。

输入样例：abcs-w-y1234-9s-4zz

输出样例：abcstuvwxy123456789s-4zz

C++ 程序如下：

```
// 字符串展开（小鸟的密码文件）（调试程序）
#include <string>
#include <iostream>
```

```cpp
#include <iomanip>
using namespace std;
int main()
{
    long int i,j,k;
    string s,s1,s2;
    s="abcs-w-y1234-9s-4zz";
    cout<<s<<endl;
    cout<<"-----------------------------------"<<endl;
    // 字母处理
    for(i=1;i<=s.length()-2;i++)
    {
        if(s[i]=='-' && s[i-1]!='-' )
        {
            if(s[i-1]>='a' && s[i-1]<='z' && s[i+1]>='a' && s[i+1]<='z')
            {
                k=toascii(s[i+1])-toascii(s[i-1]);
                if(k==1)  {s.erase(i,1); }
                if(k>=2)
                {
                    s2="";
                    j=0;
                    while(k>1)
                    {
                        j=j+1;
                        s1=char(toascii(s[i-1])+j);
                        s2=s2+s1;
                        k=k-1;
                    }
                    s.erase(i,1);
                    s.insert(i,s2);
                }
            }
        }
    }
    // 数字处理
```

```
        for(i=1;i<=s.length()-2;i++)
        {
            if(s[i]=='-' && s[i-1]!='-' )
            {
                if(s[i-1]>='0' && s[i-1]<='9' && s[i+1]>='0' && s[i+1]<='9')
                {
                    k=toascii(s[i+1])-toascii(s[i-1]);
                    if(k==1)    {s.erase(i,1); }
                    if(k>=2)
                    {
                        s2="";
                        j=0;
                        while(k>1)
                        {
                            j=j+1;
                            s1=char(toascii(s[i-1])+j);
                            s2=s2+s1;
                            k=k-1;
                        }
                        s.erase(i,1);
                        s.insert(i,s2);
                    }
                }
            }
        }
        cout<<s<<endl;
        return 0;
    }
```

程序运行结果如图 11-1 所示。

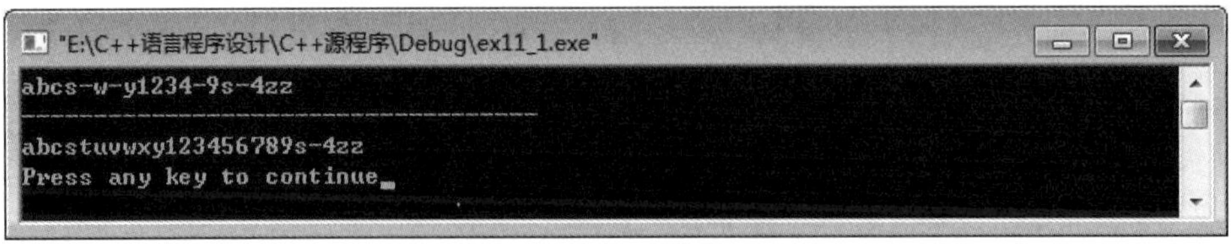

图 11-1　例 1 程序运行结果

例 2：字符串展开（小鸟的密码文件）（最后完整版）（程序名为 ex11_2.cpp）。

C++ 程序如下：

```cpp
// 字符串展开（小鸟的密码文件）（最后完整版）
#include <string>
#include <iostream>
#include <iomanip>
using namespace std;
int main()
{
    long int i,j,k;
    string s,s1,s2;
    cout<<" 请输入一组密码 ( 如 :abcs-w-y1234-9s-4zz):";
    cin>>s;
    cout<<s<<endl;
    cout<<"-----------------------------------"<<endl;
    // 字母处理
    for(i=1;i<=s.length()-2;i++)
    {
        if(s[i]=='-' && s[i-1]!='-' )
        {
            if(s[i-1]>='a' && s[i-1]<='z' && s[i+1]>='a' && s[i+1]<='z')
            {
                k=toascii(s[i+1])-toascii(s[i-1]);
                if(k==1)  {s.erase(i,1); }
                if(k>=2)
                {
                    s2="";
                    j=0;
                    while(k>1)
                    {
                        j=j+1;
                        s1=char(toascii(s[i-1])+j);
                        s2=s2+s1;
                        k=k-1;
                    }
                    s.erase(i,1);
```

```
                s.insert(i,s2);
            }
        }
    }
}
// 数字处理
for(i=1;i<=s.length()-2;i++)
{
    if(s[i]=='-' && s[i-1]!='-' )
    {
        if(s[i-1]>='0' && s[i-1]<='9' && s[i+1]>='0' && s[i+1]<='9')
        {
        k=toascii(s[i+1])-toascii(s[i-1]);
        if(k==1)   {s.erase(i,1); }
        if(k>=2)
        {
            s2="";
            j=0;
            while(k>1)
            {
                j=j+1;
                s1=char(toascii(s[i-1])+j);
                s2=s2+s1;
                k=k-1;
            }
            s.erase(i,1);
            s.insert(i,s2);
        }
    }
}
}
cout<<s<<endl;
return 0;
}
```

程序运行结果如图 11-2 所示。

图 11-2　例 2 程序运行结果

例 3：奶牛的歌声（程序名为 ex11_3.cpp）。

农夫约翰的 N（$1 \leqslant N \leqslant 1\,000$）头奶牛喜欢站成一排一起唱歌（当然，我们能听见的只是牛叫）。每头奶牛都有自己独特的身高 h（$1 \leqslant h \leqslant 2\,000\,000\,000$），并且唱歌时的音量为 v（$1 \leqslant v \leqslant 10\,000$）。每头奶牛的叫声都会从它所在的位置出发，向队列的两边传播（当然，站在队伍两端的奶牛例外）。约翰注意到一个奇特的事实：当某头奶牛唱歌时，整个队伍中，在左右两个方向上，只有身高比它高且与它最接近的奶牛能听见它的歌声（也就是说，任何一头奶牛的叫声可能被 0 头、1 头或 2 头奶牛听到，这取决于在这头奶牛的左右方向上有没有比它更高的）。

每头奶牛在唱歌时所听到的总音量定义为它所能听见的所有其他奶牛歌声音量的和。考虑到某些奶牛（一般是较高的那些）听到的总音量很高，为了保护它们的听力，约翰决定为听到总音量最高的奶牛买副耳套。他想请你计算一下，在整个队列中听到的总音量最高的那头奶牛所听到的总音量的具体数值。

输入要求：第 1 行为一个正整数 N；第 2 到 N+1 行的每行包括两个用空格隔开的整数，分别代表站在队伍中第 i 个位置的奶牛的身高以及它唱歌时的音量。

输出要求：队伍中的奶牛所能听到的最高的总音量。

输入样例：

3

4 2

3 5

6 10

输出样例：

7

提示：以本例程序运行时输入的数值为例。队伍中有 3 头奶牛：第 1 头奶牛的身高是 4，音量是 2；第 2 头奶牛的身高是 3，音量是 5；第 3 头奶牛的身高是 6，音量是 10。队伍中的第 3 头奶牛可以听到第 1 头和第 2 头奶牛的歌声，于是它能听到的总音量为 2+5=7。虽然它唱歌时的音量为 10，但并没有奶牛可以听见它的歌声。

C++ 程序如下：

```
#include <iostream>
#include <iomanip>
```

```
using namespace std;
// 注意：l 代表 left，r 代表 right
int main()
{
    int n,i,j;
    int l,r,maxv;
    int h[1000] ;
    int v[1000] ;
    cin>>n;            // 为了便于计算，h[0] 和 v[0] 元素不用
    for(i=1;i<=n;i++)
    {
        cin>>h[i];
        cin>>v[i];
    }
    maxv=0;
    // 从左边开始至右边尾
    r=0;
    for(i=2;i<=n;i++)
        if(h[1]-h[i]>0)  r=r+v[i];
        else  break;
    if(r>maxv)  maxv=r;
    // 从中间向两边
    for(i=2;i<=n-1;i++)
    {
        l=0;r=0;
        for(j=i-1;j>=1;j--)
            if(h[i]-h[j]>0)  l=l+v[j];
            else  break;
        for(j=i+1;i<=n;i++)
            if(h[i]-h[j]>0)  r=r+v[j];
            else  break;
        if((l+r)>maxv)  maxv=l+r;
    }
    // 从右边开始至左边头
    l=0;
    for(i=n-1;i>=1;i--)
```

```
        if(h[n]-h[i]>0)  l=l+v[i];
        else  break;
    if(l>maxv)  maxv=l;

    cout<<maxv<<endl;
    cout<<"========================"<<endl;
    return 0;
}
```

程序运行结果如图 11-3 所示。

图 11-3　例 3 程序运行结果

例 4：小鸟的密码（程序名为 ex11_4.cpp）。

小鸟们为了不让猪猪们知道自己的情报，特地制作了一套密码。为了防止泄密，它们的方法是每天指定不同的数字 n，这样加密后的密码就是原字母后的第 n 位字母。

例如，输入 3，则字母 A 输出为 D，字母 a 输出为 d，字母 Z 输出为 C。文本中确保只有大小写字母，除空格与标点之外无其他字符，空格与标点不变化。

输入要求：分为两行。第一行为一个整数 n，这个整数指出今天的加密方法；第二行为一段长度为 1 ～ 80 的内容，这段内容将被加密。

输出要求：一行，为加密后的密码。

输入样例：

2

I am a bird.

输出样例：

K co c dktf.

C++ 程序如下：

```cpp
// 小鸟的密码（最后完整版）
#include <string>
#include <iostream>
#include <iomanip>
using namespace std;
```

```
int main()
{
    string s;
    s="";
    cout<<" 请输入一段密码原文 ( 如 :I am a bird.):";
    getline(cin,s);          // 从键盘上输入一整行字符串（允许含空格），按 Ctrl+Z 键结束输入
    cout<<s<<endl;
    cout<<"----------------------------------"<<endl;
    int i,n;
    cout<<" 请输入加密数字 (n):";
    cin>>n;
    cout<<" 每天指定不同的加密数字 (n) 为 :"<<n<<endl;
    // 加密后的密码就是原字母后的第 n 位字母
    for(i=0;i<s.length();i++)
    {
        if(s[i]>='A' && s[i]<='Z')
            s[i]=char((n+(toascii(s[i])-toascii('A'))) % 26+toascii('A'));
        if(s[i]>='a' && s[i]<='z')
            s[i]=char((n+(toascii(s[i])-toascii('a'))) % 26+toascii('a'));
    }
    cout<<s<<endl;
    cout<<"----------------------------------"<<endl;
    return 0;
}
```

程序运行结果如图 11-4 所示。

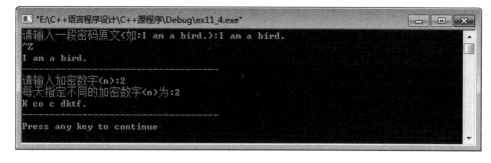

图 11-4　例 4 程序运行结果

例 5：分数计算（程序名为 ex11_5.cpp）。

输入两个真分数的分子与分母（分子与分母的值均不大于 3 000），对这两个分数进行加法计算。若和的分子大于分母，则应将计算的结果化为带分数。

输入要求：为两行，每一行两个数，为分数的分子和分母。

输出要求：只有一行，为两个分数相加的结果。

输入样例 1：

2 5

2 3

输出样例 1（带分数的表示形式）：

1+1/15

输入样例 2：

3 8

1 8

输出样例 2（不用约分）：

4/8

输入样例 3：

1 3

2 3

输出样例 3：

1

C++ 程序如下：

```cpp
// 分数计算
#include <iostream.h>
int main()
{
    int a,b,c,d;
    int m,n,k,l;
    cin>>a>>b;
    cin>>c>>d;
    if(b==d)
        {m=b; n=a+c; };
    if((b!=d) && (b % d==0))
        {m=b; n=a+c*(b / d); }
    if((b!=d) && (d % b==0))
        {m=d; n=c+a*(d / b); }
    if((b!=d) && (b % d!=0) && (d % b!=0))
```

```
        {m=b*d; n=a*d+b*c; }
    k=n / m;
    l=n % m;
    if(l==0) {cout<<k<<endl; return 0; }
    else if(k>0)  cout<<k<<"+";
    cout<<l<<"/"<<m;
    cout<<endl;
    return 0;
}
```

程序运行结果如图 11-5 所示。

图 11-5　例 5 程序运行结果

例 6：Tom 植树（程序名为 ex11_6.cpp）。

Tom 决定为一条刚修好的马路两旁种上树木，每隔 5 米种一棵树，正常情况下 Tom 种一棵树需要 16 分钟，但是由于沿道路各处的土壤质地不一样，所以 Tom 种树的时间有时会和正常情况不一样，质地软的就种得快，质地硬的就种得慢，土壤质地是预先知道的，Tom 想统计他种完这条路上的树需要多少时间。

输入要求：第一行输入两个正整数 m 和 n。m 表示道路有 m 米（m 保证是 5 的倍数），n 表示有 n 段不同质地的土壤，$m \leqslant 100, n \leqslant 20$。第二行到 n+1 行，每行输入 3 个整数 i、j、k，表示从第 i 米开始到 j 米结束这段道路的土壤质地是一样的（$i \leqslant j$），在这段路上每种一棵树需要耗费 k 分钟。道路起始位置为 0，起始位置当然也是要植树的。

输出要求：只有一行，为一个整数（保证为 long int 型），是 Tom 种完这条道路上的树需要的总时间，注意，道路的两边都要植树。

输入样例：

15 3

0 10 15

11 12 10

13 15 20

输出样例：

130

提示：采用一维数组赋值和统计。

对于上面的输入，一共需要植 8 棵树，每一边植 4 棵。分别种在 0、5、10、15 米处，共需要（15+15+15+20）×2=130 分钟。

C++ 程序如下：

```cpp
//Tom 植树（完整版）
#include <iostream.h>
int main()
{
    int m,n;
    int i,j,k;
    int p,q;
    int s;
    static int a[100];     // 土壤质地每段初值为 0
    for(p=0;p<100;p++)
        cout<<a[p];
    cout<<endl;
    cin>>m>>n;
    // 根据土壤质地输入每段实际需要的时间
    for(p=1;p<=n;p++)
    {
        cin>>i>>j>>k;
        for(q=i;q<=j;q++)
            a[q]=k;
    }
    for(p=0;p<100;p++)
        cout<<a[p]<<" ";
    cout<<endl;
    p=0;s=0;
    while(p<=m)
    {
        s=s+a[p];
        p=p+5;
    }
    s=s*2;
    cout<<s<<endl;
    return 0;
}
```

程序运行结果如图 11-6 所示。

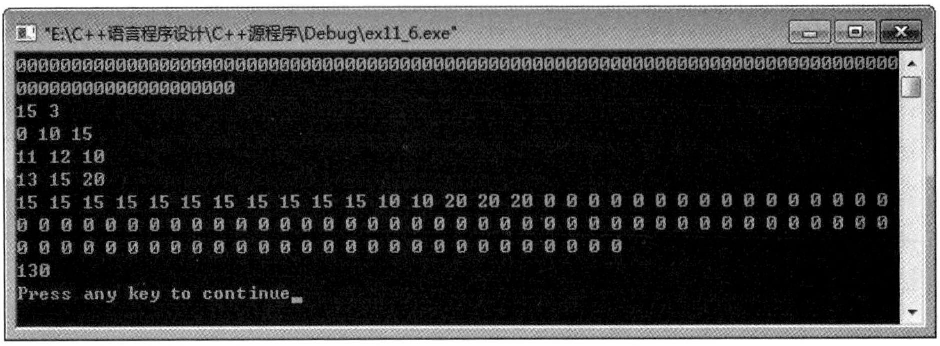

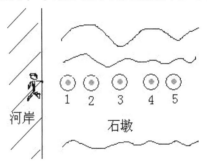

图 11-6　例 6 程序运行结果

例 7：小东东历险记（程序名为 ex11_7.cpp）。

小东东来到一条河边，河中有排成一直线的几个石墩，每个石墩上面有一枚金币，小东东为了凑一些盘缠，决定跳到这些石墩上拿这些金币，读入小东东一次跳跃的最大距离和每个石墩离岸边的距离（不考虑石墩本身的大小，只要一次跳跃的最大距离大于等于石墩的间隔距离就算可以到达），求最多能拿到几枚金币。示意图如图 11-7 所示。

图 11-7　示意图

输入要求：第一行输入一个整数 x，即一次跳跃的最大距离（$1 \leqslant x \leqslant 30$）；第二行输入石墩的个数 n（$0 \leqslant n \leqslant 20$）；第三行输入 n 个整数 a_i，用空格隔开，表示每个石墩离河岸的距离（$0 < a_i \leqslant 500$）。

输出要求：一个整数，即可以拿到的最多金币数。

输入样例：

5

6

4 8 13 20 25 26

输出样例：

3

提示：一次跳跃的最大距离为 5，每个石墩间的距离为 4,4,5,7,5,1（第一个数字 4 是第一个石墩离岸边的距离，后面的数字是当前石墩离前一个石墩的距离），只能到达前 3 个石墩，后面的就跳不过去了（因为一次跳跃达不到 7），所以只能拿到 3 枚金币。

　　C++ 程序如下：

```cpp
// 小东东历险记
#include <iostream.h>
int main()
{
    const int m=20;
    int x,n,i,s;
    static int a[m];    // 初值为 0
    cout<<" 请输入一次跳跃的最大距离 (x):";
    cin>>x;
    cout<<" 请输入石墩的个数 (n):";
    cin>>n;
    cout<<" 请输入这 n 个石墩离岸边的距离 :";
    for(i=1;i<=n;i++)
        cin>>a[i];
    s=0;
    for(i=0;i<=n-1;i++)
        if((a[i+1]-a[i])<=x) s=s+1;
        else break;
    cout<<s<<endl;
    return 0;
}
```

程序运行结果如图 11-8 所示。

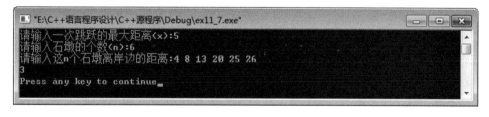

图 11-8　例 7 程序运行结果

　　例 8：种树（插旗法）。在连续的 [0,n] 区域中移走 m 个连续区域，计算最后还剩多少棵树（程序名为 ex11_8.cpp）。

　　C++ 程序如下：

```cpp
// 种树（整个区域 [0,n]，移走 m 个连续区域，计算最后还剩多少棵树）（插旗法）
```

```cpp
#include <iostream>
using namespace std;
int main()
{
    int a[10001];
    int n,i,j;
    int m,x,y;
    int s;
    cout<<" 请输入整个区域 n:";
    cin>>n;
    for(i=0;i<=n;i++)
        a[i]=1;
    for(i=0;i<=n;i++)
        cout<<a[i];
    cout<<endl;
    cout<<"=========================="<<endl;
    cout<<" 请输入要移走的连续区域个数 m:";
    cin>>m;
    for(i=1;i<=m;i++)
    {   cin>>x>>y;        // 输入移走的编号区间 [x,y]
        for(j=x;j<=y;j++)
            a[j]=0;
    }
    for(i=0;i<=n;i++)
        cout<<a[i];
    cout<<endl;
    cout<<"=========================="<<endl;
    s=0;
    for(i=0;i<=n;i++)
        if(a[i]==1) s=s+1;
    cout<<s<<endl;
    return 0;
}
```

程序运行结果如图 11-9 所示。

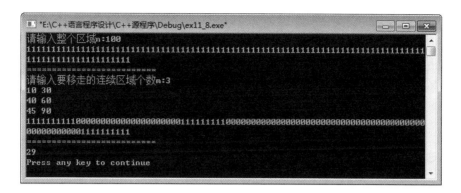

图 11-9　例 8 程序运行结果

例 9：种树（区间合并法）。在连续的 [0,*n*] 区域中移走 *m* 个连续区域，计算最后还剩多少棵树（程序名为 ex11_9.cpp）。

C++ 程序如下：

```
// 种树（整个区域 [0,n]，移走 m 个连续区域，计算最后还剩多少棵树）（区间合并法）
#include <iostream>
using namespace std;
int main()
{
    long a[100001];
    long n,i;
    long m,x1,y1,x,y;
    long s;
    cin>>n;      // 输入整个区域 n
    for(i=0;i<=n;i++)
       a[i]=1;
    for(i=0;i<=n;i++)
       cout<<a[i];
    cout<<endl;
    cout<<"========================="<<endl;
    s=0;
    cin>>m;    // 输入连续区域的个数 m
    cin>>x1>>y1;        // 输入移走的第一组区间编号 [x1,y1]
    s=y1-x1+1;
    for(i=1;i<=m-1;i++)
    {
        cin>>x>>y;       // 输入移走的其他区间编号 [x,y]
```

```
        if(x<=y1)
        {
                if(x<x1)  x1=x;
                if(y>y1)  y1=y;
                s=y1-x1+1;
        }
        else
        {
                s=s+(y-x+1);
                x1=x1;y1=y;
        }
        cout<<s<<endl;
        cout<<"=========================="<<endl;
    }
    cout<<s<<endl;
    cout<<"=========================="<<endl;
    cout<<n+1-s<<endl;  // 剩余
    return 0;
}
```

程序运行结果如图 11-10 所示。

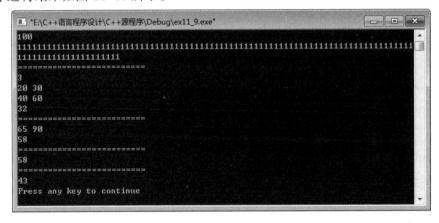

图 11-10 例 9 程序运行结果

例 10：绿猪的卡车（程序名为 ex11_10.cpp）。

绿猪们要转移阵地了！可是它们只有一辆卡车，而卡车最多只能装 c 千克的物体（$100 \leqslant c \leqslant 5\,000$）。怎样才尽可能使带走的绿猪总重量最大？

现在给出绿猪的个数 N（$1 \leqslant N \leqslant 16$）和它们各自的重量 $W[i]$，请确定可以带走的绿猪的最大总重量。

输入要求：第一行为卡车能装的最大重量及绿猪的只数，其下每行输入一头绿猪的重量。

输出要求：一行，为实际能带走的总重量。

输入样例：

259 5

81

58

42

33

61

输出样例：

242

C++ 程序如下：

```
// 绿猪的卡车
#include <iostream.h>
const int m=16;
int main()
{
    static int w[m];
    int c,n,i,j,s,t;
    // 输入卡车能装的最大重量及绿猪的只数
    cin>>c>>n;
    // 其下每行输入一头绿猪的重量
    for(i=0;i<n;i++)
        cin>>w[i];
    // 每头绿猪的重量排序（从大到小）
    for(i=0;i<n-1;i++)
        for(j=i+1;j<n;j++)
            if(w[i]<w[j])  {t=w[i]; w[i]=w[j]; w[j]=t; }
    // 输出实际能带走的总重量
    s=0;
    for(i=0;i<n;i++)
        if((s+w[i])<=c)      s=s+w[i];
    cout<<s<<endl;
    return 0;
}
```

程序运行结果如图 11-11 所示。

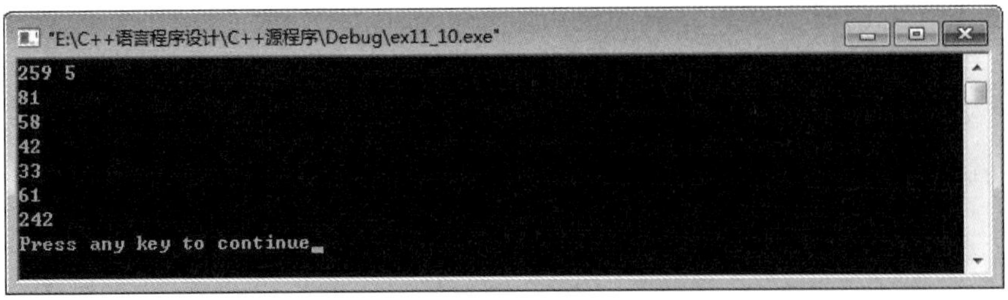

图 11-11　例 10 程序运行结果

例 11：小鸟大点兵（程序名为 ex11_11.cpp）。

有很多绿猪进攻小鸟的营地，小鸟的指挥官必须知道有多少绿猪来找它们的麻烦。问题很简单，哨兵告诉指挥官两列火车上各有多少绿猪，指挥官所要做的就是输出两数相加的结果。不过请注意，绿猪可能有很多。

输入要求：有两行，每一行为一个非负整数，分别代表要做加法的两个数。这两个数都不会超过 10^{100}。

输出要求：有一行，为两数相加之和。

输入样例：

24

48

输出样例：

72

C++ 程序如下：

```cpp
// 小鸟大点兵（大数相加）（完整版）
#include <string>
#include <iostream>
#include <iomanip>
using namespace std;
int main()
{
    string a,b,c;
    int la,lb,k,t;
    cin>>a;
    cin>>b;
    la=a.length()-1;     //a 数：a[0]~a[la]
    lb=b.length()-1;     //b 数：b[0]~b[lb]
    k=0;
    c="";
```

```
//a 数位上和 b 数位上都有数据时处理
while(la>=0 && lb>=0)
{
    t=toascii(a[la])-48+toascii(b[lb])-48+k;
    if(t>=10) k=1; else k=0;
    t=t-k*10;
    c=char(t+48)+c;
    la=la-1;
    lb=lb-1;
}
// 仅在 a 数位上有数、b 数位上已没有数据的情况下处理
while(la>=0)
{
    t=toascii(a[la])-48+k;
    if(t>=10) k=1; else k=0;
    t=t-k*10;
    c=char(t+48)+c;
    la=la-1;
}
// 仅在 b 数位上有数、a 数位上已没有数据的情况下处理
while(lb>=0)
{
    t=toascii(b[lb])-48+k;
    if(t>=10) k=1; else k=0;
    t=t-k*10;
    c=char(t+48)+c;
    lb=lb-1;
}
if(k==1) c='1'+c;    // 考虑最后进位
cout<<"---------------------------------"<<endl;
cout<<c<<endl;
cout<<"---------------------------------"<<endl;
return 0;
}
```

程序运行结果如图 11-12 所示。

图 11-12　例 11 程序运行结果

例 12：打印字母塔（程序名为 ex11_12.cpp）。

输入行数 N，打印如图 11-13 所示的字母塔。

输入要求：只有一行，为一个整数 N（$N \leq 15$），表示字母塔的高度。

输入样例：

3

输出样例：

```
  A
 BAB
CBABC
```

C++ 程序如下：

```cpp
// 打印字母塔
#include <iostream>
#include <iomanip>
using namespace std;
int main()
{
    int i,j,n;
    cout<<" 请输入字母塔的层数 n(1-26):";
    cin>>n;
    for (i=1;i<=n;i++)
    {
        for (j=1;j<=n-i;j++)
            cout<<" ";
        for (j=1;j<=i;j++)
            cout<<(char(65+i-j));
        for (j=1;j<=i-1;j++)
            cout<<(char(65+j));
        cout<<endl;
    }
```

```
    cout<<"======================================"<<endl;
    return 0;
}
```

程序运行结果如图 11-13 所示。

图 11-13　例 12 程序运行结果

例 13： 寻找完全数（程序名为 ex11_13.cpp）。

输出两个数 x、y 指定范围以内的所有完全数。

一个数的约数和（不包括该数本身这个约数）等于这个数本身，那么这个数被称为完全数（或亲和数）。例如，6 的约数和 1+2+3=6，则 6 为完全数。

要求输出一行，包含所有符合条件的完全数，每个数间用空格分隔。

C++ 程序如下：

```
// 寻找完全数
#include <iostream>
using namespace std;
int main()
{
    int i,j,x,y,s;
    cout<<" 请输入寻找完全数的范围（x 和 y）用空格分隔 :";
    cin>>x>>y;
    s=0;
    for (i=x;i<=y;i++)
    {
        for (j=1;j<=i-1;j++)
        {
            if (i%j==0) { s=s+j; }
        }
```

```
        if (s==i) { cout<<i<<"   "; }
        s=0;
    }
    cout<<endl;
    cout<<"=========================="<<endl;
    return 0;
}
```

程序运行结果如图 11-14 所示。

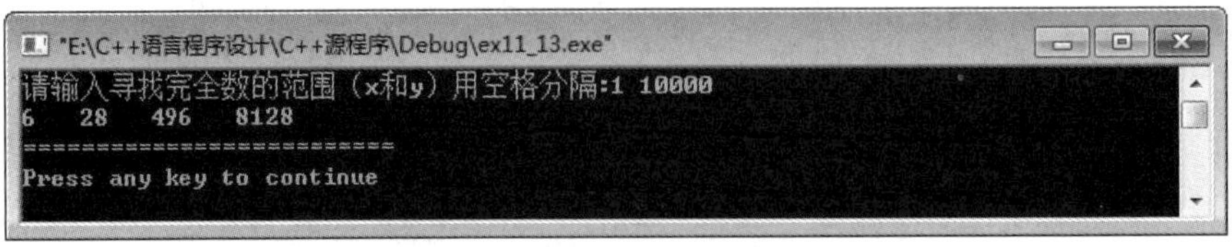

图 11-14　例 13 程序运行结果

例 14：编写求一个句子中最长的单词的程序（程序名为 ex11_14.cpp）。
C++ 程序如下：

```
// 一个句子中最长的单词
#include <string>
#include <iostream>
#include <iomanip>
using namespace std;
int main()
{
    string s,k;
    char ch;
    int n=0;   // 单词的长度
    s="";
    while(-1)
    {
        ch=cin.get();
        if(ch=='.')      // 句子结束处理
            if(s.length()>n) {n=s.length(); k=s; break;}
            else break;
        if(ch==' ')      // 一个句子中最长的单词比较
            { if(s.length()>n) {n=s.length(); k=s; }
                s="";       // 新单词开始
```

```
            }
        else
            s=s+ch;
    }
    cout<<"----------------------------------"<<endl;
    cout<<k<<endl;
    cout<<"----------------------------------"<<endl;
    return 0;
}
```

程序运行结果如图 11-15 所示。

图 11-15　例 14 程序运行结果

11.2　编程应用拓展训练（二）

例 15：约瑟夫环问题（调试程序）（程序名为 ex11_15.cpp）。

约瑟夫环是一个数学应用问题：已知 n 个人（以编号 $1,2,3,\cdots,n$ 分别表示）围坐在一张圆桌周围。从编号为 1 的人开始报数，数到 m 的那个人出列；他的下一个人又从 1 开始报数，数到 m 的那个人又出列；依此规律重复下去，直到圆桌周围的人全部出列。现在把规则稍微改变一下，在报数的时候采用周期性的间隔报数，每次的间隔有 k 种。如 $n=8$，$k=2$，有 2 种间隔 5 和 3，表示间隔分别为 5 和 3，第一次间隔为 5，第二次为 3，第三次为 5，第四次为 3，以此类推，直到只有一个人为止。

输入样例 1：

8 2

5 3

输出样例 1：

7

上例出列顺序为 5,8,6,2,3,1,4，最后一个留下的人是 7 号。

输入样例 2：

12 3

6 4 5

输出样例 2：

1

编程时注意题目中的关键点：他的下一个人又从 1 开始报数，数到 *m* 的那个人又出列……

注释部分可以用于调试。

C++ 程序如下：

```cpp
// 约瑟夫环（调试程序）
#include <iostream>
using namespace std;
int main()
{
    int i,j,n,k;
    int t,p;
    static int b[1000],s[1000];
    // 为了便于计算，b[0] 和 s[0] 元素不用
    cin>>n>>k;
    for(i=1; i<=k; i++)
        cin>>s[i];
    // 显示 n 个数原始状态（为 0）
    for (i=1; i<=n; i++)
        cout<<i<<":"<<b[i]<<" ";
    cout<<endl;
    cout<<"========================="<<endl;
    t=n; p=0; j=0;
    while(t!=1)
    {
        for(i=1; i<=k; i++)
        {
            while(t!=1)
            {
                j=j+1;
                if (b[j]==0)  p=p+1;
                cout<<j<<":"<<b[j]<<"  ";
                if(p==s[i])
                {   b[j]=1;  // 数到报数间隔点做标记（赋 1）
                    p=0;
                    t=t-1;
                    cout<<" 报数间隔 :"<<s[i]<<" "<<j<<"("<<b[j]<<")"<<endl;
```

```
                    if (j==n)  {j=0; cout<<endl; }
                    break;
                }
                if(j==n)  {j=0; cout<<endl; }
            }
        }
    }
    cout<<endl;
    // 显示标记状态
    for(i=1; i<=n; i++)
        cout<<i<<":"<<b[i]<<"  ";
    cout<<endl;
    cout<<"=========================="<<endl;
    // 找出 n 个数中没有标记的那个数
    for(i=1; i<=n; i++)
        if(b[i]==0)  cout<<i<<"  ";
    cout<<endl;
    cout<<"=========================="<<endl;
    return 0;
}
```

程序运行结果如图 11–16 所示。

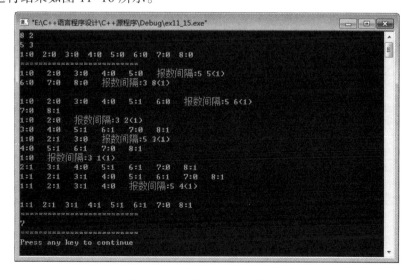

图 11–16　例 15 程序运行结果

例 16：约瑟夫环问题（完整版）（程序名为 ex11_16.cpp）。

把例 15 程序中的过渡检测显示语句注释掉或直接删除，就可以形成完整版的程序。

C++ 程序如下：

```cpp
// 约瑟夫环（完整版）
#include <iostream>
using namespace std;
int main()
{
    int i,j,n,k;
    int t,p;
    static int b[1000],s[1000];
    // 为了便于计算，b[0] 和 s[0] 元素不用
    cin>>n>>k;
    for(i=1; i<=k; i++)
        cin>>s[i];
/*// 显示 n 个数原始状态（为 0）
    for (i=1; i<=n; i++)
        cout<<i<<":"<<b[i]<<"  ";
    cout<<endl;
    cout<<"=========================="<<endl;*/
    t=n; p=0; j=0;
    while(t!=1)
    {
        for(i=1; i<=k; i++)
        {
            while(t!=1)
            {
                j=j+1;
                if (b[j]==0)  p=p+1;
                //cout<<j<<":"<<b[j]<<"  ";
                if(p==s[i])
                {   b[j]=1;  // 数到报数间隔点做标记（赋 1）
                    p=0;
                    t=t-1;
                    /*cout<<" 报数间隔 :"<<s[i]<<" "<<j<<"("<<b[j]<<")"<<endl;*/
                    if (j==n)  {j=0; /*cout<<endl; */}
```

```
                        break;
                }
                if(j==n)  {j=0; /*cout<<endl; */ }
            }
        }
    }
    //cout<<endl;
    // 显示标记状态
    for(i=1; i<=n; i++)
        cout<<i<<":"<<b[i]<<"  ";
    cout<<endl;
    cout<<"======================="<<endl;*/
    // 找出 n 个数中没有标记的那个数
    for(i=1; i<=n; i++)
        if(b[i]==0)  cout<<i<<"  ";
    cout<<endl;
    return 0;
}
```

程序运行结果如图 11-17 所示。

图 11-17　例 16 程序运行结果

例 17：统计二进制数中 1 的个数（程序名为 ex11_17.cpp）。

将从 *b* 到 *e* 之间的 $e-b+1$ 个十进制数一一转化成二进制数后，统计其中 1 的个数不超过 4 的二进制数的总个数。

输入要求：仅有一行，包含两个用空格隔开的自然数 *b* 和 *e*，其中 $1 \leqslant b \leqslant e \leqslant 15\,000\,000$。

输出要求：仅有一行，包含一个整数，表示要求的统计结果。

输入样例：

100 105

输出样例：

5

提示：

$100=(1100100)_2$，共有 3 个 1，符合条件。

$101=(1100101)_2$，共有 4 个 1，符合条件。

$102=(1100110)_2$，共有 4 个 1，符合条件。

$103=(1100111)_2$，共有 5 个 1，不符合条件。

$104=(1101000)_2$，共有 3 个 1，符合条件。

$105=(1101001)_2$，共有 4 个 1，符合条件。

C++ 程序如下：

```cpp
// 统计二进制数中 1 的个数
#include <iostream>
using namespace std;
int main()
{
    int b,e,i,x,s,k;
    cout<<" 请输入统计的范围（b 和 e）用空格分隔 :";
    cin>>b>>e;
    k=0;
    for(i=b;i<=e;i++)
    {
        x=i;
        s=0;
        while(x>0 )
        {
            if (x % 2==1)  s=s+1;  // 分离时是 1 就累加
            x=x / 2;
        }
        if(s<=4)  k=k+1; // （符合条件）统计范围中 1 的个数不超过 4 的二进制数
    }
    cout<<k<<endl;
    cout<<"========================="<<endl;
    return 0;
}
```

程序运行结果如图 11-18 所示。

图 11-18　例 17 程序运行结果

例 18：模拟接水问题（调试程序）（程序名为 ex11_18.cpp）。

学校里有一个水房，水房里一共装有 m 个水龙头可供同学们打开水，每个水龙头每秒钟的供水量相等，均为 1。

现在有 n 名同学准备接水，他们的初始接水顺序已经确定。将这些同学按接水顺序从 1 到 n 编号，i 号同学的接水量为 w_i。接水开始时，1 到 m 号同学各占一个水龙头，并同时打开水龙头接水。当其中某名同学 j 完成其接水量 w_j 后，下一名排队等候接水的同学 k 马上接替 j 同学的位置开始接水。这个换人的过程是瞬间完成的，且没有任何水的浪费。即 j 同学第 x 秒结束时完成接水，则 k 同学第 $x+1$ 秒立刻开始接水。若当前接水人数 n 小于 m，则只有 n 个龙头供水，其他 $m-n$ 个龙头关闭。

现在给出 n 名同学的接水量，按照上述接水规则，计算所有同学都接完水需要多少秒。

输入要求：

第 1 行输入 2 个整数 n 和 m，用一个空格隔开，分别表示接水人数和龙头个数。

第 2 行输入 n 个整数 $w_1, w_2, \cdots, w_n$，每两个整数之间用一个空格隔开，w_i 表示 i 号同学的接水量。

$1 \leq n \leq 10000$，$1 \leq m \leq 100$ 且 $m \leq n$；

$1 \leq w_i \leq 100$。

输出要求：

输出只有一行，1 个整数，表示接水所需的总时间。

输入样例：

8 4

23 71 87 32 70 93 80 76

输出样例：

163

C++ 程序如下：

```cpp
// 模拟接水问题：输入用随机数（调试程序）
#include <iostream>
#include <iomanip>
#include <time.h>
using namespace std;
```

```cpp
int main()
{
    int n,m;
    int i,j,min,minp,max,maxp;
    static int w[10000] ;     // 每个人的接水量初值为 0
    static int t[100] ;
    n=10;m=5;
    cout<<" 接水人数 n="<<n<<" 龙头个数 m="<<m<<endl;
    srand(time(0));
    // 为了便于计算，w[0] 和 t[0] 元素不用
    for(i=1;i<=n;i++)
        w[i]=(1+rand()%100);
    cout<<" 显示 n 个人的接水量为 :"<<endl;
    for(i=1;i<=n;i++)
        cout<<setw(6)<<w[i];
    cout<<endl;
    for(i=1;i<=m;i++)
        t[i]=w[i];
    if(n>m)
    {
        j=m;
        while(j<n)
        {
            for(i=1;i<=m;i++)
                cout<<t[i]<<"  ";
            min=t[1]; minp=1;     // 查找用时最少的水龙头
            for (i=2;i<=m;i++)
                if(t[i]<min) {min=t[i]; minp=i;}
            j=j+1;
            t[minp]=t[minp]+w[j];     // 用时最少的水龙头累加
            cout<<"    "<<minp<<" "<<w[j]<<" "<<t[minp]<<endl;
        }
    }
    cout<<" 显示 m 个水龙头的用时总数 :"<<endl;
    for(i=1;i<=m;i++)
        cout<<t[i]<<"  ";
```

```
    cout<<endl;
    // 查找用时最多的水龙头
    max=t[1];  maxp=1;
    for(i=2;i<=m;i++)
        if(t[i]>max) {max=t[i];  maxp=i;}
    cout<<t[maxp]<<endl;
    cout<<"--------------------------"<<endl;
    return 0;
}
```

程序运行结果如图 11-19 所示。

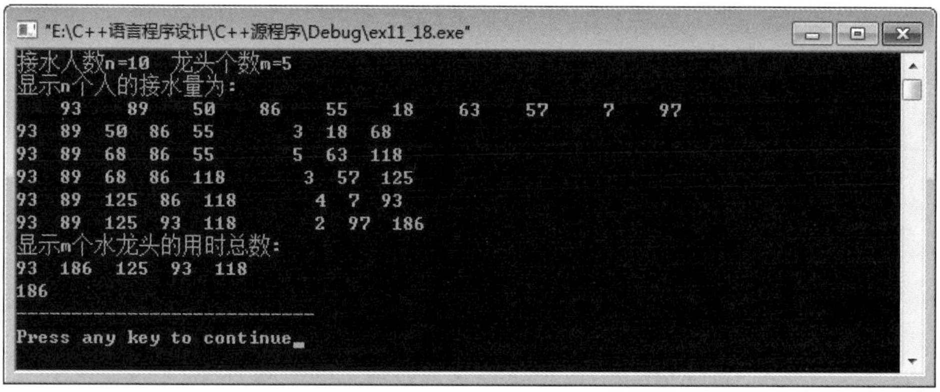

图 11-19　例 18 程序运行结果

例 19 ：模拟接水问题（完整版）（程序名为 ex11_19.cpp）。

C++ 程序如下 :

```
// 模拟接水问题（完整版）
#include <iostream>
//#include <iomanip>
//#include <time.h>
using namespace std;
int main()
{
    int n,m;
    int i,j,min,minp,max,maxp;
    static int w[10000] ;     // 每个人的接水量初值为 0
    static int t[100] ;
    cin>>n>>m;                // 为了便于计算，w[0] 和 t[0] 元素不用
    for(i=1;i<=n;i++)
```

```
    {
        cin>>w[i];
    }
    for(i=1;i<=m;i++)
    {
        t[i]=w[i];
    }
    /*cout<<" 显示 n 个人的接水量为 :"<<endl;
    for(i=1;i<=n;i++)
        cout<<setw(6)<<w[i];
    cout<<endl; */
    for(i=1;i<=m;i++)
        t[i]=w[i];
    if(n>m)
    {
        j=m;
        while(j<n)
        {
            min=t[1];  minp=1;      // 查找用时最少的水龙头
            for (i=2;i<=m;i++)
                if(t[i]<min) {min=t[i]; minp=i;}
            j=j+1;
            t[minp]=t[minp]+w[j];    // 用时最少的水龙头累加
        }
    }
    /*cout<<" 显示 m 个水龙头的用时总数 :"<<endl;
    for(i=1;i<=m;i++)
        cout<<t[i]<<"  ";
    cout<<endl; */
    // 查找用时最多的水龙头
    max=t[1];  maxp=1;
    for(i=2;i<=m;i++)
        if(t[i]>max) {max=t[i];  maxp=i;}
    cout<<t[maxp]<<endl;
    return 0;
}
```

程序运行结果如图 11-20 所示。

图 11-20　例 19 程序运行结果

例 20：晚餐队列安排（字符数组方法）（程序名为 ex11_20.cpp）。

为了避免餐厅过分拥挤，FJ 要求奶牛们分两批就餐。每天晚饭前，奶牛们都会在餐厅前排队入内。按 FJ 的设想，所有第 2 批就餐的奶牛排在后半部分，队伍的前半部分则由设定为第 1 批就餐的奶牛占据。由于奶牛们不理解 FJ 的安排，晚饭前的排队成了一个大麻烦。

第 i 头奶牛有一张标明它用餐批次 D_i（$1 \leq D\_i \leq 2$）的卡片。虽然所有 N（$1 \leq N \leq 30\ 000$）头奶牛排成了很整齐的队伍，但谁都看得出来，卡片上的号码是完全杂乱无章的。

在若干次混乱的重新排队后，FJ 找到了一种简单的方法：奶牛们不动，他沿着队伍从头到尾走一遍，把那些他认为排错队的奶牛卡片上的编号改掉，最终得到一个他想要的每个组中的奶牛都站在一起的队列，如 112222 或 111122。有时候，FJ 会把整个队列弄得只有 1 组奶牛（如 1111 或 222）。

FJ 是一个很懒的人。他想知道，他最少得改多少头奶牛卡片上的编号，才能使所有奶牛在 FJ 改卡片编号的时候都不会挪位置。

输入要求：

第 1 行输入 1 个整数 N。

第 2 ～ N+1 行输入第 i+1 行是 1 个整数，为第 i 头奶牛的用餐批次 D_i。

输入样例（diningb.in）：

7

2

1

1

1

2

2

1

输入说明：

一共有 7 头奶牛，其中有 3 头奶牛原来被设定为第二批用餐。

输出要求：

仅 1 行：输出 1 个整数，为 FJ 最少要改几头奶牛卡片上的编号，才能让编号变成他设想中的样子。

输出样例（diningb.out）：

2

输出说明：

FJ 选择改第 1 头和最后 1 头奶牛卡片上的编号。

编程时为了更清楚地表达程序运行结果，增加了输出原始编号顺序和修改后的编号顺序的语句。

C++ 程序如下：

```cpp
// 晚餐队列安排（字符数组方法）
#include <iostream>
using namespace std;
int main()
{
    int a[30000];
    int n,i,j,k,t;
    cin>>n;      // 输入奶牛的总数
    for(i=0;i<n;i++)
        cin>>a[i];      // 输入 n 头奶牛卡片原始编号
    for(i=0;i<n;i++)
        cout<<a[i];
    cout<<endl;
    // 改动卡片编号的次数
    k=0;
    for(i=0;i<n;i++)
    {
        j=n-1;
        if(a[i]==2)
            while (i<=j)
            {
                if (a[j]==1)
                { t=a[i];a[i]=a[j];a[j]=t;
                k=k+2;
                break;
                }
```

```
                j=j-1;
                }
        }
    for (i=0;i<n;i++)
        cout<<a[i];
    cout<<endl;
    cout<<k<<endl;
    cout<<"========================"<<endl;
    return 0;
}
```

程序运行结果如图 11-21 所示。

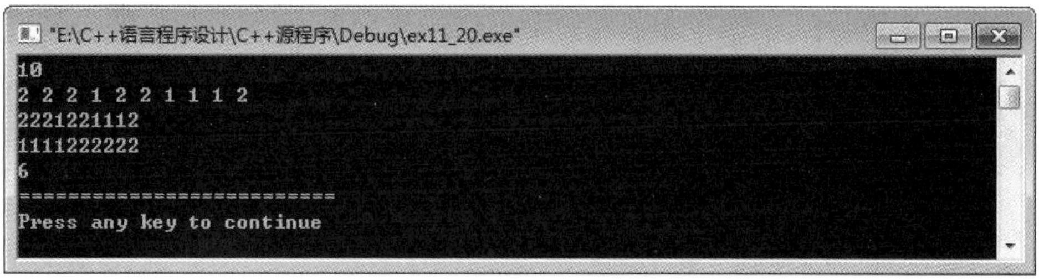

图 11-21　例 20 程序运行结果

例 21：晚餐队列安排（字符串对象方法）（程序名为 ex11_21.cpp）。

C++ 程序如下：

```
// 晚餐队列安排（字符串对象方法）
#include <iostream>
#include <iomanip>
#include <string>
using namespace std;
int main()
{
    string st1,st2="";
    int n,i,k=0;
    cin>>n;         // 输入奶牛的总数
    cin>>st1;       // 输入 n 头奶牛卡片原始编号
    for(i=0;i<st1.size();i++)
    {
        if(st1[i]=='1') st2=st1[i]+st2;  // 如果号码是 1，字符串相连时 1 放在前面
        if(st1[i]=='2') st2=st2+st1[i];  // 如果号码是 2，字符串相连时 2 放在后面
```

```
    }
    for(i=0;i<st1.size();i++)
    {
        if(st1[i]!=st2[i]) k++;    // 比较号码变动的数目就是改动卡片编号的次数
    }
    cout<<st2<<endl;
    cout<<k<<endl;
    return 0;
}
```

程序运行结果如图 11-22 所示。

图 11-22　例 21 程序运行结果

例 22：编写一个程序，实现用"*"输出空心菱形图（最多40行）（程序名为
ex11_22.cpp）。

C++ 程序如下：

```
// 输出空心菱形星号图（最多40行）
#include <iostream.h>
int main()
{
    int i,j,n;
    cout<<" 请输入行数 ( 最大 40):";
    cin>>n;
    // 输出上半部分
    for(i=0;i<n-1;i++)
        cout<<(" ");
    cout<<"*"<<endl;
    for(i=1;i<n;i++)
    {       for(j=0;j<(n-i-1);j++)
                cout<<(" ");
            cout<<("*");
            for(j=0;j<2*i-1;j++)
```

```
            cout<<(" ");
        cout<<"*"<<endl;
    }
    // 输出下半部分
    for(i=1;i<n-1;i++)
    {       for(j=0;j<i;j++)
            cout<<(" ");
        cout<<("*");
        for(j=0;j<2*n-2*i-3;j++)
            cout<<(" ");
        cout<<("*")<<endl;
    }
    for(i=0;i<n-1;i++)
        cout<<(" ");
    cout<<("*")<<endl;
    return 0;
}
```

程序运行结果如图 11-23 所示。

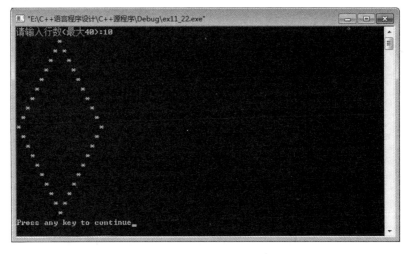

图 11-23　例 22 程序运行结果

例 23：编写一个程序，实现字符图案输出（按一定的规律）（程序名为 ex11_23.cpp）。

C++ 程序如下：

```
// 字符图案输出
#include <iostream.h>
#include <stdio.h>
```

```cpp
int main()
{
    float x,y;
    float z,f;
    for(y=1.5f;y>-1.5f;y-=0.1f)
    {
        for(x=-1.5f;x<1.5f;x+=0.05f)
        {
            z=x*x+y*y-1;
            f=z*z*z-x*x*y*y*y;    //f(x,y,z)=z*z*z-x*x*y*y*y
            if(f<=0.0f)
                putchar(".:-=+*#%@"[(int)(f*-8.0f)]);
            else
                putchar(' ');
        }
        putchar('\n');
    }
    return 0;
}
```

程序运行结果如图 11-24 所示。

图 11-24   例 23 程序运行结果

例 24：编写一个程序，实现字符图案输出（按一定的规律）（程序名为 ex11_24.cpp）。
C++ 程序如下：

```cpp
// 字符图案输出
#include <iostream.h>
#include <stdio.h>
int main()
{
    float x,y;
    float z,f;
    for(y=1.5f;y>-1.5f;y-=0.1f)
    {
        for(x=-1.5f;x<1.5f;x+=0.05f)
        {
            z=x*x+y*y-1;
            f=z*z*z-x*x*y*y*y;   //f(x,y,z)=z*z*z-x*x*y*y*y
            putchar(f<=0.0f?".:-=+*#%@"[(int)(f*-8.0f)]:' ');
        }
        putchar('\n');
    }
    return 0;
}
```

程序运行结果如图 11-25 所示。

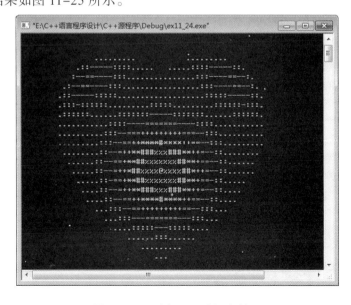

图 11-25　例 24 程序运行结果

例 25：编写一个程序，实现杨辉三角以直角形式输出（程序名为 ex11_25.cpp）。

C++ 程序如下：

```cpp
// 杨辉三角以直角形式输出
#include <iostream>
#include <iomanip>
using namespace std;
int fun(int x)
{
    int a=1,b;
    for(b=1;b<=x;b++)
        a=a*b;
    return a;
}
int main()
{
    int n,i,j,k;
    cout<<" 请输入输出行数 n:";
    cin>>n;
    // 直角形式输出
    for(i=0;i<n;i++)
    {
        for(j=1;j<n-i;j++)
            cout<<setw(6)<<(" ");
        for(k=0;k<=i;k++)
        cout<<setw(6)<<fun(i)/fun(k)/fun(i-k);
        cout<<endl;
    }
    return 0;
}
```

程序运行结果如图 11-26 所示。

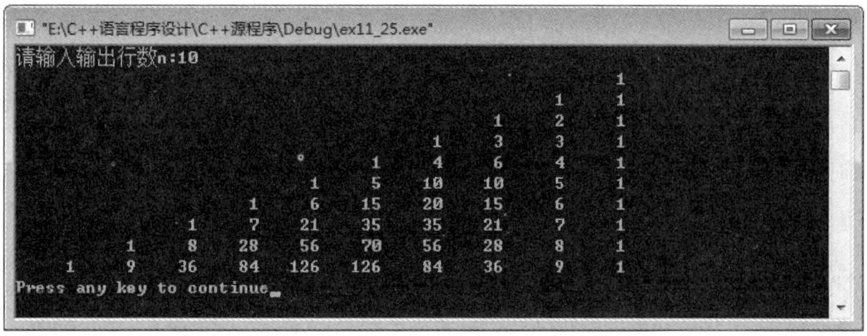

图 11-26　例 25 程序运行结果

例 26：编写一个程序，实现杨辉三角以宝塔形式输出（程序名为 ex11_26.cpp）。
C++ 程序如下：

```cpp
// 杨辉三角
#include <iostream>
#include <iomanip>
using namespace std;
int fun(int x)
{
    int a=1,b;
    for(b=1;b<=x;b++)
        a=a*b;
    return a;
}
int main()
{
    int n,i,j,k;
    cout<<" 请输入输出行数 n:";
    cin>>n;
    // 宝塔形式输出
    for(i=0;i<n;i++)
    {
        for(j=1;j<n-i;j++)
            cout<<setw(3)<<(" ");   // 输出空格控制为数字输出宽度的一半
        for(k=0;k<=i;k++)
            cout<<setw(6)<<fun(i)/fun(k)/fun(i-k);
        cout<<endl;
    }
```

```
    return 0;
}
```

程序运行结果如图 11-27 所示。

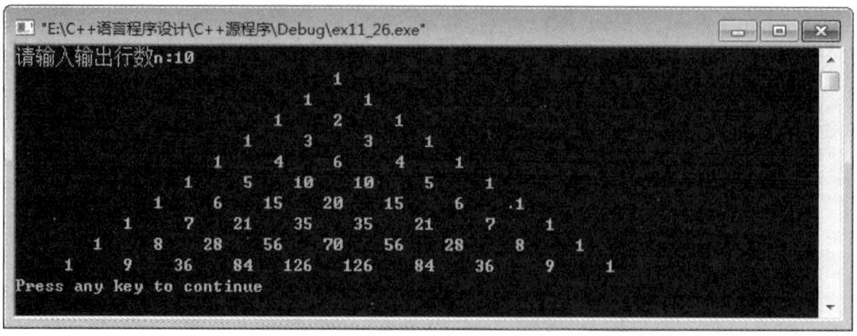

图 11-27　例 26 程序运行结果

第 12 章　C++ 语言输入和输出编程训练

　　数据的输入和输出是十分重要的操作。键盘是典型的输入设备，可用键盘向计算机输入要处理的数据。显示器是典型的输出设备，可以显示输入的数据和计算机处理数据的结果。

　　在自然界中流是气体或流体运动的一种状态，C++ 借用它表示一种数据传递操作。无论数据从外设输入到内存，还是从内存输送到外设，都是数据从一处向另一处的流动，这种数据的流动被称为流。流是字节的序列，可以是 ASCII 码字符，也可以是图形、图像、声音等各种形式的数据。根据数据流向的不同将流分为输入流与输出流，从文件读入数据称为输入流，向文件写入数据称为输出流。C++ 语言输入和输出编程的应用范围广泛，涉及的内容多。本章通过一些 C++ 语言输入和输出编程应用的训练实例帮助思维训练启蒙者提高解决这类问题的能力。

12.1　数据的输入和输出语句简介

12.1.1　数据的输入和输出基本概念

　　输入和输出是相对计算机内存而言的，从外设向内存输送数据称为输入，也称读数据；从内存向外设输送数据称为输出，也称写数据。相应地，向内存输入数据的设备称为输入设备，接收内存输出数据的设备称为输出设备。计算机可以从磁盘读入数据，也可以将数据写入磁盘，所以磁盘既是输入设备又是输出设备。

　　在 C++ 中，"流"指的是数据从一个源流到一个目的的抽象，它负责在数据的生产者（源）和数据的消费者（目的）之间建立联系，并管理数据的流动。输入和输出流是内存与输入和输出设备之间的一个抽象的联系层，内存与各种不同的输入和输出设备之间交换数据，就通过一种形式的输入 / 输出流实现，这样输入 / 输出流就屏蔽了不同设备之间的差异。

12.1.2　C 语言数据的输入和输出基本语句应用

　　C++ 是对 C 的一个扩展，是对 C 语言已有的东西的增强（也有人说 C++ 是更好的 C）。C++ 在一定程度上可以和 C 语言很好地结合，提供一个从 C 到 C++ 的平滑过渡，这使大多数 C 语言程序能在 C++ 的集成开发环境中完成。前面编程训练直接运用了 C++ 提供的特有的输入 / 输出流方法控制程序数据的输入与输出。C 语言中的数据的输入与输出语句也需要理解，不要学习了 C++ 语言，还看不懂 C 语言的输入与输出基本语句。

1. 数据的输入语句

（1）getchar 函数（字符输入函数）。此函数的作用是从终端输入一个字符。getchar 函数没有参数，其一般形式如下：

getchar();

函数的值就是从输入设备得到的字符。

实例程序 1 如下（程序名为 ex12_a1.cpp）：

```cpp
#include <stdio.h>
int main()
{
    char c;
    c=getchar();  // 输入字符，按回车键，字符被送到内存
    putchar(c);  // 输出变量 c 的值
    return 0;
}
```

请注意 getchar() 只能接收一个字符。getchar 函数得到的字符可以赋给一个字符变量或整型变量，也可以不赋给任何变量，而是作为表达式的一部分。例如，可以写成 "putchar(getchar());" 和 "printf("%c", getchar());" 等形式。

（2）scanf 函数（格式输入函数）。getchar() 只能用来输入一个字符，scanf 函数可以用来输入任何类型的多个数据。其一般形式如下：

scanf(格式控制 , 地址表列);

"格式控制"是用双引号括起来的字符串，也称"转换控制字符串"。

"地址表列"是由若干个地址组成的表列，可以是变量的地址，或字符串的首地址。

实例程序 2 如下（程序名为 ex12_a2.cpp）：

```cpp
#include <stdio.h>
int main()
{
    int a,b,c;
    scanf("%d%d%d",&a,&b,&c);
    printf("%d,%d,%d\n",a,b,c);
    return 0;
}
```

运行时按以下方式输入 a、b、c 的值：

3 4 5（输入 a、b、c 的值，用一个或多个空格分隔，也可以用回车键、Tab 键）

程序运行结果如下：

3,4,5（输出 a、b、c 的值）

程序说明：

"&a,&b,&c" 中的 "&" 是 "地址运算符"，"&a" 指 a 在内存中的地址。

scanf 函数的作用是按照 a、b、c 在内存的地址将 a、b、c 的值存进去。

①用 "scanf("%d%d%d",&a,&b,&c);" 格式输入时，不能用逗号作两个数间的分隔符。

例如，输入 "3,4,5"，用逗号分隔是不合法的。

②用 "scanf("%d,%d,%d",&a,&b,&c);" 格式输入时，必须用逗号作两个数间的分隔符，用空格分隔将是不合法的。

例如，输入 "3,4,5"，用逗号分隔是合法的。

③用 "scanf("%d:%d:%d",&a,&b,&c);" 格式输入时，必须用冒号作两个数间的分隔符，用空格分隔将是不合法的。

例如，输入 "3:4:5"，用冒号分隔是合法的。

④用 "scanf("a=%d,b=%d,c=%d",&a,&b,&c);" 格式输入时，输入应为以下形式：

a=10,b=20,c=30

采用这种形式，用户在输入数据时必须添加必要的信息，一方面有助于理解，另一方面不易发生输入数据的错误。

⑤用 "scanf("%c%c%c",&c1,&c2,&c3);" 格式输入时，只要求读入一个字符，不需要用空格作两个数间的分隔符，因为用 %c 格式输入字符时，空格字符和 "转义字符" 都作为有效字符输入。

例如，输入 "abc" 作为 $c1$、$c2$、$c3$ 的值，不需要用空格作两个数间的分隔符。但是如果输入 "a b c" 作为 $c1$、$c2$、$c3$ 的值，字符 "a" 赋给 $c1$，字符空格赋给 $c2$，字符 "b" 赋给 $c3$。

scanf 格式说明字符如表 12-1、表 12-2 所示。

表12-1　scanf格式说明字符

格式字符	说　　明
d	输入十进制数
o	输入八进制数
x	输入十六进制数
c	输入单个字符
s	输入字符串，字符串以结束符 "\0" 作为其最后一个字符
f	输入实数，可以用小数形式或指数形式输入
e	与 f 作用相同，e 与 f 可以互相替换

表12-2　scanf附加的格式说明字符

格式字符	说　　明
l	输入长整型数据（可用 %ld、%lo、%lx）以及 double 型数据（用 %lf 或 %le）
h	输入短整型数据（可用 %hd、%ho、%hx）
域宽 （为一正整数）	指定输入数据所占宽度（列数）
*	表示本输入项在读入后不赋给相应的变量

使用时，注意以下内容。

① "%"后的"*"附加说明符，用来表示跳过它相应的数据。例如，编写如下代码：

scanf("%2d %*3d %2d",&a,&b);

输入如下信息：

　12 345 67

代码运行结果是将 12 赋给 a，将 67 赋给 b。第二个数据"345"被跳过不赋给任何变量。在利用现成的一批数据时，有时不需要其中某些数据，可用此法"跳过"它们。

②输入数据时不能规定精度。例如，下面这段代码是不合法的：

scanf("%7.2f",&a);

不能企图输入以下信息而使 a 的值为 12345.67：

1234567

2. 数据的输出语句

（1）putchar 函数（字符输出函数）。此函数的作用是向终端输出一个字符。某一般格式如下：

putchar(c);

输出字符变量 c 的值。c 可以是字符变量或整型变量。

putchar 函数可以输出控制字符，如"putchar('\n')"输出一个换行符；也可以输出其他转义字符，例如：

putchar('\101');　　// 输出字符"A"

putchar('\'');　　// 输出单引号字符"'"

putchar('\015');　　// 输出回车，不换行

（2）printf 函数（格式输出函数）。putchar() 只能输出一个字符，用 printf 函数可以输出任何类型的多个数据。其一般形式如下：

printf(格式控制 , 输出表列);

"格式控制"是用双引号括起来的字符串，也称"转换控制字符串"。

"输出表列"是需要输出的一些数据，可以是表达式。

通过以下几个实例程序，说明 printf 函数的使用。

实例程序 1 如下（程序名为 ex12_b1.cpp）：

```
// 整数输出控制
#include <stdio.h>
int main()
{
    int a,b,c;
    a=17721; b=7283; c=27372;
    printf("%18d %18d %18d\n",a,b,c);
    printf("%15d%15d%15d\n",a,b,c);
    printf("--------------------------------------\n");
    printf("%15d,%15d,%15d\n",a,b,c);
    printf("%10d,%10d,%10d\n",a,b,c);
    printf("%8d,%8d,%8d\n",a,b,c);
    printf("--------------------------------------\n");
    return 0;
}
```

程序运行如图 12-1 所示。

图 12-1　实例程序 1 运行结果

实例程序 2 如下（程序名为 ex12_b2.cpp）：

```
// 小数输出控制
#include <stdio.h>
int main()
{
    float a,b,c;
    a=17721.6632; b=7283.322; c=27372.2552;
    printf("%18.6f %18.6f %18.6f\n",a,b,c);
    printf("%15.6f%15.6f%15.6f\n",a,b,c);
    printf("%15.6f,%15.6f,%15.6f\n",a,b,c);
    printf("%-15.6f,%-15.6f,%-15.6f\n",a,b,c);
    printf("----------------------------------------------------\n");
```

```
        printf("%10.3f,%10.3f,%10.3f\n",a,b,c);
        printf("%8.3f,%8.3f,%8.3f\n",a,b,c);
        printf("-----------------------------------------------------\n");
        return 0;
    }
```

程序运行如图 12-2 所示。

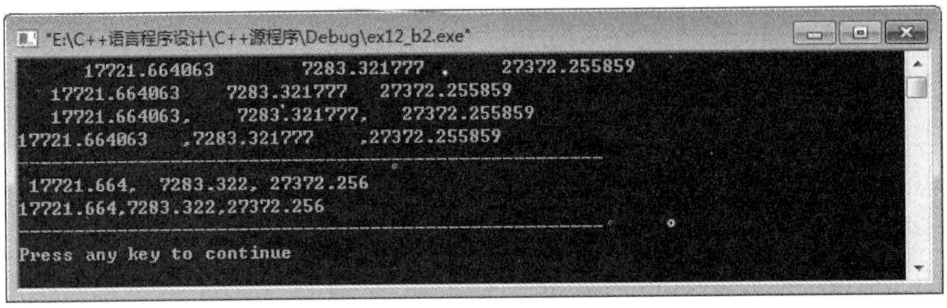

图 12-2　实例程序 2 运行结果

实例程序 3 如下（程序名为 ex12_b3.cpp）：

```
// 字符、整数、字符串输出控制
#include <stdio.h>
int main()
{
    char a,b,c;
    a='A'; b='K'; c='w';
    printf("%d %d %d\n",a,b,c);              // 输出 ASCII 值
    printf("%c  %c  %c\n",a,b,c);   // 输出相应的字母
    printf("----------------------------------\n");
    printf("%3s,%7.2s,%.4s,%-5.3s\n","China","China","China","China");
    printf("----------------------------------\n");
    return 0;
}
```

程序运行结果如图 12-3 所示。

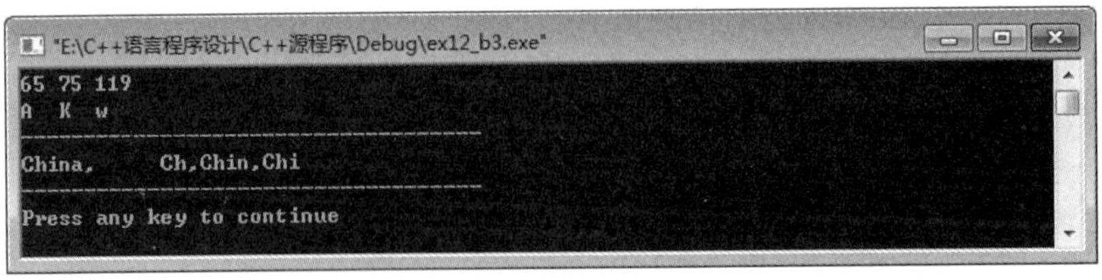

图 12-3　实例程序 3 运行结果

printf 格式说明字符如表 12-3、表 12-4 所示。

表12-3　printf格式说明字符

格式字符	说　明
d	输出十进制数 (正数不输出符号)
o	输出八进制数 (不输出前导符 0)
x	输出十六进制数 (不输出前导符 0x)
c	输出单个字符
u	以无符号十进制形式输出整数
s	输出字符串
f	以小数形式输出单、双精度数，隐含输出 6 位小数
e	以标准指数形式输出单、双精度数，数字部分小数位数为 6 位
g	选用 %f 或 %e 格式中输出宽度较短的一种格式，不输出无意义的 0

表12-4　printf附加的格式说明字符（也称修饰符）

格式字符	说　明
l	用于长整型数据（可用 %ld、%lo、%lx、%lu）以及 double 型数据（用 %lf 或 %le）。
m(代表一个正整数)	数据最小宽度
n(代表一个正整数)	对于实数，表示输出 n 位小数；对于字符串，表示截取的字符个数
–	输出的数字或字符在域内向左靠

使用时，注意以下内容。

如果想输出字符"%"，则应该在"格式控制"字符串中用连续两个"%"表示。例如：

printf("%f%%",1.0/3);

输出为 0.333333%。

12.1.3　C++ 语言数据的输入和输出流语句应用

C++ 语言提供了特有的输入 / 输出流，头文件 iostream.h 包含了操作所有输入 / 输出流所需的基本信息。cin 和 cout 是流库预定义标准输入流对象和标准输出流对象，分别连接键盘和显示器。因此，大多数 C++ 程序都将 iostream.h 头文件包括到用户的源文件中，即添加代码 "#include <iostream.h>"。

1.输入流 cin

输入流对象 cin 必须配合提取操作符 ">>" 完成数据的输入。输入格式如下：

cin>> 变量 1>> 变量 2>>……>> 变量 n;

功能：读取用户输入的字符串，按相应变量的类型转换成二进制代码写入内存。执行到输入语句时，用户按语句中变量的顺序和类型键入各变量的值。输入多个数据时，以空格、Tab 键和回车键作分隔符。

2.输出流 cout

输出流对象 cout 必须配合插入操作符 "<<" 使用。输出格式如下：

cout<< 输出项 1<< 输出项 2<<……<< 输出项 n;

功能：首先计算出各输出项的值，然后将其转换成字符流形式输出。

输入流 cin、输出流 cout 的应用在前面的章节已有许多展示，请查阅前面的编程范例。

12.2 文件的应用

12.2.1 文件的基本概念

文件是存储在外存储器中的数据的集合。文件可以是磁盘文件、光盘文件、U 盘文件等。C++ 将文件看作字符序列，根据数据的不同存储方式，文件被分为 ASCII 码文件和二进制文件。ASCII 码文件又称为文本文件，文件的每个字节存放一个字符的 ASCII 码。二进制文件又称为字节文件，文件中的数据是按数据在内存中的存储形式存放的。

文本文件中一个字节代表一个字符，可直接在显示器上显示出来，使用方便，但文本文件占据较大的存储空间，且输出数据时需要花费时间进行二进制数与 ASCII 码的转换。

二进制文件中一个字节并不对应一个字符，不能直观显示文件内容，使用不便，但文件数据输出时无须进行二进制数与 ASCII 码的转换，且数据占用较小的存储空间。

假定有一个整数 10 000，在内存中占 2 个字节，如果按文本形式输出到磁盘上，则须占 5 个字节；而如果按二进制数形式输出，则在磁盘上只占 2 个字节。

由于文本文件的行分隔符因操作系统而异，因此文本文件使用起来容易出现问题。使用二进制文件方式输入 / 输出数据对无须转换，将内存中的存储形式原样传送到文件即可。

12.2.2 文件的基本操作

文件操作主要包括读文件和写文件两种操作方式。对二进制文件进行读 / 写有两种方式：一种是使用函数 get() 和 put()；另一种是使用函数 read() 和 write()。这 4 种函数也可以用于文本文件的读 / 写操作。二进制文件的读 / 写除字符转换方面略有差异之外，处理过程与文本文件基本相同。

1. 用 get() 函数和 put() 函数读 / 写二进制文件

get() 函数的功能：它可以从与流对象连接的文件中读出数据，每次读出一个字节（字符）。

put() 函数的功能：它可以向与流对象连接的文件中写入数据，每次写入一个字节（字符）。

2. 用 read() 函数和 write() 函数读 / 写二进制文件

调用格式如下：

inf.read(char *buf,int len);

outf.write(const char *buf,int len);

read() 函数的功能：从与输入文件流对象 inf 相关联的磁盘文件中读取 *len* 个字节（或遇 EOF 结束），并把它们存放在字符指针 buf 所指的一段内存空间内。如果在 *len* 个字节（字符）被读出之前就达到了文件尾，则 read() 函数停止执行。

write() 函数的功能：将从字符指针 buf 所给的地址开始的 *len* 个字节的内容不加转换地写到输出文件流对象 outf 相关联的磁盘文件中。

12.2.3　文件的打开与关闭

1. 文件类型指针

在 C 语言中用一个指针变量指向一个文件，这个指针被称为文件类型指针。通过文件类型指针，可以对它所指的文件进行各种操作。定义文件指针的一般形式如下：

FILE * 文件指针名；

例如：

FILE *fp;

注意：如果要对多个文件进行操作，则需要定义相同个数的文件类型指针，一个文件类型指针只能指向一个文件。

例如：

FILE *fp1, *fp2, *fp3;

2. 文件位置指针及文件打开方式

文件位置指针用于指示文件当前要读写的位置，以字节为单位，从 0 开始连续编号（0 代表文件的开头）。每读一个字节，文件位置指针就向后移动一个字节。

如果文件位置指针是按照字节位置顺序移动的，就称为顺序读写；如果文件位置指针是按照读写需要任意移动的，就称为随机读写。

通常，文件位置指针的值与打开文件时采用的打开方式有关。文件的打开方式及其含义如表 12-5 所示。

表12-5　文件的打开方式及其含义

方　式	具 体 含 义	文件读写位置
r	以只读方式打开一个已存在的文件，若该文件不存在则出错	文件开头
w	以只写方式打开一个文件，若该文件不存在，则以该文件名创建一个新文件；若已存在，则将该文件内容全部删除	文件开头
a	以追加方式打开一个文件，仅仅在文件末尾写数据。若该文件不存在，则出错	文件末尾
+	可读可写	
t	以文本方式打开，采用系统默认的方式	
b	以二进制方式打开	

通常把 r（read）、w（write）、a（append）、+ 称为操作类型字符，t（text）和 b（binary）称为文件类型字符。t 表示文本文件，b 表示二进制文件。在打开文件时采用的打开方式是由操作类型和文件类型联合决定的，操作类型字符在前，文件类型字符在后。当没有指定文件类型时，系统默认是文本文件，即 t。+ 需要与 r、w 和 a 搭配使用。

例如，t 与 rt 等价，都表示以只读方式打开一个文本文件。wb 表示以只写方式打开一个二进制文件。r+ 表示以读写方式打开一个已存在的文件。w+ 表示以读写方式创建一个新文件；若该文件已存在，则将该文件内容全部删除。a+ 表示在文件末尾追加数据，而且可以从文件中读取数据；若指定文件不存在，则出错。

3. 文件的打开与关闭

文件操作的一般过程如下：

打开文件→读 / 写文件→关闭文件

（1）文件的打开。文件的打开用 fopen 函数来实现，该函数的原型如下：

FILE *fopen(char *filename,char *mode);

filename 为指向的文件，mode 表示打开的方式。例如：

FILE *fp;

fp=fopen("myf.txt,","r");

表示在当前目录下打开文件 myf.txt，只允许进行"读"操作，并使文件指针指向该文件。

又如：

FILE *f1;

f1=fopen("E:\\C++ 语言程序设计 \\C++ 源程序 \\C++ 语言输入和输出编程 \\file1.txt","w");　// 打开 file1.txt 文件

表示打开路径为"E:\\C++ 语言程序设计 \\C++ 源程序 \\C++ 语言输入和输出编程

"\\file1.txt"的文件，两个反斜杠 "\\" 中第一个 "\" 为转义字符的标志，第二个 "\" 表示根目录。

（2）文件的关闭。文件的关闭用 fclose 函数实现，该函数的原型如下：

int fclose(FILE *fp);

正常完成关闭文件操作时，fclose 函数返回值为 0。如果返回 EOF，则表示有错误发生。

EOF 是在 stdio.h 文件中定义的符号常量，值为 -1。

例如：

FILE *fp;

fp=fopen("myf.txt","r");

…

fclose(fp);　　　// 文件不再使用，关闭该文件

4. 文件的读写

常用的文件读写操作函数包含在头文件 stdio.h 中。

（1）fgetc 和 fputc 字符读写函数。fgetc 函数的原型如下：

int fgetc(FILE *fp);

该函数的功能是从 *fp* 所指向的文件中读取一个字符。

例如：

ch= fgetc(fp);

每调用一次 fgetc 函数后，该文件位置指针将向后移动一个字节。因此可连续多次使用 fgetc 函数从文件中读取多个字符。

fputc 函数的原型如下：

int fputc (char ch,FILE *fp);

该函数的功能是把 *ch* 字符写入 *fp* 所指向的文件中。

例如：

fputc('b',fp);　　　// 把字符 b 写入 fp 所指向的文件中

每调用一次 fputc 函数，就向文件中写入一个字符，文件位置指针将向后移动一个字节。

（2）fgets 和 fputs 字符串读写函数。fgets 函数的原型如下：

int fgets(char *s,int n,FILE *fp);

该函数的功能是从 *fp* 所指向的文件中读取 *n*-1 个字符或读完一行，参数 *s* 用来接收读取的字符，并在末尾自动加上字符串结束符 "\0"。

例如：

fgets(str,n,fp);　　　// 从 fp 所指向的文件中读出 n-1 个字符，送入字符数组 str 中

对 fgets 函数有以下两点说明。

①在读出 *n*-1 个字符之前，如果遇到了换行符或 EOF，则读取结束。

② fgets 函数也有返回值，其返回值是字符串的首地址。

fputs 函数的原型如下：

int fputs (char *s,FILE *fp);

该函数的功能是将 s 所指向的字符串写入 fp 所指向的文件中。

例如：

fputs("abcdefg",fp);　　// 把字符串 "abcdefg" 写入 fp 所指向的文件中

又如：

FILE *f1;　　// 定义一个文件指针

char s[]="ABCDEFGHIJKLMNOPQRSTUVWXYZ";

f1=fopen("E:\\C++ 语言程序设计 \\C++ 源程序 \\C++ 语言输入和输出编程 \\file1.txt","w");　　// 打开 file1.txt 文件

fputs(s,f1);　　// 将字符数组 s 的内容写入 file1.txt 文件中

每调用一次 fputs 函数，就向文件中写入一个字符串。

（3）fread 和 fwrite 数据块读写函数。C 语言还提供了用于数据块的读写函数 fread 和 fwrite，可以用来读写一组数据。比如一个数组元素、一个结构体变量的值等。

fread 函数的原型如下：

int fread (void *pt,unsigned size,unsigned count ,FILE *fp);

该函数的功能是从 fp 所指向的文件中读取 count 个 size 字节大小的数据块，存放到 pt 所指向的存储空间。

如果 fread 函数调用成功，则函数返回值为 count 的值。

例如：

FILE *fp;

int i;

int num[10];

i=fread(num,sizeof(int),10,fp);　　// 从文件中读出数据块放入数组 num 中

printf(" 从文件中读出的数据个数 =%d\n",i);

for(i=0;i<10;i++)　　// 把从文件中读出的 10 个整型数据显示在屏幕上

{

　　printf("%d ",num[i]);

}

printf("\n");

fwrite 函数的原型如下：

int fwrite (void *pt,unsigned size,unsigned count ,FILE *fp);

该函数的功能是从 pt 所指向的存储空间中取出 count 个 size 字节大小的数据块，写入 fp 所指向的文件。

如果 fwrite 函数调用成功，则函数返回值为 count 的值。

例如：

float f=3.14;

fwrite(&f,4,1,fp);

表示向 *fp* 所指向的文件写入 1 个 4 字节（一个实数）的值。

又如：

FILE *fp;

int i;

int num[10];

…

for(i=0;i<10;i++)

{

   scanf("%d",&j);

   fwrite(&j,sizeof(int),1,fp);

}

…

可以实现将终端读入的 10 个整型数据以二进制方式写到新文件中。

fread 和 fwrite 函数一般用于二进制文件的输入 / 输出。因为它们是按照数据块的长度来处理输入 / 输出的，按照数据在存储空间存放的实际情况原封不动地在磁盘文件和内存之间传送，一般不会出错。

（4）fscanf 和 fprintf 格式读写函数。fscanf 和 fprintf 函数与 scanf 和 printf 函数类似，都是格式读写函数，不同的是，fscanf 和 fprintf 函数读写的对象不是终端而是文件。

fscanf 函数的原型如下：

int fscanf(FILE *fp,char *format,…);

该函数的功能是按照指定格式从文件中读出数据，并赋值到参数列表中。

例如：

fscanf(fp,"%d, %f",&i,&t);

表示从 *fp* 指向的文件中按指定格式读入数据，赋给变量 *i* 和变量 *t*。

又如：

FILE *fp;

int i;

static float num[1000];

…

fscanf(fp,"%f",&num[0]);　　　// 第 1 个数据读入

for(i=1;i<1000;i++)

   fscanf(fp,",%f",&num[i]);　　// 第 2 个数据读入时注意使用 "," 分隔

for(i=0;i<1000;i++)

```
    printf("%8.4f ",num[i]);
  printf(" 文件中数据读出完毕 !\n");
```

上面语句的作用是从 *fp* 指向的文件中按指定格式读入数据，赋给数组 *num*，再把这个数组中的数据显示出来。

fprintf 函数的原型如下：

```
int fprintf (FILE *fp, char *format,…);
```

该函数的功能是把数据按指定格式写入 *fp* 所指向的文件中。

例如：

```
fprintf (fp,"%d,%f",i,t);
```

表示将整型变量 *i* 和实型变量 *t* 的值按 %d 和 %f 的格式输出到 *fp* 所指向的文件中。

又如：

```
FILE *fp;

int i;

static float num[1000];

…

for(i=0;i<1000;i++)   // 将 1000 个浮点型数据放入数组 num 中
    num[i]=100.0+i/1000.0;

for(i=0;i<1000;i++)   // 显示 1000 个浮点型数据
    printf("%8.4f ",num[i]);   // 两个数据显示时以 " " 分隔

printf("==============================================\n");

fprintf(fp,"%8.4f",num[0]);        // 第 1 个数据写入文件

for(i=1;i<1000;i++)
    fprintf(fp,",%8.4f",num[i]);       // 第 2 个数据开始写入时注意使用 "," 分隔

printf(" 数据写入文件完毕 !\n");
```

上面语句的作用是将 1 000 个浮点型数据放入数组 *num* 中，再把这个数组中的数据写入文件，数据间以 "," 分隔。

使用 fread 和 fwrite 函数对磁盘进行文件读写的方法简单明了，但输入时要将 ASCII 码转换成二进制形式，在输出时也要将二进制转换成字符形式，较费时间。在内存与磁盘频繁交换数据时，一般不建议使用此方法。

12.3 数据的输入和输出基本技能训练

下面选取一些 C++ 语言输入和输出编程实例，帮助学习者提高解决这类问题的能力，达到基本技能训练的目的。

例 1：定义一个文件指针，将字符数组 *s* 的内容写入 file1.txt 文件中（程序名为 ex12_1.cpp）。

C++ 程序如下：

```
#include <stdio.h>
int main()
{
    FILE *f1;      //定义一个文件指针
    char s[]="ABCDEFGHIJKLMNOPQRSTUVWXYZABCDEFGHIJKLMNOPQRSTU
VWXYZABCDEFGHIJKLMNOPQRSTUVWXYZ";
    f1=fopen("E:\\C++ 语言程序设计 \\C++ 源程序 \\C++ 语言输入和输出编程 \\file1.
txt","w");   // 打开 file1.txt 文件
    fputs(s,f1);   // 将字符数组 s 的内容写入 file1.txt 文件中
    fclose(f1);    // 关闭 file1.txt 文件
    return 0;
}
```

file1.txt 文件内容如图 12-4 所示。

图 12-4　例 1 程序运行结果

例 2：编写一个子程序，定义一个文件指针，将字符串内容写入打开的文件中，文件打开方式为 "w"（写入）（程序名为 ex12_2.cpp）。

C++ 程序如下：

```
// 文件操作
#include <stdio.h>
#include <string.h>
void fun(char *fname,char *st)
{
    FILE *fp;               //定义一个文件指针
    int i;
    fp=fopen(fname,"w");  // 打开 fname 文件
    for(i=0;i<strlen(st);i++)
    fputc(st[i],fp);       //// 将字符串内容写入 fname 文件中
    fclose(fp);            // 关闭文件
```

```
}
int main()
{
    fun("testmy.txt","new world!\n");
    fun("testmy.txt"," 以推进 "一带一路" 建设为重点 外经行业发展稳中有进 \n");
    return 0;
}
```

testmy.txt 文件内容如图 12-5 所示。

图 12-5　例 2 程序运行结果

例 3：编写一个子程序，定义一个文件指针，将字符串内容写入打开的文件中，文件打开方式为 "a"（添加）（程序名为 ex12_3.cpp）。

C++ 程序如下：

```
// 文件操作
#include <stdio.h>
#include <string.h>
void fun(char *fname,char *st)
{
    FILE *fp;                // 定义一个文件指针
    int i;
    fp=fopen(fname,"a");     // 打开 fname 文件的方式为 "a"（添加）
    for(i=0;i<strlen(st);i++)
    fputc(st[i],fp);         //// 将字符串内容写入 fname 文件中
    fclose(fp);              // 关闭文件
}
int main()
{
    fun("testmy.txt","new world!\n");
    fun("testmy.txt"," 以推进 "一带一路" 建设为重点 外经行业发展稳中有进 \n");
    return 0;
}
```

testmy.txt 文件内容如图 12-6 所示。

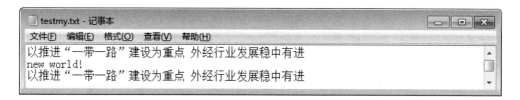

图 12-6　例 3 程序运行结果

例 4：编写输入一个文件名，读取该文件内容的程序（程序名为 ex12_4.cpp）。
C++ 程序如下：

```cpp
// 文件操作
#include <stdio.h>
#include <stdlib.h>
int main()
{
    FILE *fp;
    char ch,fname[15];
    printf(" 输入文件名 :");
    scanf("%s",fname);     // 输入文件名
    if ((fp=fopen(fname,"r"))==NULL)
    {
        printf(" 此文件未找到 \n");
        exit(1);
    }
    ch=fgetc(fp);
    while(!feof(fp))
    {
        putchar(ch);
        ch=fgetc(fp);
    }
    fclose(fp);
    putchar('\n');
    return 0;
}
```

程序运行结果如图 12-7 所示。

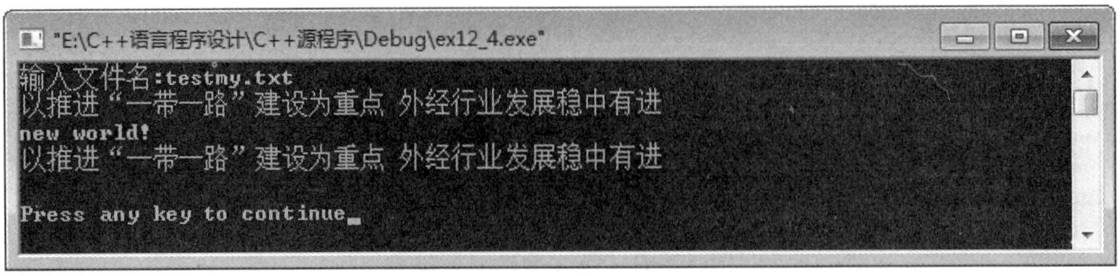

图 12-7　例 4 程序运行结果

例 5：编写程序实现将学生的姓名、学号、年龄、地址数据写入指定的文件中（程序名为 ex12_5.cpp）。

C++ 程序如下：

```cpp
// 文件操作（将学生的姓名、学号、年龄、地址数据写入指定的文件中）
#include <stdio.h>
#include <stdlib.h>
struct student{
    char name[10];
    int num;
    int age;
    char addr[15];
}stu[3];
void save()
{
    FILE *fp;
    int i;
    if((fp=fopen("student.dat","w"))==NULL)    // 打开文件方式为"w"（写文件）
    {
        printf(" 不能打开文件 \n");
        exit(1);
    }
    for(i=0;i<3;i++)    // 将学生数据一项一项地写入文件中
        if(fwrite(&stu[i],sizeof(struct student),1,fp)!=1)
            printf(" 文件写入错误 \n");
    fclose(fp);
}
int main()
{
```

```
        int i;
        for(i=0;i<3;i++)
            scanf("%s,%d,%d,%s",stu[i].name,&stu[i].num,&stu[i].age,stu[i].addr);  // 姓 名、学
号、年龄、地址（用 "," 分隔）
        save();
        return 0;
    }
```

程序运行结果如图 12-8 所示。

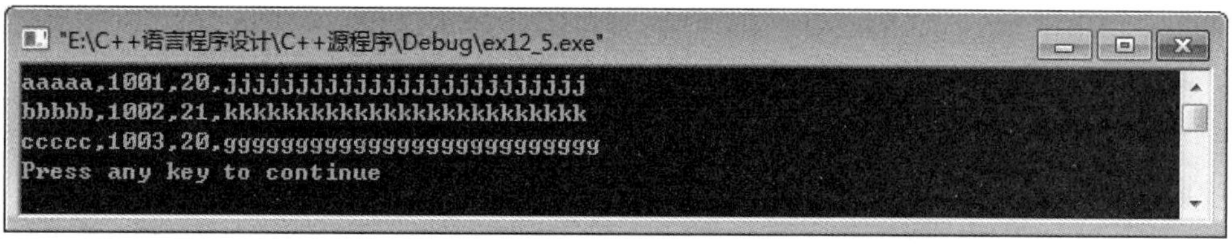

图 12-8　例 5 程序运行结果

例 6：文件定位函数应用。利用 testmy.txt 内容（见图 12-6）测试文件定位函数功能
（程序名为 ex12_6.cpp）。

C++ 程序如下：

```
// 文件定位函数应用
// 文件头         SEEK_SET  0
// 文件当前位置   SEEK_CUR  1
// 文件末尾       SEEK_END  2
#include <stdio.h>
#include <stdlib.h>
int main()
{
    FILE *fp;
    int offset;
    fp=fopen("testmy.txt","r");
    fseek(fp,5,SEEK_SET);     // 移动位置指针到指定位置
    offset=ftell(fp);
    printf(" 偏移量 offset=%ld\n",offset);
    fseek(fp,15,SEEK_SET);    // 移动位置指针到指定位置
    offset=ftell(fp);
    printf(" 偏移量 offset=%ld\n",offset);
    fseek(fp,3,SEEK_CUR);     // 移动位置指针到指定位置
    offset=ftell(fp);
```

```
    printf(" 偏移量 offset=%ld\n",offset);
    printf("--------------------------------------------\n");
    rewind(fp);        // 位置指针回到文件头
    offset=ftell(fp);
    printf(" 偏移量 offset=%ld\n",offset);
    fseek(fp,0,SEEK_END);   // 移动位置指针到文件末尾
    offset=ftell(fp);
    printf(" 偏移量 offset=%ld\n",offset);
    fclose(fp);
    return 0;
}
```
程序运行结果如图 12-9 所示。

图 12-9　例 6 程序运行结果

例 7：文件定位函数应用。利用 testmy.txt 内容测试文件定位函数功能，使用代码 "rewind(fp);" 使位置指针回到文件头（程序名为 ex12_7.cpp）。

C++ 程序如下：

```
// 文件定位函数应用
// 文件头      SEEK_SET 0
// 文件当前位置  SEEK_CUR 1
// 文件末尾     SEEK_END 2
#include <stdio.h>
#include <stdlib.h>
int main()
{
    FILE *fp;
    int offset;
    fp=fopen("testmy.txt","r");
    fseek(fp,0,SEEK_SET);       // 移动位置指针到指定位置
    offset=ftell(fp);
```

```
    printf(" 偏移量 offset=%ld\n",offset);
    fseek(fp,-15,SEEK_SET);      // 移动位置指针到指定位置
    offset=ftell(fp);
    printf(" 偏移量 offset=%ld\n",offset);
    fseek(fp,30,SEEK_CUR);       // 移动位置指针到指定位置
    offset=ftell(fp);
    printf(" 偏移量 offset=%ld\n",offset);
    printf("-------------------------------------------\n");
    rewind(fp);       // 位置指针回到文件头
    offset=ftell(fp);
    printf(" 偏移量 offset=%ld\n",offset);
    fseek(fp,0,SEEK_END);      // 移动位置指针到文件末尾
    offset=ftell(fp);
    printf(" 偏移量 offset=%ld\n",offset);
    fclose(fp);
    return 0;
}
```

程序运行结果如图 12-10 所示。

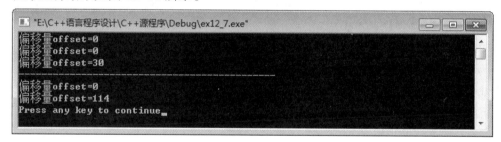

图 12-10　例 7 程序运行结果

例 8：文件读写操作训练。把数据写入文件，再把数据从文件中读出来（程序名为 ex12_8.cpp）。

C++ 程序如下：

```
// 文件读写操作
// 把数据写入文件
// 再把数据从文件中读出来
#include <stdio.h>
#include <conio.h>
int main()
{
```

```
    FILE *fp;
    int i=20,j=30,k,n;
    // 写数据
    fp=fopen("d1.dat","w");
    fprintf(fp,"%d\n",i);    // 把数据 i 写入文件
    fprintf(fp,"%d\n",j);    // 把数据 j 写入文件
    fclose(fp);
    // 读数据
    fp=fopen("d1.dat","r");
    fscanf(fp,"%d%d",&k,&n); // 把数据从文件中读出来并赋给变量
    printf("%d   %d",k,n);    // 再把变量中的数据显示出来
    fclose(fp);
    getch();
    return 0;
}
```

程序运行结果如图 12-11 所示。

图 12-11 例 8 程序运行结果

例 9：编程实现将终端读入的 10 个整型数据以二进制方式写到一个名为 bi.dat 的新文件中，再把从 bi.dat 文件中读出的 10 个整型数据显示在屏幕上（程序名为 ex12_9.cpp）。

C++ 程序如下：

```
// 文件读写操作
// 编程实现将终端读入的 10 个整型数据以二进制方式写到一个名为 bi.dat 的新文件中
#include <stdio.h>
#include <stdlib.h>
int main()
{
    FILE *fp;
    int i,j;
    int num[10];
    if ((fp=fopen("bi.dat","wb"))==NULL)
```

```
    {
        printf(" 不能打开文件 ");
        exit(1);
    }
    for(i=0;i<10;i++)    // 将终端读入的 10 个整型数据以二进制方式写到一个名为
bi.dat 的新文件中
    {
        scanf("%d",&j);
        fwrite(&j,sizeof(int),1,fp);
    }
    fclose(fp);
    // 读出文件中的数据，显示在屏幕上
    if ((fp=fopen("bi.dat","rb"))==NULL)
    {
        printf(" 不能打开文件 ");
        exit(1);
    }
    i=fread(num,sizeof(int),10,fp);
    printf(" 从文件中读出的数据个数 =%d\n",i);
    for(i=0;i<10;i++)    // 把从 bi.dat 文件中读出的 10 个整型数据显示在屏幕上
    {
        printf("%d  ",num[i]);
    }
    printf("\n");
    fclose(fp);
    return 0;
}
```

程序运行结果如图 12-12 所示。

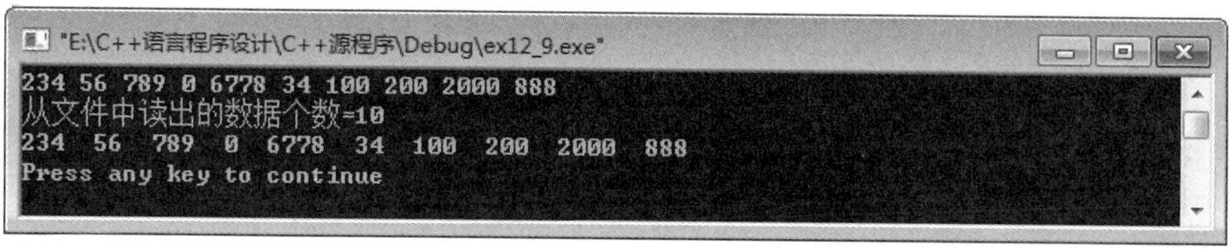

图 12-12　例 9 程序运行结果

例 10：编写一个程序，实现输入一个字符串，把该字符串的小写字母转换为大写字母后写入文件中，然后从该文件中读出字符串并显示出来（程序名为 ex12_10.cpp）。

C++ 程序如下：

```
// 文件读写操作
// 输入一个字符串，把该字符串的小写字母转换为大写字母后写入文件中，然后从该
文件中读出字符串并显示出来
#include <stdio.h>
#include <stdlib.h>
int main()
{
    FILE *fp;
    char s[100];
    int i;
    if ((fp=fopen("my.txt","w"))==NULL)
    {
        printf(" 不能打开此文件 \n");
        exit(1);
    }
    printf(" 请输入一个字符串 :\n");
    gets(s);        // 输入字符串以 "!" 为结束符
    // 把该字符串的小写字母转换为大写字母后写入文件中
    i=0;
    while(s[i]!='!')
    {
        if(s[i]>='a' && s[i]<='z')
            s[i]=toupper(s[i]);

        fputc(s[i],fp);
        i++;
    }
    fclose(fp);
    // 从该文件中读出字符串并显示出来
    if ((fp=fopen("my.txt","r"))==NULL)
    {
        printf(" 不能打开此文件 \n");
        exit(1);
```

```
    }
    fgets(s,100,fp);
    printf("%s\n",s);
    fclose(fp);
    return 0;
}
```

程序运行结果如图 12-13 所示。

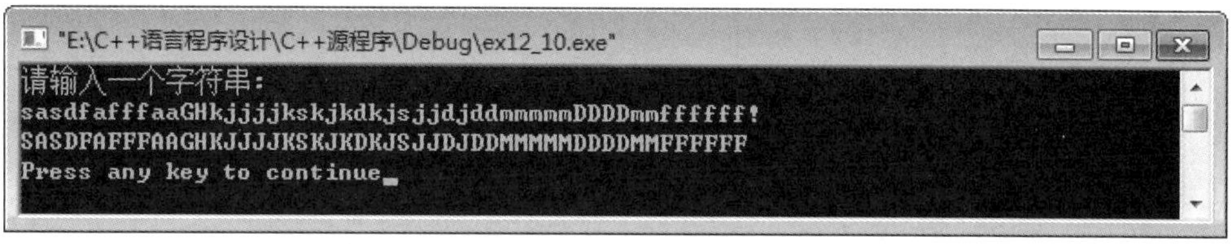

图 12-13　例 10 程序运行结果

例 11：编写一个程序，换一种方法实现输入一个字符串，把该字符串的小写字母转换为大写字母后写入文件中，然后从该文件中读出字符串并显示出来（程序名为 ex12_11.cpp）。

C++ 程序如下：

```
// 文件读写操作
// 输入一个字符串，把该字符串的小写字母转换为大写字母后写入文件中，然后从该
文件中读出字符串并显示出来
#include <stdio.h>
#include <stdlib.h>
int main()
{
    FILE *fp;
    char ch,s[100];
    int i;

    if ((fp=fopen("my.txt","w"))==NULL)
    {
        printf(" 不能打开此文件 \n");
        exit(1);
    }
    printf(" 请输入一个字符串 [ 以 ! 结束 ]:\n");
    // 把该字符串的小写字母转换为大写字母后写入文件中
    i=0;
    while((ch=getchar())!='!')
```

```
    {
        if(ch>='a' && ch<='z')
            ch=toupper(ch);

        fputc(ch,fp);
        i++;
    }
    fclose(fp);
    // 从该文件中读出字符串并显示出来
    if ((fp=fopen("my.txt","r"))==NULL)
    {
        printf(" 不能打开此文件 \n");
        exit(1);
    }
    fgets(s,i+1,fp);
    printf("%s\n",s);
    fclose(fp);
    return 0;
}
```

程序运行结果如图 12-14 所示。

图 12-14　例 11 程序运行结果

例 12 ：编写一个程序，实现输入一个字符串，把该字符串的小写字母转换为大写字母、大写字母转换为小写字母后写入文件中，然后从该文件中读出字符串并显示出来（程序名为 ex12_12.cpp）。

C++ 程序如下：

// 文件读写操作

// 输入一个字符串，把该字符串的小写字母转换为大写字母、大写字母转换为小写字母后写入文件中，然后从该文件中读出字符串并显示出来

```
#include <iostream.h>
#include <stdio.h>
#include <stdlib.h>
```

```cpp
#include <ctype.h>
int main()
{
    FILE *fp;
    char s[100];
    int i;

    if ((fp=fopen("my.txt","w"))==NULL)
    {
        printf(" 不能打开此文件 \n");
        exit(1);
    }
    printf(" 请输入一个字符串 [! 号结尾 ]:\n");
    gets(s);
    // 把该字符串的大小写字母互换后写入文件中
    i=0;
    while(s[i]!='!')
    {
        if((s[i]>='a' && s[i]<='z')||(s[i]>='A' && s[i]<='Z'))
        {
            if(isupper(s[i])==1)
                s[i]=tolower(s[i]);
            else s[i]=toupper(s[i]);
            fputc(s[i],fp);
        }
        else
        {
            cout<<" 您已输入错误 !!!:\a"<<s[i]<<endl;
        }
        i++;
    }
    fclose(fp);
    // 从该文件中读出字符串并显示出来
    if ((fp=fopen("my.txt","r"))==NULL)
    {
        printf(" 不能打开此文件 \n");
```

```
        exit(1);
    }
    fgets(s,100,fp);
    printf("%s\n",s);
    fclose(fp);
    return 0;
}
```

程序运行结果如图 12-15 所示。

图 12-15   例 12 程序运行结果

例 13：编写一个程序，实现将字符串 *p* 中的所有字符复制到字符串 *b* 中，要求每复制 3 个字符插入一个空格。然后将字符串 *b* 写到文件 file1.txt 中，最后从该文件中读出字符串并输出（程序名为 ex12_13.cpp）。

C++ 程序如下：

```
// 文件读写操作
// 将字符串 p 中的所有字符复制到字符串 b 中，要求每复制 3 个字符插入一个空格
// 然后将字符串 b 写到文件 file1.txt 中，最后从该文件中读出字符串并输出
#include <stdio.h>
#include <stdlib.h>
void fun(char *p,char *b)
{
    int j,k=0;
    while (*p)
    {
        j=0;
        while(j<3 && *p)
        {
            b[k]=*p;
            printf("%c",b[k]);
            k++;p++;j++;
        }
        if (*p)
```

```
            {
                b[k]=' ';
                printf("%c",b[k]);
            }
        }
    b[k]='\0';
    printf("\n");
}


int main()
{
    FILE *fp;
    char a[80],b[80];
    gets(a);
    fun(a,b);
    puts(b);
    printf("===================================\n");
    // 写入文件
    if ((fp=fopen("file1.txt","w"))==NULL)
    {
        printf(" 不能打开文件 \n");
        exit(0);
    }
    fputs(b,fp);
    fclose(fp);
    // 读文件并显示
    if ((fp=fopen("file1.txt","r"))==NULL)
    {
        printf(" 不能打开文件 \n");
        exit(0);
    }
    fgets(b,80,fp);
    puts(b);
    fclose(fp);
    return 0;
}
```

程序运行结果如图 12-16 所示。

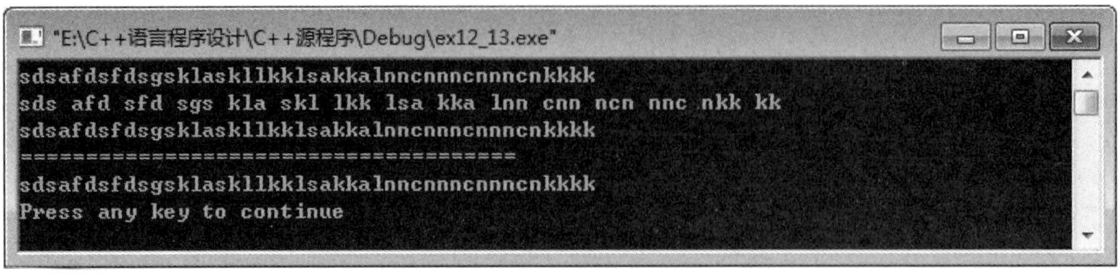

图 12-16　例 13 程序运行结果

例 14：编写一个程序，实现将 1 000 个浮点数写到文件 f.txt 中，数据间以 "," 分隔（程序名为 ex12_14.cpp）。

C++ 程序如下：

```cpp
// 将 1000 个浮点数写到文件 f.txt 中，数据间以 "," 分隔。
#include <stdio.h>
#include <stdlib.h>
int main()
{
    FILE *fp;
    int i;
    float num[1000];
    if ((fp=fopen("f.txt","w"))==NULL)
    {
        printf(" 不能打开文件 ");
        exit(1);
    }
    for(i=0;i<1000;i++)
        num[i]=10+(float)i/1000.0;
    fprintf(fp,"%f",num[0]);      // 第 1 个数据写入
    for(i=1;i<1000;i++)
        fprintf(fp,",%f",num[i]); // 第 2 个数据写入，以 "," 分隔
    printf(" 数据写入文件完毕 !\n");
    fclose(fp);
    return 0;
}
```

f.txt 文件内容如图 12-17 所示。

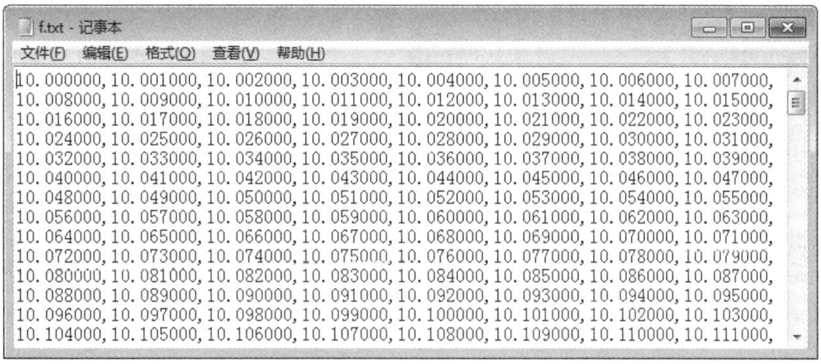

图 12-17　例 14 程序运行结果

例 15：编写一个程序，实现读取一个文本文件内容并显示出来（程序名为 ex12_15.cpp）。
C++ 程序如下：

```cpp
// 文件读写操作
// 读取一个文本文件
#include <stdio.h>
#include <stdlib.h>
int main()
{
    FILE *fp;
    char s[100000];
    char ch;
    if ((fp=fopen("f.txt","r"))==NULL)
    {
        printf(" 不能打开文件 ");
        exit(1);
    }
    fgets(s,100001,fp);     // 用字符串形式输出
    printf("%s\n",s);
    printf("================================================\n");
    fclose(fp);
    if ((fp=fopen("f.txt","r"))==NULL)
    {
        printf(" 不能打开文件 ");
        exit(1);
    }
    // 用字符形式输出
```

```
    while(!feof(fp))
    {
        ch=fgetc(fp);
        if(ch==',')
            putchar(' ');
        else
            putchar(ch);
    }
    putchar('\n');
    printf("=======================================\n");
    fclose(fp);
    return 0;
}
```

程序运行结果如图 12-18 所示。

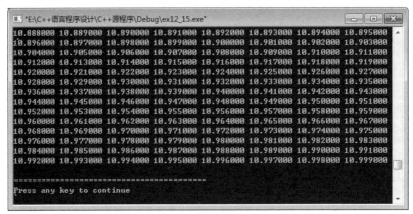

图 12-18　例 15 程序运行结果

例 16：编写一个程序，实现将 1 000 个浮点数以二进制方式写入文件 f1.dat 中，利用代码 "fwrite(num,sizeof(float),1000,fp);" 实现（程序名为 ex12_16.cpp）。

C++ 程序如下：

```
// 文件读写操作
// 将 1000 个浮点数写到文件中
#include <stdio.h>
#include <stdlib.h>
int main()
{
    FILE *fp;
```

```
        int i;
        float num[1000];
        if ((fp=fopen("f1.dat","wb"))==NULL)
        {
            printf(" 不能打开文件 \n");
            exit(1);
        }
        for(i=0;i<1000;i++)   // 将 1000 个浮点型数据以二进制方式写入一个新文件中
        {
            num[i]=100+i/10000.0;
        }
        fwrite(num,sizeof(float),1000,fp);
        printf(" 数据写入文件完毕 !\n");
        fclose(fp);
        return 0;
}
```

程序运行结果如图 12-19 所示。

图 12-19　例 16 程序运行结果

例 17：编写一个程序，实现将 1 000 个浮点数以二进制方式写到文件 f3.dat 中，利用代码 "fprintf(fp,",%8.4f",num[i]);" 实现（程序名为 ex12_17.cpp）。

C++ 程序如下：

```
// 文件读写操作
// 将 1000 个浮点数写到文件中
#include <stdio.h>
#include <stdlib.h>
int main()
{
    FILE *fp;
    int i;
    static float num[1000];
    if ((fp=fopen("f3.dat","wb"))==NULL)
```

```
    {
        printf(" 不能打开文件 \n");
        exit(1);
    }
    for(i=0;i<1000;i++)   // 将 1000 个浮点型数据以二进制方式写入一个新文件中
    {
        num[i]=100.0+i/1000.0;
    }
    for(i=0;i<1000;i++)   // 将 1000 个浮点型数据以二进制方式写入一个新文件中
    {
        printf("%8.4f ",num[i]);   // 两个数据显示时以 " " 分隔
    }
    printf("===============================================\n");

    fprintf(fp,"%8.4f",num[0]);        // 第 1 个数据写入
    for(i=1;i<1000;i++)
        fprintf(fp,",%8.4f",num[i]);      // 两个数据写入时以 "," 分隔
    printf(" 数据写入文件完毕 !\n");
    fclose(fp);
    return 0;
}
```

程序运行结果如图 12-20 所示。

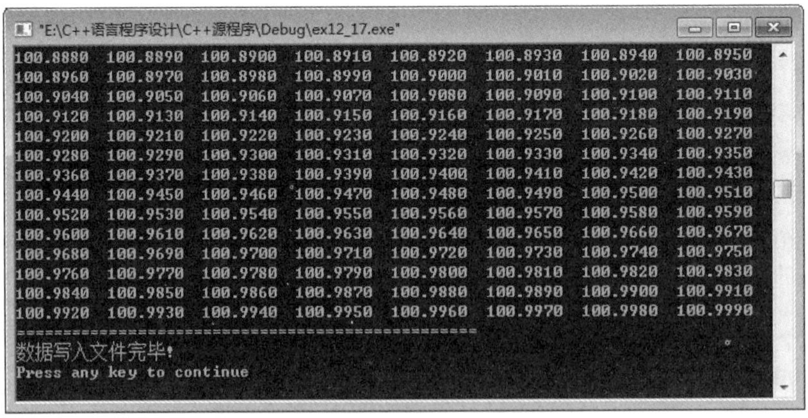

图 12-20　例 17 程序运行结果

例 18：编写一个程序，实现读取一个二进制文件 f3.dat，并把内容显示出来（程序名为 ex12_18.cpp）。

C++ 程序如下：

```cpp
// 文件读写操作
#include <stdio.h>
#include <stdlib.h>
int main()
{
    FILE *fp;
    int i;
    static float num[1000];
    if ((fp=fopen("f3.dat","rb"))==NULL)
    {
        printf(" 不能打开文件 \n");
        exit(1);
    }
    fscanf(fp,"%f",&num[0]);        //第 1 个数据读入
    for(i=1;i<1000;i++)
        fscanf(fp,",%f",&num[i]);   // 第 2 个数据读入时注意用 "," 分隔
    for(i=0;i<1000;i++)
    {
        printf("%8.4f ",num[i]);
    }
    printf(" 文件中数据读出完毕 !\n");
    fclose(fp);
    return 0;
}
```

程序运行结果如图 12-21 所示。

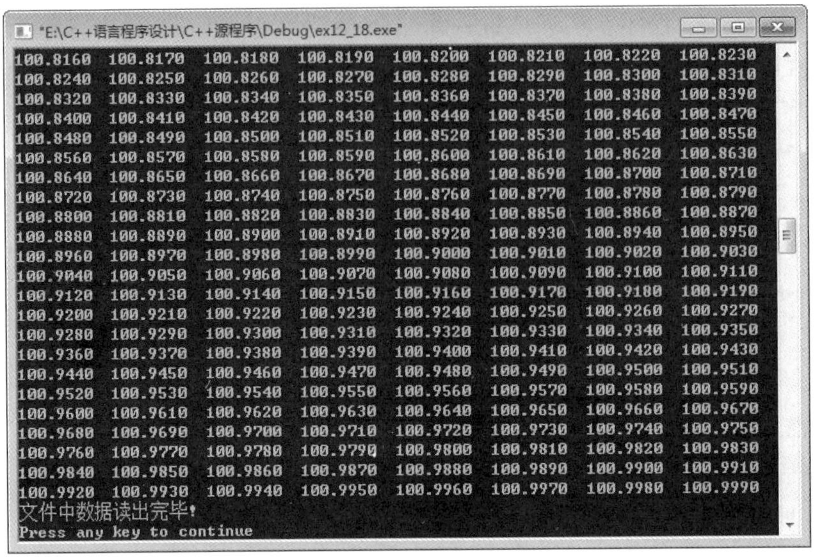

图 12-21　例 18 程序运行结果

12.4　C++ 语言输入和输出流编程训练

在 C++ 语言中，输入 / 输出操作是由"流"来处理的。从流中获取数据的操作被称为提取操作，向流中添加数据的操作被称为插入操作。istream 类提供了从流中提取数据的有关操作，ostream 类提供了向流中插入数据的有关操作。iostream 类综合了 istream 类和 ostream 类的行为，可对该类对象执行插入和提取操作。

12.4.1　C++ 语言输入 / 输出流基本语句简介

C++ 语言输入 / 输出流编程主要包括 4 个方面：屏幕输出、键盘输入、格式化输出、磁盘文件输入和输出。

1. 屏幕输出

（1）使用预定义的插入符。最常用的屏幕输出是将插入符作用在标准输出流类对象 cout 上。其使用格式如下：

cout<< 输出项 1<< 输出项 2<<…<< 输出项 n;

功能：首先计算出各输出项的值，然后将其转换成字符流形式输出。

实例程序 1 如下（程序名为 ex12_c1.cpp）：

```
#include <iostream.h>
#include <string.h>
int main()
{
```

```
cout<<"this is a string"<<" 字符串的长度为 :"<<strlen("this is a string")<<endl;
cout<<"this is a string"<<" 字符串的 size 为 :"<<sizeof("this is a string")<<endl;
return 0;
}
```

运行结果如下 :

this is a string 字符串的长度为 :16

this is a string 字符串的 size 为 :17

（2）使用成员函数 put() 输出一个字符。成员函数 put() 提供了一种将字符送进输出流的方法。其使用格式如下 :

```
cout.put(char c);
```

或

```
cout.put(const char c);
```

例如 :

```
char c='m';
```

```
cout.put(c);
```

输出显示字符 "m"。

```
cout.put('m');
```

也将输出显示字符 "m"。

实例程序 2 如下（程序名为 ex12_c2.cpp）：

```
#include <iostream.h>
int main()
{
    cout<<'a'<<','<<'b'<<endl;
    cout.put('a').put(',').put('b').put('\n');
    char c1='A',c2='B';
    cout.put(c1).put(',').put(c2).put('\n');
    return 0;
}
```

执行该程序，输出如下结果 :

a,b

a,b

A,B

成员函数 put() 返回值是 ostream 类的对象的引用，所以 put() 函数可以连续使用。

（3）使用成员函数 write() 输出一个字符串。成员函数 write() 提供了一种将字符串送到输出流的方法。其使用格式如下 :

```
cout.write(const char *str,n);
```

其中，*str* 是字符指针或字符数组，用来存放一个字符串；*n* 是 int 型数，表示输出显示字符串中字符的个数。如果输出整个字符串，则用 strlen(str)。第一个参数也可以直接给出一个字符串常量。

例如，输出字符串常量 "string"，可以这样实现：

cout.write("string", strlen("string"));

实例程序 3 如下（程序名为 ex12_c3.cpp）：

```
#include <iostream.h>
#include <string.h>
void PrintStr(char *s)
{
    cout.write(s,strlen(s)).put('\n');
    cout.write(s,6);
    cout<<'\n';
}
int main()
{
    char str[]="I love C++ 语言编程 ";
    cout<<" 字符串是 :"<<str<<endl;
    PrintStr(str);
    PrintStr("this is a string");
    return 0;
}
```

执行该程序，输出如图 12-22 所示结果。

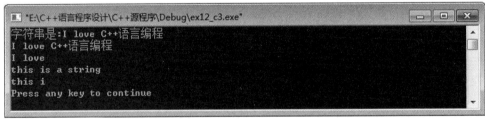

图 12-22　程序输出结果

write() 函数可以输出显示整个字符串的内容，也可以输出显示部分字符串的内容。

2. 键盘输入

（1）使用预定义的提取符。最常用的键盘输入是将提取符作用在标准输入流类对象 cin 上。其使用格式如下：

cin>> 变量 1>> 变量 2>>…>> 变量 *n*;

功能：读取用户输入的字符串，按相应变量的类型转换成二进制并写入内存。执行到输入语句时，用户按语句中变量的顺序和类型键入各变量的值。输入多个数据时，以空格、Tab 键和回车键作分隔符。

例如：

int a,b;

cin>>a>>b;

要求从键盘上输入两个 int 型数：

500 800

这时，变量 a 获取值为 500，变量 b 获取值为 800。

实例程序 1 如下（程序名为 ex12_d1.cpp）：

```
#include <iostream.h>
int main()
{
    int a,b;
    cout<<" 请输入两个整数 :";
    cin>>a>>b;
    cout<<"("<<a<<','<<b<<")"<<endl;
    return 0;
}
```

执行该程序后显示如下信息，并输入两个整数 500 和 800：

请输入两个整数 :500 800

(500,800)

提取符 cin 可从输入流中读取一个字符序列，即一个字符串。在处理这种字符序列时，字符串被认为是一个以空白符结束的字符序列。

因此，从键盘上输入字符时，空格符被当作分隔符，而本身不作为从输入流中提取的字符。

（2）使用成员函数 get() 获取一个字符。成员函数 get() 可以从输入流中获取一个字符，并把它放置到指定变量中。其使用格式如下：

cin.get();

其中，cin 是对象，get() 函数的返回值是 char 类型，通常使用 get() 函数从输入流获取一个字符后存放在 char 类型变量中。该函数从输入流获取一个字符时，不忽略空白符，即将输入流中的空格也作为一个字符。

实例程序 2 如下（程序名为 ex12_d2.cpp）：

```
#include <iostream.h>
int main()
{
```

```
    char ch;
    cout<<" 请输入 :";
    while(cin.get(ch))
        if(ch!=EOF)
            cout.put(ch);
    cout<<"OK!";
    return 0;
}
```

程序运行结果如图 12-23 所示。

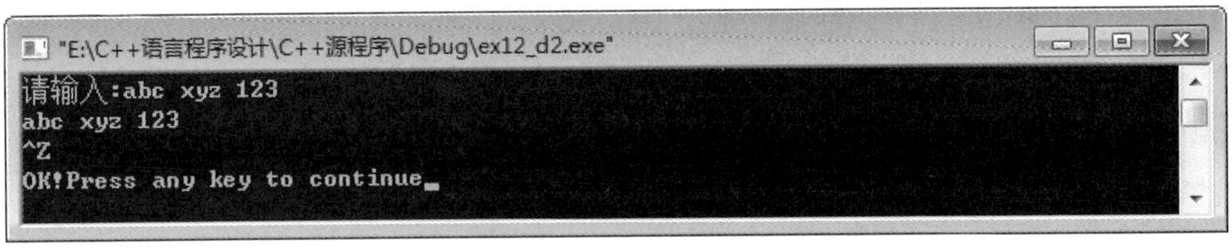

图 12-23　程序运行结果

说明：

① get() 函数从输入流返回一个字符的 ASCII 码值，赋给一个 char 型变量。

② EOF 在这里是一个符号常量，它的值是 -1，被包含在 iostream.h 文件中。

③输入 Ctrl+Z 后，退出该程序。

（3）使用函数 getline() 获取多个字符。getline() 函数可以从输入流中获取多个字符。getline() 函数可每次读取一行字符。其使用格式如下：

cin.getline(char *buf,int Limit,Deline='\n');

其中，*buf* 用来存放获取的字符的字符指针或者字符数组；*Limit* 是 int 型整数，用来限制从输入流中读取到 buf 字符数组中的字符个数，最多只能读取 *Limit*-1 个，因为要留下 1 个字符放结束符；*Deline* 是读取字符时指定的结束符，默认值是 "\n"。

实例程序 3 如下（程序名为 ex12_d3.cpp）。

```
#include <iostream.h>
const int SIZE=80;
int main()
{
    int lcnt=0,lmax=-1;
    char buf[SIZE];
    cout<<" 请输入 :\n";
    while(cin.getline(buf,SIZE))
    {
        int count=cin.gcount();
```

```
        lcnt++;      // 行增 1
        if(count>lmax)  lmax=count;
        cout<<"Line#"<<lcnt<<"  ";
        cout<<" 字符读取数 :"<<count<<endl;
        cout.write(buf,count).put('\n');
    }
    cout<<endl;
    cout<<" 总行数 :"<<lcnt<<endl;
    cout<<" 最长行的字符个数 :"<<lmax<<endl;
    return 0;
}
```

程序运行结果如图 12-24 所示。

图 12-24　程序运行结果

该程序实现统计从键盘上输入每一行字符的个数，从中选取出最长的行的字符个数，并统计共输入了多少行。

程序中出现了一个 istream 类中的成员函数 gcount()，该函数用来返回上一次 getline() 函数实际上读入的字符个数，包含空白符。

程序中函数 getline() 每次从输入流中读取一行字符放在 *buf* 中，使用 Ctrl+Z 键结束输入。

（4）使用成员函数 read() 读取一串字符。成员函数 read() 可以从输入流中读取指定数目的字符并将它们存放在指定的数组中。该函数使用格式如下：

cin.read (char *buf,int size);

其中，*buf* 用来存放读取的字符的字符指针或字符数组；*size* 是一个 int 型整数，用来指定从输入流中读取字符的个数。可以使用 gcount() 函数统计上一次使用 read() 读取的字符个数。

实例程序 4 如下（程序名为 ex12_d4.cpp）：

```cpp
#include <iostream.h>
int main()
{
    const int S=80;
    char buf[S]=" ";
    cout<<" 请输入 :\n";
    cin.read(buf,S);   // 从输入流中读取 80 个字符并将它们存放在 buf 数组中
    cout<<endl;
    cout<<buf<<endl;   // 输出字符数组 buf 内容
    return 0;
}
```

程序运行结果如图 12-25 所示。

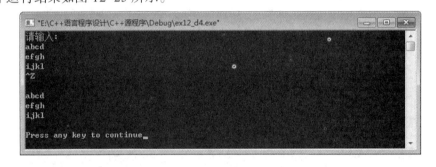

图 12-25 程序运行结果

程序中语句 "cin.read(buf,S);" 实现从输入流中读取 80 个字符并将它们存放在 buf 数组中，使用 Ctrl+Z 键结束输入。

另外，istream 类中还有一个常用的成员函数 peek()，它的功能是从输入流中返回下一个字符，但是并不提取它，遇到流结束标志时返回 EOF。

例如，请分析 peek() 函数在下列程序中的作用。

```cpp
//C++ 语言输入和输出流编程
#include <iostream.h>
int main()
{
    int ch,sum=0;
    cout<<" 请输入 :\n";
    while((ch=cin.get())!=EOF)
    {
        if(ch=='a' && cin.peek()=='b')
```

```
        sum++;
    }
    cout<<endl;
    cout<<sum<<endl;  // 输出 ab 连续的字符组个数
    return 0;
}
```

输入流如下所示：

yabxabwababababuab（Ctrl+Z）

6

说明：该程序中 peek() 函数从输入流中返回下一个字符，但是并不提取它，并检查字符 a 后面是否是字符 b。如果字符 a 后面是字符 b，则 sum 加 1，否则继续向下判断，直到输入流结束。该程序输出结果为 6，表示输入流中有 6 个 ab 连续的字符组。

3. 磁盘文件输入和输出

上面介绍的对流的一些操作，大多是对文本流的操作。下面再介绍一下文件流操作。文件流通常指磁盘文件流。对磁盘文件流的操作通常是这样进行的：打开待操作的磁盘文件，对文件进行读写操作，操作结束后关闭该文件。磁盘文件一般分为文本文件、二进制文件和随机文件。对随机文件进行操作时，还要进行文件的读指针和写指针的定位操作。为了实现 C++ 语言对文件的操作，C++ 语言 I/O 流库又定义了如下 3 个常用的描述文件抽象的类。

•ifstream 类是从 istream 类派生来的，可对文件进行提取操作。

•ofstream 类是从 ostream 类派生来的，可对文件进行插入操作。

•fstream 类是从 fstreambase 类和 iostream 类派生来的，可对文件进行插入和提取操作。

（1）文件的打开。在打开文件前，先声明一个 fstream 类的对象，使用成员函数 open() 打开指定的文件后才可以对该文件进行读写操作。

例如，以输出方式打开一个文件的方法如下：

outfile.open("f1.txt",ios::out);

outfile 是 fstream 类的一个对象。第一个参数指明要打开文件的路径名和扩展名，第二个参数说明了文件的访问方式。表 12-6 给出了 ios 类中提供的文件访问方式常量。

表12-6　ios类中文件访问方式常量

方式名	用　途
in	以输入（读）方式打开文件
out	以输出（写）方式打开文件
app	以输出追加方式打开文件

方式名	用　途
ate	文件打开时，文件指针位于文件尾
trunc	如果文件存在，将其长度截断为 0，并清除原有内容；如果文件不存在，则创建新文件
binary	以二进制方式打开文件，默认时为文本文件
nocreate	打开一个已有文件，如该文件不存在，则打开失败
noreplace	如果文件存在，除非设置 ios::ate 或 ios::app，否则打开操作失败
ios::in|ios::out	以读和写的方式打开文件
ios::out|binary	以二进制写方式打开文件
ios::in|binary	以二进制读方式打开文件

打开文件的另一种方法是把文件名、访问方式作为文件标识符说明的一部分，例如：

fstream outfile("f1.txt",ios::out);

另外，还可以用下述方法打开某个写文件，例如：

ofstream outfile("f1.txt",ios::out);

（2）文件的关闭。当结束对一个文件的操作后，要及时将该文件关闭。关闭文件时，调用成员函数 close()。

例如，关闭文件标识符为 outfile 的文件，使用下面格式：

outfile.close();

于是文件流 outfile 被关闭，由它所标识的文件被送入磁盘。

12.4.2　C++ 语言输入 / 输出文件流读写指针简介

如果文件位置指针是按照字节位置顺序移动的，就称为顺序读写；如果文件位置指针是按照读写需要任意移动的，就称为随机读写。如果文件操作都是按一定顺序进行读写的，称为顺序文件读写。对于顺序文件而言，只能按实际排列的顺序逐个访问文件中的各个元素。C++ 系统总是用读或写文件指针记录着文件的位置，在类 istream 及类 ostream 中定义了几个与读或写文件指针相关的成员函数，可以在输入 / 输出流内随机移动文件指针，从而对文件的数据进行随机读 / 写操作。

1. 类 istream 读指针操作

相关函数有以下 3 种。

tellg();　　　　　　　　　　　// 返回输入文件读指针的当前位置
seekg(文件中的位置);　　　　// 将输入文件读指针移到指定位置
seekg(位移量 , 参照位置);　　// 以参照位置为基准移动若干字节函数中的"g"是 get 的第一个字母，参数中的"文件中的位置"和"位移量"都是 long 型整数，以字节为单位。

"参照位置"可以是以下 3 种方式之一。

（1）ios::beg——从文件头计算要移动的字节数。

（2）ios::cur——从文件指针的当前位置计算要移动的字节数。

（3）ios::end——从文件末尾计算要移动的字节数。

假如 inf 是类 istream 的一个流对象，通过以下代码了解相关函数的用法。

inf. seekg(-50, ios::cur); // 读指针以当前位置为基准向前（文件的开头方向）移动 50 个字节

inf. seekg(50, ios::beg); // 读指针从文件开头位置向后移动 50 个字节

inf. seekg(-50, ios::end); // 读指针从文件的末尾位置向前移动 50 个字节

2. 类 ostream 写指针操作

相关函数有以下 3 种。

tellp();　　　　　　　　　　// 返回输出文件写指针的当前位置

seekp(文件中的位置);　　　　// 将输出文件写指针移到指定位置

seekp(位移量 , 参照位置);　　// 以参照位置为基准移动若干字节

函数中"p"是 put 的第一个字母，seekg() 和 seekp() 的第 2 个参数可以省略，在这种情况下，默认为 ios::beg，即从文件的开头计算要移动的字节数。例如：

inf.seekg(50); // 读指针从文件开头位置向后移动 50 个字节。

12.5　C++ 语言输入和输出文件流编程范例

下面给出一些文本文件、二进制文件、随机文件的应用范例，以增强学习者的文件流编程能力。

例 19 : 编写一个程序，实现将一个字符串写入文件（程序名为 ex12_19.cpp）。

C++ 程序如下：

```cpp
// 输入与输出流编程
// 将一个字符串写入文件
// 程序运行后，屏幕上不显示任何信息，因为输出内容存入文件 test1.dat
// 可以利用 Windows 的 Word 或 DOS 下的 TYPE 命令观察此文件内容
#include <iostream>
#include <fstream>
using namespace std;
int main()
{
    ofstream fout("test1.dat",ios::out);          // 打开文件流
```

```
    if(!fout)
    {
        cerr<<" 不能打开文件 \n";
        exit(1);
    }
    fout<<"I am a student.";    // 把一个字符串写入磁盘文件 test1.dat
    fout.close();    // 关闭文件流
    return 0;
}
```

test1.dat 文件内容如图 12-26 所示。

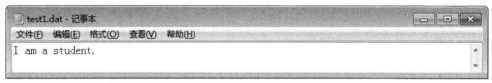

图 12-26　例 19 程序运行结果

例 20 ：编写一个程序，实现将多个字符串写入文件（程序名为 ex12_20.cpp）。
C++ 程序如下：

```
// 输入与输出流编程
// 将字符串写入文件
// 程序运行后，屏幕上不显示任何信息，因为输出内容存入文件 test2.dat
// 可以利用 Windows 的 Word 或 DOS 下的 TYPE 命令观察此文件内容
#include <iostream>
#include <fstream>
using namespace std;
int main()
{
    ofstream fp("test2.dat",ios::out);
    if(!fp)
    {
        cerr<<" 不能打开文件 \n";
        exit(1);
    }
    // 把字符串写到磁盘文件 test2.dat 中
    fp<<"--------------------"<<endl;
    fp<<"| 姓名：　刘思源　　|"<<endl;
```

```
fp<<"--------------------"<<endl;
fp<<"| 学号：    1401    |"<<endl;
fp<<"--------------------"<<endl;
fp<<"| 学校：常州市 ** 小学 |"<<endl;
fp<<"--------------------"<<endl;
fp<<"| 就读专业：  无    |"<<endl;
fp<<"--------------------"<<endl;
fp<<"| 年级：     五    |"<<endl;
fp<<"--------------------"<<endl;
fp<<"| 班级：    (1)    |"<<endl;
fp<<"--------------------"<<endl;
fp<<"| 班主任：   **    |"<<endl;
fp<<"--------------------"<<endl;
fp<<"| 副班主任：**     |"<<endl;
fp<<"--------------------"<<endl;
fp.close();
return 0;
}
```

程序运行结果如图 12-27 所示。

图 12-27　例 20 程序运行结果

例 21：编写一个程序，实现把磁盘文件 test1.dat 中的内容读出并显示在屏幕上（程序名为 ex12_21.cpp）。

C++ 程序如下：

```
// 输入与输出流编程
// 把磁盘文件 test1.dat 中的内容读出并显示在屏幕上
#include <iostream>
#include <fstream>
```

```cpp
using namespace std;
int main()
{
    ifstream fin("test1.dat",ios::in); // 打开文件流
    if(!fin)
    {
        cerr<<" 不能打开文件 \n";
        exit(1);
    }
    char str[80];
    fin.getline(str,80);    // 从磁盘文件 test1.dat 中读取内容并放入字符数组 str 中
    cout<<str<<endl;
    fin.close();        // 关闭文件流
    return 0;
}
```
程序运行结果如图 12-28 所示。

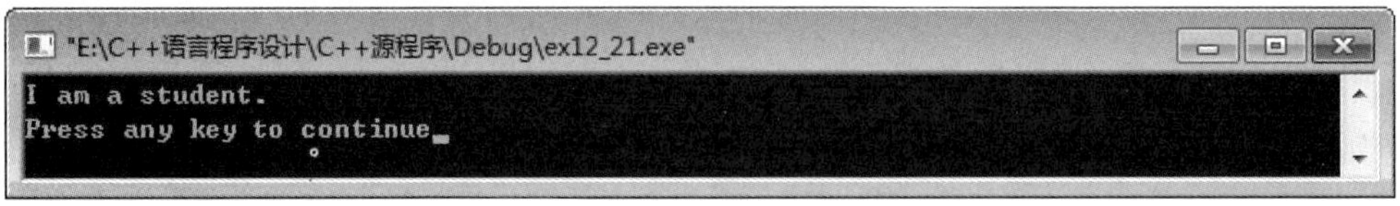

图 12-28　例 21 程序运行结果

例 22：编写一个程序，实现把一个整数、一个浮点数和一个字符串写到磁盘文件 test3.dat 中（程序名为 ex12_22.cpp）。

C++ 程序如下：
```cpp
// 输入与输出流编程
// 把一个整数、一个浮点数和一个字符串写到磁盘文件 test3.dat 中
// 程序运行后，屏幕上不显示任何信息，因为输出内容存入文件 test3.dat
// 可以利用 Windows 的 Word 或 DOS 下的 TYPE 命令观察此文件内容
#include <iostream>
#include <fstream>
using namespace std;
int main()
{
    ofstream fout("test3.dat",ios::out);        // 打开文件流
    if(!fout)
    {
```

```
        cerr<<" 不能打开文件 \n";
        exit(1);
    }
// 把一个整数、一个浮点数和一个字符串写入磁盘文件 test3.dat
// 转义字符 "\"" 表示输出英文字符双引号
    fout<<10<<"  "<<123.456<<31213613<<"  "<<121321233.4513136<<"\"This is a
text file.\"\n";
    fout.close();      // 关闭文件流
    return 0;
}
```

程序运行结果如图 12-29 所示。

图 12-29　例 22 程序运行结果

例 23：编写一个程序，实现建立一个输出文件，向它写入数据，再按输入模式打开它，读取数据并显示在屏幕上（程序名为 ex12_23.cpp）。

C++ 程序如下：

```
// 输入与输出流编程
// 建立一个输出文件，向它写入数据，再按输入模式打开它，读取数据并显示在屏
幕上
#include <iostream>
#include <fstream>
using namespace std;
int main()
{
    ofstream fout("test4.dat",ios::out);      // 打开文件流
    if(!fout)
    {
        cerr<<" 不能打开文件 \n";
        exit(1);
    }
    fout<<100<<"  "<<hex<<100<<endl;          // 把一个整数 100、十六进制数 100 写
到磁盘文件中
```

```
        fout<<dec<<100<<"  "<<oct<<100<<endl;        // 把一个整数 100、八进制数 100 写
到磁盘文件中
        fout<<"We Chat: 聊天记录 \n";

        fout<<"----------------------------------------\n";

        fout<<dec<<174<<"  "<<hex<<174;

        fout<<"--Ji Der\n";

        fout<<dec<<1874174<<"  "<<oct<<1874174;

        fout<<"-- 小五郎 \n";

        fout<<"@ #Ji Der#: you are not a something!!\n";

        fout<<"@ #Ji Der#: you are a xxx^2!!\n";

        fout<<"golden is here,come and see!! ~~@ #Ji Der# \n";

        fout<<"@ # 小五郎 #: OK,I will come at this night,see you soon --Ji Der\n";

        fout.close();        // 关闭文件流
    // 读文件
        ifstream fin("test4.dat",ios::in);            // 打开文件流

        if(!fin)

        {

            cerr<<" 不能打开文件 \n";

            exit(1);

        }

        char str[80];

        while(fin)

        {

            fin.getline(str,80);    // 从磁盘文件逐行读取内容并放入字符数组 str 中

            cout<<str<<endl;

        }

        fin.close();        // 关闭文件流

        return 0;

}
```

程序运行结果如图 12-30 所示。

图 12-30　例 23 程序运行结果

例 24：编写一个程序，实现将字符串写入文件，然后读取数据并显示出来，注意文件指针的变动。（程序名为 ex12_24.cpp）。

C++ 程序如下：

```cpp
// 输入与输出流编程
// 将字符串写入文件，然后读取数据并显示出来
#include <iostream>
#include <fstream>
using namespace std;
int main()
{
    char *p;
    char s1[27],s2[27]="abcdefghijklmnopqrstuvwxyz";
    int length;
    p=s2;
    ofstream fout("test5.txt",ios::out);            // 打开文件流
    if(!fout)
    {
        cerr<<" 不能打开文件 \n";
        exit(1);
    }
    cout<<fout.tellp()<<'\t';   // 文件打开时指针位置（为 0）
    fout.seekp(0,ios::beg);     // 定位指针在文件起始位置
    cout<<fout.tellp()<<endl;   // 输出指针位置（为 0）
    while (*p)
    {
```

```
            cout<<*p<<':'<<fout.tellp()<<" ";
            fout<<*p;       // 相应字符写入文件
            p++;
        }
    cout<<endl;
    fout.seekp(0,ios::end);    // 定位指针在文件末尾位置
    length=fout.tellp();
    cout<<" 文件末尾定位指针 :"<<length<<endl;        // 输出文件结束位置
    cout<<"-----------------------------------------"<<endl;
        fout.close();  // 关闭文件流
    // 读取文件并显示出来
    ifstream fin;
    fin.open("test5.txt");    // 打开文件流
    if(!fin)
    {
        cerr<<" 不能打开文件 \n";
        exit(1);
    }
    p=s1;
    while (!fin.eof())
    {
        cout<<fin.tellg()<<':';
        fin>>*p;        // 读取文件并放入数组
        cout<<*p<<" ";
        p++;
    }
    cout<<endl;
    cout<<"-----------------------------------------"<<endl;
    fin.close();        // 关闭文件流
    cout<<s1<<endl;     // 注意 s1[26] 没有赋值
    s1[length]='\0';    // 在数组末尾应放置一个字符串结束符 "\0"
    cout<<s1<<endl;
    return 0;
}
```

程序运行结果如图 12-31 所示。

```
 "E:\C++语言程序设计\C++源程序\Debug\ex12_24.exe"
 0         0
 a:0 b:1 c:2 d:3 e:4 f:5 g:6 h:7 i:8 j:9 k:10 l:11 m:12 n:13 o:14 p:15 q:16 r:17
 s:18 t:19 u:20 v:21 w:22 x:23 y:24 z:25
 文件末尾定位指针:26
 --------------------------------------------------------------
 0:a 1:b 2:c 3:d 4:e 5:f 6:g 7:h 8:i 9:j 10:k 11:l 12:m 13:n 14:o 15:p 16:q 17:r
 18:s 19:t 20:u 21:v 22:w 23:x 24:y 25:z 26:?
 --------------------------------------------------------------
 abcdefghijklmnopqrstuvwxyz烫?  ↑
 abcdefghijklmnopqrstuvwxyz
 Press any key to continue
```

图 12-31　例 24 程序运行结果

例 25：编写一个程序，实现将计算结果存入文件，然后从文件中读取并显示出来
（程序名为 ex12_25.cpp）。

C++ 程序如下：

```cpp
// 输入与输出流编程
// 将计算结果存入文件，然后从文件中读取并显示出来
#include <iostream>
#include <fstream>
using namespace std;
int main()
{
    double a[]={20,25,40,33};
    double b[]={3,5,6,7};
    double c[4];
    int i;
    ofstream fout("test6.dat",ios::out);
    if(!fout)
    {
        cerr<<" 打开文件错误 !\n";
        exit(1);
    }
    fout.precision(5);   // 输出精度为 5 位
    for(i=0;i<4;i++)
    {
        fout<<(a[i]/b[i])<<endl;      // 两数相除，商存入文件
    }
    fout.close();
```

355

```
// 读取文件并显示出来
ifstream fin("test6.dat");
if(!fin)
{
    cerr<<" 打开文件错误 !\n";
    exit(1);
}
for(i=0;i<4;i++)
{
    fin>>c[i];        // 读取文件中数据并放入数组
    cout<<c[i]<<endl;
}
fin.close();
return 0;
}
```

程序运行结果如图 12-32 所示。

图 12-32   例 25 程序运行结果

例 26：编写一个程序，实现将数组数据存入二进制文件，然后从文件中读取并显示出来（程序名为 ex12_26.cpp）。

C++ 程序如下：

```
// 输入与输出流编程
// 将整型数组数据存入二进制文件，然后从文件中读取并显示出来
#include <iostream>
#include <fstream>
using namespace std;
int main()
{
    double a[]={100.90,300.999,5000.01,77898.88,85555.05};
    double b[5];
    ofstream fout("test7.dat",ios::binary);  // 二进制文件输出
```

```
    if(fout.is_open())
        fout.write((char *)a,sizeof(a));   // 数据整体写入文件
    else
    {
        cerr<<" 打开文件错误 !\n";
        exit(1);
    }
    fout.close();
    // 读取文件并显示出来
    ifstream fin("test7.dat",ios::binary);   // 二进制文件输入
    if(fin.is_open())
        fin.read((char *)b,sizeof(a));      // 数据整体从文件读出
    else
    {
        cerr<<" 打开文件错误 !\n";
        exit(1);
    }
    for(int i=0;i<5;i++)
    {
        cout<<b[i]<<'\t';
    }
    cout<<endl;
    return 0;
}
```

程序运行结果如图 12-33 所示。

图 12-33　例 26 程序运行结果

例 27：编写一个程序，实现将结构体数组数据存入二进制文件，然后从文件中读取并显示出来（程序名为 ex12_27.cpp）。

C++ 程序如下：

```
// 输入与输出流编程
// 将结构体数组数据存入二进制文件，然后从文件中读取并显示出来
#include <iostream>
```

```cpp
#include <fstream>
using namespace std;
struct Employee{
    int number;
    char name[20];
    double salary;
};
int main()
{
    Employee em[3]={{1001,"Wangbing",2600},{1002,"Zhangming",2800},{1003,"Lixi
aofu",2900}};
    Employee rdEm[3];
    ofstream fout("Emloyee.dat",ios::binary);  // 二进制文件输出
    if(fout.is_open())
        fout.write((char *)em,sizeof(em));     // 数据整体写入文件
    else
    {
        cerr<<" 打开文件错误 !\n";
        exit(1);
    }
    fout.close();
    // 读文件并显示出来
    ifstream fin("Emloyee.dat",ios::binary);   // 二进制文件输入
    if(fin.is_open())
        fin.read((char *)rdEm,sizeof(em));      // 数据整体从文件读出
    else
    {
        cerr<<" 打开文件错误 !\n";
        exit(1);
    }
    for(int i=0;i<3;i++)
    {
        cout<<"ID:"<<rdEm[i].number;
        cout<<",name:"<<rdEm[i].name;
        cout<<",salary:"<<rdEm[i].salary<<endl;
    }
```

```
    return 0;
}
```

程序运行结果如图 12-34 所示。

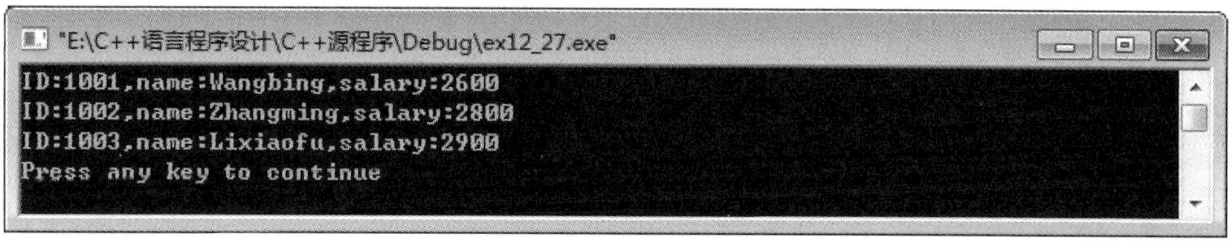

图 12-34　例 27 程序运行结果

例 28：编写一个程序，实现将二进制文件 Emloyee.dat 中第 3 个人员的姓名和工资
修改后存入文件，然后从文件中读取并显示出来（程序名为 ex12_28.cpp）。

C++ 程序如下：

```cpp
// 输入与输出流编程
// 将二进制文件 Emloyee.dat 中第 3 个人员的姓名和工资修改后存入文件，然后从文
件中读取并显示出来
#include <iostream>
#include <fstream>
using namespace std;
struct Employee{
    int number;
    char name[20];
    double salary;
};
int main()
{
    Employee em;
    fstream fs("Emloyee.dat",ios::in|ios::out|ios::binary);
    if(fs.is_open())
    {
        fs.seekg(2*sizeof(em),ios::beg);        // 定位指针从文件头向后移动 2 个块
        fs.read((char *)&em,sizeof(em));        // 读出第 3 个人员记录，存入变量 em 中
        strcpy(em.name,"Liusiyuan");
        em.salary=8800;
        fs.seekg(2*sizeof(em),ios::beg);        // 定位指针到第 3 个人员记录
        fs.write((char *)&em,sizeof(em));       // 写入修改后的数据
    }
```

```
    else
    {
        cerr<<" 打开文件错误 !\n";
        exit(1);
    }
    fs.seekg(0,ios::beg);       // 定位指针到文件头
    for (int i=0;i<3;i++)
    {
        fs.read((char *)&em,sizeof(em));      // 读出数据并存入变量 em 中
        cout<<em.number<<','<<em.name<<','<<em.salary<<endl;
    }
    fs.close();
    return 0;
}
```
程序运行结果如图 12-35 所示。

图 12-35　例 28 程序运行结果

例 29 ：编写一个程序，实现如下功能：有 3 门课程的数据，把数据存入一个文件，读取指定课程的数据并显示出来，即定位指针到第 1 门课程，读取第 1 门课程的数据并显示出来 (指针已指向第 2 条记录)，从当前定位指针 (第 2 条记录) 下移一个位置到第 3 门课程，读取该门课程的数据并显示出来（程序名为 ex12_29.cpp）。

C++ 程序如下：

```
// 输入与输出流编程
// 有 3 门课程的数据,把数据存入一个文件,读取第 3 门课程的数据并显示出来
// 定位指针到第 1 门课程,读取第 1 门课程的数据并显示出来
// 从当前定位指针下移一个位置到第 3 门课程,读取该门课程的数据并显示出来
#include <iostream>
#include <fstream>
using namespace std;
struct List{
    char course[15];
    int  score;
```

```
    };
    int main()
    {
        List List3[3]={{" 计算机 ",90},{" 数学 ",78},{" 语文 ",84}};
        List st;
        fstream fs("test8.dat",ios::out|ios::binary);
        if(!fs)
        {
            cerr<<" 打开文件错误 !\n";
            exit(1);
        }
        for(int i=0;i<3;i++)
        {
            fs.write((char *)&List3[i],sizeof(List));      // 写入数据
        }
        fs.close();
        // 读文件
        fstream fs1("test8.dat",ios::in|ios::binary);
        if(!fs1)
        {
            cerr<<" 打开文件错误 !\n";
            exit(1);
        }
        fs1.seekg(2*sizeof(List),ios::beg);              // 从文件头下移 2 个位置指向第 3 门
课程
        fs1.read((char *)&st,sizeof(List));              // 读出第 3 门课程数据，存入变量 st 中
        cout<<st.course<<'\t'<<st.score<<endl;           // 显示第 3 条记录的课程、分数

        fs1.seekg(0*sizeof(List),ios::beg);              // 定位指针指向第 1 门课程
        fs1.read((char *)&st,sizeof(List));              // 读出第 1 门课程数据，存入变量 st 中，
指针自动移到下一个位置
        cout<<st.course<<'\t'<<st.score<<endl;           // 显示第 1 条记录的课程、分数

        fs1.seekg(1*sizeof(List),ios::cur);              // 从当前定位指针下移一个位置指向第
3 门课程
        fs1.read((char *)&st,sizeof(List));              // 读出第 3 门课程数据，存入变量 st 中
```

```
cout<<st.course<<'\t'<<st.score<<endl;          // 显示第 3 条记录的课程、分数

    fs1.close();
    return 0;
}
```

程序运行结果如图 12-36 所示。

图 12-36　例 29 程序运行结果

例 30：编写一个程序，实现将股票信息表写入 stock.txt 文件，再读取文件数据并在屏幕上显示出来（程序名为 ex12_30.cpp）。

C++ 程序如下：

```cpp
// 输入与输出流编程
// 将股票信息表写入 stock.txt 文件，再读取文件数据并显示出来
#include <iostream>
#include <fstream>
using namespace std;
struct List{
    char address[20];
    char yzbm[7];
};
int main()
{
    List List4[3]={{" 深发展 ","000001"},{" 上海汽车 ","600104"},{" 广聚能源 ","000096"}};
    List st;
    int i;
    fstream fs("stock.txt",ios::out);
    if (!fs)
    {
        cerr<<" 打开文件错误 !\n";
        exit(1);
    }
    for (i=0;i<3;i++)
```

```
    {
        fs.write((char *)&List4[i],sizeof(List));     // 写入数据
    }
    fs.close();
    //读文件
    fstream fs1("stock.txt",ios::in);
    if (!fs1)
    {
        cerr<<" 打开文件错误 !\n";
        exit(1);
    }
    for (i=0;i<3;i++)
    {
        fs1.read((char *)&st,sizeof(List));           // 读取文件数据
        cout<<st.address<<' '<<st.yzbm<<endl;         // 显示数据
    }
    fs1.close();
    cout<<"------------------------"<<endl;
    return 0;
}
```

程序运行结果如图 12-37 所示。

图 12-37　例 30 程序运行结果

例 31：编写一个程序，实现将一个文件（stock.txt）的内容添加到另一个文件（mystock.txt）中（程序名为 ex12_31.cpp）。

C++ 程序如下：

```
// 输入与输出流编程
// 文件关联：将一个文件（stock.txt）的内容添加到另一个文件（mystock.txt）中
#include <iostream>
#include <fstream>
using namespace std;
```

```cpp
int main()
{
    // 打开读文件
    fstream in("stock.txt",ios::in);
    if (!in)
    {
        cerr<<" 打开 stock.txt 文件错误 !\n";
        exit(1);
    }
    // 打开写文件
    fstream out("mystock.txt",ios::out|ios::app);   // 添加方式
    if (!out)
    {
        cerr<<" 打开 mystock.txt 文件错误 !\n";
        exit(1);
    }
    while (!in.eof())
        out.put(in.get());    // 读取 in 文件，写入 out 文件
    in.close();
    out.close();
    fstream myin("mystock.txt",ios::in);
    if (!myin)
    {
        cerr<<" 打开 mystock.txt 文件错误 !\n";
        exit(1);
    }
    while (!myin.eof())
    {
        cout.put(myin.get());    // 读取文件，显示文件内容
    }
    cout<<'|'<<endl;
    myin.close();
    cout<<"------------------------"<<endl;
    return 0;
}
```

程序运行结果如图 12-38 所示。

图 12-38　例 31 程序运行结果

结束语

智慧启迪正当时

程序是用计算机语言编写的代码，它实现了可供人类应用的某种功能，代表着人的一种思想。计算机语言有许多种，不同的语言可以编写相同功能的程序，程序不同，但思想是相同的，仅是技术不同而已。计算机仅仅是可供人类应用的工具，它尽管功能强大，但本身没有思想，只是实现人类思想的一种方式，程序最终受人的控制，因为程序的编写是由人完成的，编程的技术一旦达到炉火纯青的地步，便可以随心所欲地实现想达到的功能，但最终人的行为需要受道德的制约和法律的监管。德性是有限的实践理性所能得到的最高的东西，德性就是力量，幸福就是对德性的意识，德性就是自身的目的，当然也就是自身的奖赏。理解这些思想对编程者应对复杂的时代境况意义非凡。

思维可以创造一切，思维是进步的灵魂。科学的思维训练能使训练者办事更高效、行动更果敢。挑战思维习惯，改变思维方式，练就黄金思维，就能聚成思维的盛宴。学习是智慧的源泉，品德乃事业的根本。奇迹是不可能重复的，但奇迹会不断地发生，以不同的方式出现。祝愿思维训练者心中留有崇尚的善良意志，让它像宝石一样发射耀眼的光芒。趁早开展思维训练，可以更好地领悟一个充满智慧和高尚的人的机缘，明白世上每一个人必须做什么、必须知道什么。智慧其本意是行动高于知识。人们需要科学，不是因为它能教给我们什么，而是能使自己的规范更易为人们所接受和保持得更长久。智慧启迪是本书编写的目标，希望这本不太厚的书能够帮助读者开拓思维，插上想象的翅膀，早日开花结果，如能在书中体会一种文化精神和时代职责，有只言片语能使读者感到一种阅读的乐趣和轻松，作者将不胜喜悦。

参考文献

[1] 李凤霞，薛静峰，黄都培，等. Visual C++6.0实用教程[M]. 北京：电子工业出版社，2001.

[2] 网冠科技. Visual C++6.0时尚编程百例[M]. 北京：机械工业出版社，2001.

[3] 王金库，孙连云. Visual C++程序设计实用教程[M]. 北京：科学出版社，2004.

[4] 求是科技，肖宏伟，等. Visual C++实效编程百例[M]. 北京：人民邮电出版社，2004.

[5] 江士方. 思维训练启蒙新观念：青少年PASCAL语言编程抢先起跑一路通[M]. 北京：清华大学出版社，2017.

[6] 郭必裕，刘时方. 创造力开发教程[M]. 南京：东南大学出版社，2015.

[7] 杨峰. 妙趣横生的算法（C语言实现）[M]. 北京：清华大学出版社，2010.

[8] 雷鹏，宋丽华，张小峰. 面向对象C++程序设计[M]. 北京：清华大学出版社，2014.

附录1：基本 ASCII 码表

基本 ASCII 码表大致可以分为两部分（表附录 1-1）。

第一部分包括十进制数 0 ～ 31（十六进制 00H ～ 1FH），共 32 个，一般用作通信或控制之用。其中有些符号可以显示到屏幕上，有些则无法显示到屏幕上，但能看到其效果（如换行符号等）。第二部分包括十进制数 32 ～ 127（十六进制 20H ～ 7FH），共 96 个，用来表示阿拉伯数字、英文字母大小写、括号等标点符号等，它们都可以显示到屏幕上。

表附录1-1　基本ASCII码表

十进制	十六进制	符　号	十进制	十六进制	符　号	十进制	十六进制	符　号
0	00	NULL	16	10	►	32	20	空格
1	01	☺	17	11	◄	33	21	!
2	02	☻	18	12	↕	34	22	″
3	03	♥	19	13	‼	35	23	#
4	04	♦	20	14	¶	36	24	¥
5	05	♣	21	15	§	37	25	%
6	06	♠	22	16	─	38	26	&
7	07	响铃	23	17	↕	39	27	`
8	08	退格	24	18	↑	40	28	(
9	09	HT	25	19	↓	41	29	)
10	0A	换行	26	1A	→	42	2A	*
11	0B	VT	27	1B	←	43	2B	+
12	0C	FF	28	1C	└	44	2C	,
13	0D	回车	29	1D	↔	45	2D	−
14	0E	♫	30	1E	▲	46	2E	.
15	0F	☼	31	1F	▼	47	2F	/

十进制	十六进制	符 号	十进制	十六进制	符 号	十进制	十六进制	符 号
48	30	0	76	4C	L	104	68	h
49	31	1	77	4D	M	105	69	i
50	32	2	78	4E	N	106	6A	g
51	33	3	79	4F	O	107	6B	k
52	34	4	80	50	P	108	6C	l
53	35	5	81	51	Q	109	6D	m
54	36	6	82	52	R	110	6E	n
55	37	7	83	53	S	111	6F	o
56	38	8	84	54	T	112	70	p
57	39	9	85	55	U	113	71	q
58	3A	:	86	56	V	114	72	r
59	3B	;	87	57	W	115	73	s
60	3C	<	88	58	X	116	74	t
61	3D	=	89	59	Y	117	75	u
62	3E	>	90	5A	Z	118	76	v
63	3F	?	91	5B	[	119	77	w
64	40	@	92	5C	\	120	78	x
65	41	A	93	5D	]	121	79	y
66	42	B	94	5E	^	122	7A	z
67	43	C	95	5F	_	123	7B	{
68	44	D	96	60	`	124	7C		
69	45	E	97	61	a	125	7D	}
70	46	F	98	62	b	126	7E	~
71	47	G	99	63	c	127	7F	DEL
72	48	H	100	64	d			
73	49	I	101	65	e			
74	4A	J	102	66	f			
75	4B	K	103	67	g			

附录2：C++ 语言运算符和结合性

C++ 语言各运算符的优先级含义、结合方向如表附录2-1所示。

表附录2-1　C++语言运算符和结合性

优先级	运算符	含　义	结合方向	说　明
1	[]	下标运算符	左到右	
	()	圆括号		
	.	结构体成员运算符		
	->	指向结构体成员运算符		
2	–	负号运算符	右到左	单目运算符
	(类型)	强制类型转换运算符		
	++	自增运算符		单目运算符
	––	自减运算符		单目运算符
	*	取值运算符		单目运算符
	&	取地址运算符		单目运算符
	!	逻辑非运算符		单目运算符
	~	按位取反运算符		单目运算符
	sizeof	长度运算符		
3	/	除	左到右	双目运算符
	*	乘		双目运算符
	%	余数（取模）		双目运算符
4	+	加	左到右	双目运算符
	–	减		双目运算符
5	<<	左移	左到右	双目运算符
	>>	右移		双目运算符

优先级	运算符	含　义	结合方向	说　明
6	>	大于	左到右	双目运算符
	>=	大于等于		双目运算符
	<	小于		双目运算符
	<=	小于等于		双目运算符
7	==	等于	左到右	双目运算符
	!=	不等于		双目运算符
8	&	按位与	左到右	双目运算符
9	^	按位异或	左到右	双目运算符
10	|	按位或	左到右	双目运算符
11	&&	逻辑与	左到右	双目运算符
12	||	逻辑或	左到右	双目运算符
13	?:	条件运算符	右到左	三目运算符
14	=	赋值运算符	右到左	
	/=	除后赋值		
	*=	乘后赋值		
	%=	取模后赋值		
	+=	加后赋值		
	-=	减后赋值		
	<<=	左移后赋值		
	>>=	右移后赋值		
	&=	按位与后赋值		
	^=	按位异或后赋值		
	|=	按位或后赋值		
15	,	逗号运算符	左到右	从左向右顺序运算

注：

1. 表中优先级范围是 1 ~ 15，且优先级 1 为最高级，优先级 15 为最低级。

2. 同一优先级的运算符，运算次序由结合方向所决定。

附录 3：Visual Studio 2010 旗舰版安装与使用

1. 安装

（1）复制或下载安装包（最好不要放在 C 盘），右击解压安装包后，打开该文件夹，找到 setup.exe 应用程序（图附录 3-1）。

图附录 3-1　选择安装程序文件

（2）双击"setup.exe"应用程序，并单击蓝色文字"安装 Microsoft Visual Studio 2010"（图附录 3-2）。

图附录 3-2　安装步骤一

（3）取消选中"是，向 Microsoft Corporation 发送有关我的安装体验的信息。"复选框，然后单击"下一步"按钮（图附录 3–3）。

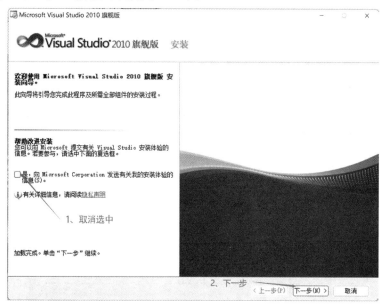

图附录 3-3　安装步骤二

（4）单击"我已阅读并接受许可条款。"单选按钮，然后单击"下一步"按钮（图附录 3–4）。

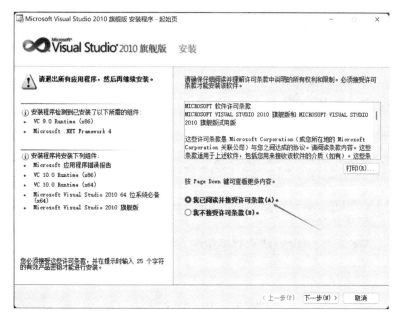

图附录 3-4　安装步骤三

（5）选择安装。建议选择默认的"完全"安装模式，后期等你们熟悉了，再选择"自定义"安装模式，选择自己需要的功能。产品安装路径保持默认安装路径即可，如果修改路径，仍会有一部分文件在默认路径，所以这里不修改路径（图附录 3-5）。

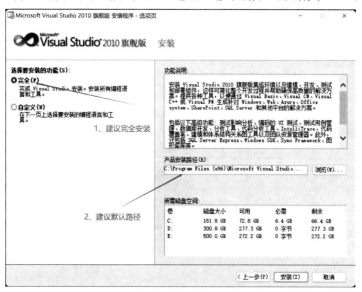

图附录 3-5　安装步骤四

（6）等待安装成功（图附录 3-6）。

图附录 3-6　安装步骤五

（7）安装成功，单击"完成"按钮。提示：这个组件是关于浏览器的，暂时用不到，可以忽略它（图附录 3-7）。

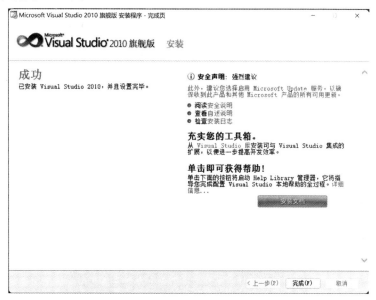

图附录 3-7　安装步骤六

（8）直接单击"退出"按钮（图附录 3-8）。

图附录 3-8　安装步骤七

2.使用

（1）单击 Microsoft Visual Studio 2010 软件（图附录 3-9）。

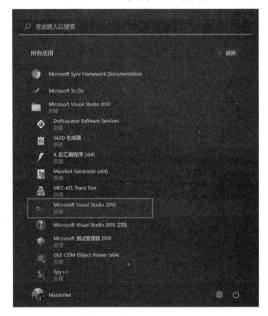

图附录 3-9　使用步骤一

（2）选择"Visual C++ 开发配置"选项，并单击"启动 Visual Studio（S）"按钮（图附录 3-10）。

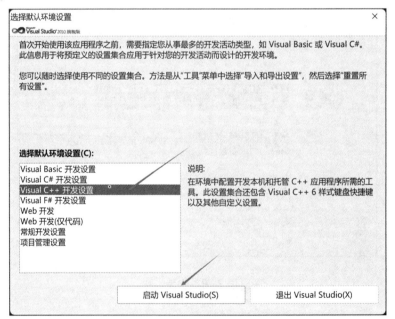

图附录 3-10　使用步骤二

（3）加载中，请耐心等待（图附录 3-11）。

图附录 3-11　使用步骤三

（4）已打开该软件（图附录 3-12）。

图附录 3-12　使用步骤四

（5）选择"文件"—>"新建"—>"项目"选项（图附录 3-13）。

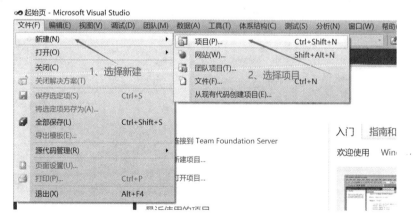

图附录 3-13　使用步骤五

（6）选择"Visual C++"—>"空项目"选项，名称和路径按自己的需要选择，然后点击"确定"按钮（图附录3-14）。

图附录3-14 使用步骤六

（7）右击"源文件"选项，在子菜单中选择"添加"—>"新建项"选项（图附录3-15）。

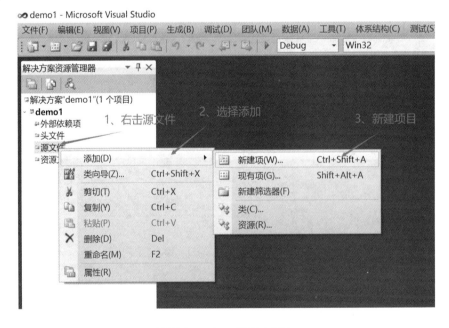

图附录3-15 使用步骤七

（8）选择"C++ 文件（.cpp）"选项，按自己的需求输入名称（图附录 3-16），然后单击"添加"按钮。

图附录 3-16　使用步骤八

（9）输入代码，这时标签处显示项目文本名称为 demo1.cpp*，这个 * 提示我们文件未保存，单击"保存"按钮或者按 Ctrl+S 键即可保存。然后单击"启动调试"按钮（绿色箭头），或者按 F5 键，选择调试菜单里的"启动调试"选项（图附录 3-17）。

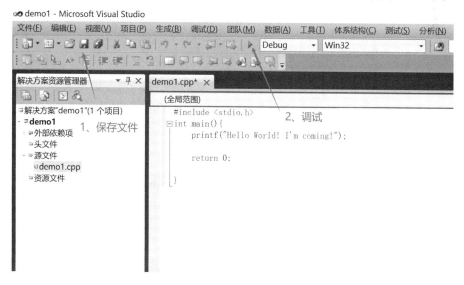

图附录 3-17　使用步骤九

（10）单击"是"按钮（图附录 3-18）。

图附录 3-18　使用步骤十

（11）运行后，输出框出现一堆指令，同时有个黑屏闪退了下（图附录 3-19）。

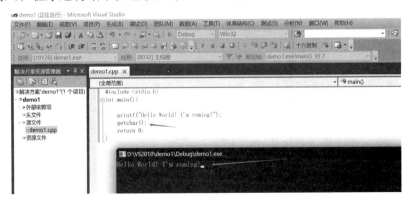

图附录 3-19　使用步骤十一

（12）在"return 0;"语句之前加上一个"getchar();"语句，如此，getchar() 函数会一直等待输入，程序运行结果框也就正常显示运行结果了（图附录 3-20）。

图附录 3-20　使用步骤十二